高等教育“十四五”系列教材

运输经济学

（第2次修订本）

唐可月　编著

北京交通大学出版社
·北京·

内 容 简 介

本书深入浅出地介绍了运输经济学的基本理论和知识，探讨了运输经济学理论在实际中的具体应用。针对运输经济学目前教材较少、内容体系不是很完善的现状，本书构建了完善的运输经济学的知识体系内容。本书分为九章，主要介绍运输需求、经济区位理论、运输供给、运输定价等运输经济学的基础理论知识，以及运输市场结构、运输业的投资与评价、运输管制、运输的外部性与可持续发展等非常具有运输经济学特色的理论内容。

图书在版编目（CIP）数据

运输经济学／唐可月编著. —北京：北京交通大学出版社，2019. 10（2025. 3 重印）
ISBN 978－7－5121－4100－1

Ⅰ. ①运…　Ⅱ. ①唐…　Ⅲ. ①运输经济学-高等学校-教材　Ⅳ. ①F50

中国版本图书馆 CIP 数据核字（2019）第 238520 号

运输经济学
YUNSHU JINGJIXUE

责任编辑：严慧明
出版发行：北京交通大学出版社　　电话：010-51686414　　http：//www. bjtup. com. cn
地　　址：北京市海淀区高梁桥斜街 44 号　　邮编：100044
印 刷 者：北京虎彩文化传播有限公司
经　　销：全国新华书店
开　　本：185 mm×260 mm　　印张：13. 5　　字数：337 千字
版 印 次：2023 年 3 月第 2 次修订　　2025 年 3 月第 6 次印刷
定　　价：36. 00 元

本书如有质量问题，请向北京交通大学出版社质监组反映。对您的意见和批评，我们表示欢迎和感谢。
投诉电话：010－51686043，51686008；传真：010－62225406；E-mail：press@ bjtu.edu.cn。

第 2 次修订版前言

《运输经济学》教材出版于 2019 年 10 月，本次修订新增 7 万多字。本次修订主要体现在四个方面：加入最新科研成果，阐述运输理论的实际应用；补充大量运输案例，归纳总结运输理论的应用模式和经验；引用图形和经典原著，辅助理解运输理论和模型；更新运输活动的数据和相关政策。

（1）这次修订加入近期学者科研成果，如补充了国外学者对于旅行时间价值的研究成果，阐述旅行时间价值在不同国家、时间段和出行目的下的差异性，可以使读者更为深入地了解旅行时间价值的特点和决定因素。在介绍运输需求价格弹性、收入弹性和交叉价格弹性时，补充我国学者近期的实证研究数据和结果，阐述三种运输弹性的影响因素和异质性。这些科研成果有利于读者深入理解运输理论在实际中的应用。

（2）运输定价、投资和铁路改革等是运输领域独具特色和颇为复杂的问题，这次修订补充了大量的实施操作案例，如高速铁路定价数据、运输业 PPP 的国内外案例、城市轨道交通补贴的模式、英法及我国铁路改革的实践等。通过这些成功和失败的典型案例，归纳总结已有的经验、实际操作中存在的问题、适用的情景、各种模式的优缺点等，使读者对这些理论的把握更为详尽而深透。

（3）这次修订完善了运输经典理论的阐述。如这次修订补充了庇古在《福利经济学》原著中的论述，使教材内容更具严谨性，也有利于读者体会庇古的本源思想。另外，增加了多幅经济学图形分析运输需求和供给曲线，使运输曲线的特点表述得更为清晰、直观。

（4）这次修订更新了运输活动的数据，补充了我国最新交通运输方面的政策文件。

此外，编者还对配套教学课件进行了同步更新，补充了各章测试题和期末测试题，读者可扫码获取。由于修改时间有限，很多地方难免存在错误和疏漏，请各位读者批评指正。

唐可月
2023 年 1 月

课件和测试题

目　　录

第一章　引　言

第一节　运输的内涵及运输业的发展

运输是实现人和货物空间位置变化的一种人类活动。人类从事运输以克服空间距离的阻隔，这项活动无时不在、无处不在，因此运输是人类的基本活动之一。运输业的发展水平在很大程度上促进或制约着国民经济发展的规模和速度，在国民经济中占有重要地位。

一、运输、交通及交通运输的含义

1. 运输的含义

本书所讨论的运输，是指在一定范围内的人与物的空间位移。

人与物的空间位移几乎无所不在，但并不是所有的人与物的位移都属于运输。这里需要明确运输的界限，以便明确讨论的范围。经济活动引起的位移有很多种，除了一般意义上的货物运输，还有输电、输水、供暖、供气，以及邮政部门投递信函邮件和电信部门传输，这些都各自拥有独立于交通运输体系的传输系统，它们完成的物质位移不再依赖于人们一般所理解的交通运输工具，因此这些形式的位移不包括在通常的运输领域内。当然，这些位移不容轻视，但它们不属于本书讨论的范围。

2. 交通的含义

传统上认为交通是比运输高一层次的概念，交通包括了运输，运输是交通的一部分。比如，《辞海》对交通的解释为：各种运输和邮电通信的总称，即人和物的转运和输送，语言、文字、符号、图像等的传递和播送。

我国第一部大百科全书《中国大百科全书·交通卷》对交通的解释为："交通是指从事旅客和货物运输及语言和图文传递的行业，包括运输和邮电两个方面，在国民经济中属于第三产业。运输有铁路、公路、水路、空路、管道五种方式，邮电包括邮政和电信两方面内容。"

3. 运输和交通的区别

交通强调的是载运工具在交通线网（基础设施）上的流动，而对于交通工具上载运的人或货物并不关心；运输强调的是载运工具上载运的人或货物的数量、位移的距离，并不特别关心使用何种交通工具和运输方式。

从交通量与运输量这两项指标就可以清晰看出两者的区别。例如，在公路运输中，公路交通量是指单位时间内（如一昼夜或一小时）通过某路段道路的车辆数，它与运输对象无关，如果说某路段的昼夜交通量是 5 000 辆车，这 5 000 辆车都是空车或者都是重车，都不会使交通量有任何改变。运输量则不同，它是指一定时期内运送人或货物的数量，空车行驶不产生运输量。

因此，交通关心的是载运工具的流动情况（流量的大小、拥挤的程度）；运输关心的是载运对象的位移情况（运送人或货物的数量与距离）。

4. 交通运输的含义

现在，交通与运输成了一个并列的概念，因此也就有了人们经常说的“交通运输”的概念。交通的含义特指交通工具在交通网络上的流动。交通一词在很多场合专用于城市范围，即交通工具在城市交通网络上的流动。

交通运输这一概念的意义可以概括为：载运工具在交通基础设施上流动，以及载运工具上人或货物位移的经济活动的总称。交通运输同时表明了同一过程的两个方面。

二、运输业的发展

运输的历史与人类的文明史同样长久，甚至运输的渊源可追溯到以肩扛、背驮、头顶为主的以自己身体作为唯一运输工具的早期人类历史。但是，真正意义上的大规模、高效率和系统化的现代运输，是伴随着工业革命而发展起来的。

18 世纪中叶，蒸汽机的发明将人类引入机器时代；19 世纪初，出现了蒸汽轮船、蒸汽机火车与铁路，并很快在欧洲和美国发展普及。1807 年，美国人富尔顿制造了世界第一艘轮船“克莱蒙特号”。1825 年，英国在斯托克顿（Stockton）至达灵顿（Darlington）之间修建了世界上第一条铁路；1838 年，英国轮船“南阿斯号”和“大西洋号”横渡大西洋成功；到 1840 年，英国主要铁路干线已逐步形成。

人类跨入 21 世纪以后，现代运输业经历了两个世纪的发展，已经形成水路、铁路、公路、航空和管道五大运输方式并举、蓬勃发展的格局，不同运输方式的出现与普及时间见表 1-1。马克思在《资本论》中研究了运输的性质和特征、运输与流通的关系、运输价值和运输费用等重要经济问题，并做了科学的论证。同样，交通运输业的变革、机器运输业的建立，反过来又给社会生产力以极大的推动，成为社会经济、政治和文化发展的一种社会物质基础。

表 1-1　不同运输方式的出现与普及时间

运载工具	出现时间	国家	开始普及时间	进入中国时间
近代运河	1759 年	英	19 世纪初	19 世纪 70 年代
轮船	1807 年	美	1833 年	1828 年
铁路	1825 年	英	19 世纪 50 年代	1881 年
管道	1865 年	美	20 世纪初	1958 年
汽车	1887 年	德	20 世纪 20 年代	1901 年
飞机	1903 年	美	20 世纪 30 年代	1929 年
集装箱	1926 年	美、英	20 世纪 60 年代	20 世纪 70 年代
物流	1943 年	美	20 世纪六七十年代	20 世纪 80 年代

运输是人类社会生产和生活中不可缺少的重要环节。随着社会的发展，人们对运输的需求迅速增长，逐渐形成了现代无处不在的运输网络系统。撇开手工业阶段人力、畜力的车舟运输，在世界范围内考察近代机器自生产阶段以来的运输业发展历程，可以将交通运输的发展划为四个阶段：水路运输为主阶段，铁路运输为主阶段，铁路运输为主，公路、航空和管道运输并行发展阶段，以及综合运输体系发展阶段。

1. 水路运输为主阶段（18 世纪中叶到 19 世纪初）

产业革命时期，为适应日益增长的商品运输，尤其是煤炭运输的需要，先在英国出现了开凿运河的热潮，到 1830 年就形成了全国性的水路运输网。世界上第一艘蒸汽机轮船是由美国发明家富尔顿制造的，一场暴风雨把它折断，他又重建了一艘蒸汽机轮船，命名“克莱蒙特”号。1807 年，“克莱蒙特”号在美国哈德逊河上试航，获得成功。1811 年，英国仿造轮船成功，并在内河和沿海贸易中广泛采用，这使英国的运输业进入了一个新的时代。1824 年，美国开始大规模改造内河和修建运河航道，逐渐形成了美国第一个近代的水路运输系统。

2. 铁路运输为主阶段（19 世纪 30 年代到 20 世纪 30 年代）

1825 年，英国在斯托克顿至达灵顿修建了世界第一条铁路并投入公共客货运输，这标志着铁路时代的开始。由于铁路能够快速、大容量地运输旅客和货物，因而极大地改变了陆上运输的面貌，为工农业的发展提供了新的、强有力的交通运输方式。从此，工业布局摆脱了对水上运输的依赖，在内陆腹地加速了工农业的发展。在长达一个世纪的时间里，铁路运输在世界运输业中占据了主导地位。

3. 铁路运输为主，公路、航空和管道运输并行发展阶段

20 世纪 30 年代至 20 世纪 50 年代，公路、航空和管道运输得到发展，与铁路运输形成了激烈的竞争。就公路运输来说，汽车工业的发展和公路网的扩大，使公路运输能充分发挥其机动灵活、迅速方便的优势。第二次世界大战结束后，高速公路建设的兴起，更是推动了公路运输业的大发展，显示了其取代铁路运输成为运输业龙头的趋势。1950 年，美国客运周转量中公路运输占 89.57%，远远超过了铁路运输的 8.12%。此外，工业的发展和科学技术的进步，促使人们对时间价值日益重视。航空运输在速度上的优势，不仅在长途旅客运输方面占有重要的地位，在货运方面也发展很快。1950 年，美国客运周转量中航空运输占 2.01%（1940 年为 0.78%）。这一时期，随着石油和天然气开采的迅速发展，各汽油生产国开始大规模兴建油气输送管道，使管道运输也发展成为一种初具规模的运输方式。这三种运输方式发挥的作用显著上升，铁路、公路、航空和管道运输同时竞争成为交通运输发展第三个阶段的特征。

4. 综合运输体系发展阶段

20 世纪 50 年代以来，人们开始认识到在交通运输的发展过程中，铁路运输、水路运输、公路运输、航空运输和管道运输五种运输方式是相互协调、竞争和补充的。因此，需要进行综合考虑，协调各种运输方式之间的关系，构成一个现代化的综合运输体系。综合运输体系发展阶段的重点之一是在整体上合理进行五种运输方式之间的分工，发挥各种运输方式的优势。自 20 世纪 60 年代起，铁路网的萎缩趋势逐渐稳定下来，铁路能耗和安全方面的优势逐渐显现，电气化铁路，特别是高速铁路，给铁路运输带来新的发展机遇；发达国家运输总量已接近或略低于 GDP 的速度增长，但其中公路运输和航空运输的增长速度却远高于 GDP 的增长速度；世界经济的发展，未能摆脱对石油、天然气等的依赖，加上煤炭制浆技术和工艺的发展，以及液化、气化技术的突破，为管道运输创造了良好的发展前景；集装箱运输的大规模发展不仅带动航海运输，更主要的是促进了运输向一体化、自动化方向发展。一方面，计算机技术、全球卫星定位技术、人工智能技术等现代科学技术正逐渐渗透到运输的各个领域；另一方面，现代物流和第三方物流企业的兴起，给交通运输业提出了新的发展要求。调整交通运输的布局，提高交通运输的效率和质量已成为综合运输体系发展阶段的主要趋势。

目前，我国综合交通运输体系建设取得了历史性成就，我国交通运输基础设施网络日趋完善，综合交通网络总里程突破 600 万 km，“十纵十横”综合运输大通道基本贯通。2022 年 1 月 18 日国务院印发《“十四五”现代综合交通运输体系发展规划》（以下简称《规划》）。《规划》确定的主要目标是，到 2025 年，综合交通运输基本实现一体化融合发展，智能化、绿色化取得实质性突破，综合能力、服务品质、运行效率和整体效益显著提升，交通运输发展向世界一流水平迈进。展望 2035 年，便捷顺畅、经济高效、安全可靠、绿色集约、智能先进的现代化高质量国家综合立体交通网基本建成，“全国 123 出行交通圈”（都市区 1 小时通勤、城市群 2 小时通达、全国主要城市 3 小时覆盖）和“全球 123 快货物流圈”（快货国内 1 天送达、周边国家 2 天送达、全球主要城市 3 天送达）基本形成，基本建成交通强国。

《规划》明确九个方面的主要任务。一是构建高质量综合立体交通网，勾画好美丽中国的“交通工笔画”。二是增强交通运输对重大战略支撑服务能力，差异化推进城乡区域协调发展。三是加强互联互通和一体衔接，推进城市群和都市圈交通现代化。四是扩大优质运输服务供给，推动运输服务多元化品质化发展。五是坚持创新驱动发展，加快智能技术深度推广应用。六是贯彻落实碳达峰碳中和要求，全面推进绿色低碳转型。七是夯实安全发展基础，提升安全应急保障能力。八是更好服务和融入新发展格局，推动高水平对外开放合作。九是聚焦制约高质量发展的深层次矛盾问题，加强现代化治理能力建设。

三、运输业属于第三产业

运输业被列为第三产业，源于三次产业理论。三次产业是第一产业、第二产业和第三产业的总称。第一产业、第二产业这两个经济学名词最早出现在 20 世纪 20 年代，1935 年，新西兰经济学家费希尔在《安全与进步的冲突》一书中，提出了第三产业的概念。1940 年，英国经济学、统计学家克拉克在《经济进步的条件》一书中发展了费希尔的理论，明确提出了三次产业的划分方法。20 世纪 50 年代后期，三次产业分类法便成为世界上通用的一种经济统计分类方法。三次产业是根据社会生产活动的历史发展顺序对产业结构进行的划分，产品直接取自自然界的部门为第一产业，初级产品进行再加工的部门称为第二产业，为生产和消费提供各种服务的部门称为第三产业。按照克拉克的分类方法，第一产业以农业为主，包括畜牧业、狩猎业、渔业、林业等；第二产业以制造业为主，包括采矿业；其他各业为第三产业。关于三次产业的具体划分问题，经济学界仍有不同看法，主要分歧是：采矿业属于第一产业还是第二产业；建筑、运输、邮电、煤气、电力等产业，属于第二产业还是第三产业。美国经济学家库兹涅茨对三次产业结构演变的规律做出了杰出的理论贡献，并荣获诺贝尔经济学奖，他把运输业列为第二产业。国际上比较流行的分类是：第一产业包括种植业、畜牧业、林业、渔业和狩猎业等；第二产业包括采矿、制造业、煤气、供电、供水等；第三产业是除了第一、第二产业以外的其他行业。

我国三次产业的划分为：第一产业是农业、林业、畜牧业、渔业（不含农业、林业、畜牧业、渔业服务业）；第二产业是采矿业（不含开采辅助活动），制造业（不含金属制品、机械和设备修理业），电力、热力、燃气及水生产和供应业，建筑业；第三产业即服务业，是指除第一产业、第二产业以外的其他行业。第三产业包括批发和零售业，交通运输、仓储和邮政业，住宿和餐饮业，信息传输、软件和信息技术服务业，金融业，房地产业，租赁和商务服务业，科学研究和技术服务业，水利、环境和公共设施服务业，居民服务、修理和其他服务业，教育、卫生和社会工作，文化、体育和娱乐业，公共管理、社会保障和社会组织、国际组织及农业、林业、畜牧业、渔业中的农业、林业、畜牧业、渔业服务业，采矿业中的开采辅助活动，制造业中的金属制品、机械和设备修理业。

按照目前国际上比较流行的和我国采用的产业分类方法，运输业应列入第三产业。

运输业作为国民经济的基础产业，对社会的影响不仅仅局限于经济领域。运输业最初主要服务于政治，直至现在，仍然是一个国家重要的国防后备力量，平时服务于经济建设，战时是必备的军事手段。在突发事件（如地震、洪水、火灾等）降临之时，运输是关系生死存亡、挽救国家财产的命脉，是恢复社会正常秩序的必备条件。

运输的发展，增加了人与货物的流动，资金的流动，以及信息和文化的交流，促进了地域之间、民族之间的融合和理解，有利于社会进步和人类的和平。

第二节 运输经济学的研究内容与特点

一、运输经济学的研究内容

运输经济学是应用经济学的一个重要分支，是采用经济学的理论和方法研究与运输有关的各种问题的一门学科。

运输经济学的研究内容，是人们如何有效地通过资源的最优配置，包括在运输和其他经济活动之间分配资源，以及如何有效地利用已经分配于运输部门的资源，来最大限度地满足人们的运输需求。运输经济学要回答“运输什么，运输多少，如何运输，为谁运输”的问题。

运输经济学主要研究人和物在空间移动过程中产生的经济问题。运输经济学的研究通常不关心那些制造运输设备和基础设施的产业（飞机制造业、公路建设公司、造船业等），也很少涉及广义运输政策，但是比较关注运输对环境的影响。当然，这并不意味着运输问题的研究与整个大环境隔离开来了，只是说运输经济学主要研究与运输最直接相关的问题。

二、运输经济学的特点

1. 运输需求的派生性

从运输需求来看，运输最重要的特征就是人们需求的并不是运输本身，运输需求是一种派生需求。通常，人们出行是为了获得他们在目的地的利益，因此，出行本身越短越好。当然，也有“享受旅行过程的人”或者“旅行家”，但是这样的人只占少数。同样，货运人把运输成本作为全部生产成本的一部分而尽力在可能的地方降低成本。运输需求的派生性特点经常在日常讨论中被忽视掉，但它是运输经济学研究的基础。

2. 运输固定成本的特点

从运输供给来看，运输供给呈现出的特点也是运输业所独有的。运输设施分为两部分：固定的运输设施和移动载运工具。具体来说，运输设施一部分是完全固定的，另一部分则是可移动的，这两部分的特点完全不同。固定的运输设施（如铁轨、港口等）通常具有寿命长、重置费用高的特点，与多数制造业企业最长只具有百年历史不同，罗马时代的港口和公路至今仍然在被使用。而且，交通基础设施几乎没有替代用途，当然一些从前的水道被转作游乐设施另当别论。相比较来说，多数移动载运工具的寿命更短一些。如果某个市场需求下降，移动载运工具很容易从一个市场转移到另一个市场。固定运输设施的特点：高供给成本、长生命周期及规模经济等，导致它们的供给具有垄断的趋势；而移动载运工具的特点：较小的进入障碍、灵活性和缺乏规模经济等，更加鼓励了竞争。这些将在第四章详细进行分析。

3. 运输产品的无形性和不可存储性

运输产品具有无形性和不可存储性。运输服务通常不具有特定的物质形态，如果不提供服务过程，人们很难感受到服务的存在，也不能对服务进行事前的观察、试用。运输产品一般是不可存储的，即运输服务的生产和消费只能同时发生。一般产品则不然，生产过程和消费过程在时间上是可以分离的，在分离过程中可以通过存储、保管保证其功能不会丧失。服务的无形性和不可存储性使服务功能和能力具有易逝性。此外，运输产品在一定条件下具有公共产品特性，如不拥挤的公路、非满载的铁路旅客列车等，增加一个消费者，不用增加生产的固定成本，也不会影响其他消费者的消费。部分运输产品的消费者不用支付全部费用，如城市公共交通服务。

因此，从运输需求、运输供给和运输产品的特点看，和其他行业（如一些网络型行业）相比，运输业更具网络经济、自然垄断和公益性特点，这使得其供求关系、投资建设、运营组织及政府作用等方面的重要性和复杂性更加明显，需要进行更有针对性的经济学分析和解释。

4. 运输的网络经济

特别要注意的是，运输业的网络性特点是很重要的。运输基础设施投资巨大，具有各种形式的规模经济和范围经济特性。一般而言，经济学中的规模经济是指因生产规模扩大而引起的平均成本的降低；范围经济是指与分别生产每一种产品相比，共同生产多种产品的平均成本可以更低。由于运输产品的特殊性，运输行业的规模经济与范围经济很难分开。因此，很多学者将运输的规模经济和范围经济称为网络经济。运输中的网络经济指运输网络由于其规模经济和范围经济的共同作用，运输产出过大而引起平均成本下降的现象。通常可以表现为几个方面：一条线路的平均成本会随着运输密度增加而不断下降；单个运载工具的载运量增加会使单位产品的平均成本下降；运载工具规模扩大会使平均成本下降；港站能力扩大会使平均成本下降。

一些学者将网络经济区分为两个重要概念：运量密度经济和网络幅员经济。运量密度经济是指，在运输线路长度和服务网点数量不变的情况下，运输产出扩大引起平均运输成本下降；网络幅员经济是指，在网络上的运输密度不变的情况下，运输网络幅员（运输线路长度和服务网点数量）同比例扩大，运输产出会引起平均运输成本下降。这些内容也将在第四章中进行更为详细的分析。

第三节 运输经济学的产生与发展

对于运输经济学的发展演变历程，相关的学者论述并不是很多，有关意见也并不是很一致。这里将运输经济学的发展演变历程从时间脉络上分为三个阶段，即早期的运输经济学阶段、运输经济学理论体系的形成阶段和现代运输经济学的发展阶段。

一、早期的运输经济学阶段

就像现代运输与工业革命几乎同时产生一样，运输经济学的起源可追溯到 18 世纪后期。1776 年，亚当·斯密在《国民财富的性质和原因的研究》中论述了运输（主要是帆船和马车）对城市和地区经济繁荣所起的促进作用及政府在交通设施方面的开支等问题。铁路出现以后，更多的学者参加了对运输经济问题的讨论。1841 年，德国经济学家李斯特在《政治经济的国民体系》中，把交通作为国民生产力的一个构成因素进行了研究。

1844 年，法国经济学家杜比特发表了以费用与效益观点研究运输投资和运输价格问题的论文《论公共工程的效应》。这是第一篇提出边际概念的经济学论文，在经济学的边际主义研究中具有重要地位。这篇论文也被后人认为是第一篇运输经济学专论，因此在运输经济学学说史中占有重要地位。

1850 年，伦敦大学教授拉德那出版了《铁路经济》一书，书中专门研究了作为一种运输新技术的铁路运输的管理与发展前景，拉德那在书中讨论了运输进步的历史及其影响，讨论了铁路运输的各种运营管理和成本、运费、利润等问题，还讨论了铁路运输与国家的关系。著名经济学家马歇尔后来称赞这本书为近代铁路经济科学奠定了基础。1875 年，俄国朱蒲洛夫的《铁路经济》出版问世，该书在运输经济方面的论述曾被马克思《资本论》（第二卷）引用。

19 世纪 50 年代，马克思在《资本论》中用大量篇幅论述了铁路运输和航空运输对资本主义大工业的作用。马克思明确指出运输属于物质生产性活动，他认为货物运输与纯粹流通性的商业活动不同，是生产过程在流通过程内的继续，物质生产的内容包括使物质发生空间位置变化的运输。因此，运输业是除采矿业、农业和加工制造业以外的“第四个物质生产领域”，是特殊的生产和流通部门。马克思从多方面论述了运输革命给社会经济带来的影响，包括：为工业运来了较远地区的廉价原料；不断为工商业开拓远方市场，运输业的发展加强了地区间的联系，拓宽了商品流通的范围；使商品产地和销地的位置和距离发生了相对变化，改变了资源的配置；加速人口和资本集中，促进了城市的发展；运输业的发展需要物质基础，这些物质基础的不断消耗构成了对工业生产的巨大需求，刺激了工业生产的发展，铁路运输等现代运输业带动了其他许多工业的发展；运输业加速瓦解了各国小生产的分工方式，促使资本主义经济体系全面形成，同时也刺激了资本主义经济和社会的矛盾。马克思在他的经济学研究中提出了大量非常宝贵的运输经济思想。

经济学家的关注，反映了资产阶级工业革命前后运输业在经济活动中地位的明显上升。对早期运输经济学发展有重大贡献的另外两位人物是萨克斯和惠灵顿。

1878 年，奥地利经济学家萨克斯出版了《国民经济中的运输工具》一书，采用理论分析的方法，把边际效应学说引入运输经济学，着重讨论一般的运输政策论、运输业运营活动的经营论。他的思想对运输经济学的学科形成了很大的作用，在其后的一段时期内，运输经济理论主要沿着政策论和经营论这两个方面发展，直到后来经营论中的运输财务、会计、统计等内容因学科的分化与发展而逐一分离出去形成相对独立的应用学科。

美国的建筑工程师惠灵顿在 1887 年发表的《铁路布局的经济理论》中第一次提出将成本分析法应用于铁路最佳长度和路线圆曲线的选择，从而开创了工程领域中的经济评价工作。这一应用于运输工程的经济分析思想，后来成为工程经济学形成的基本理论。

1920 年，庇古所著的 *Welfare Economics* 提出了外部经济的概念，作者在这本书中特别分析了铁路运费的问题。例如，他分析了铁路的联合成本，认为不仅铁路的固定成本，而且很大一部分乃至绝大部分营运费用，都是全部运输或大部分运输的共同支出，而不是每项运输的单独支出。他提出一般来说，竞争性的铁路和船舶运费制不会使从 A 至 B 的旅程和从 B 至 A 的旅程运费相同，而是会使需求较高的方向运费也较高。他还分析了客运方面的差别定价，经研究发现，最能满足服务价值原则的，是主要依据不同人群的相对财富进行分类的方法，其假设是，富人对运输的大部分需求产生的需求价格，要高于穷人对运输需求的大部分需求产生的需求价格。由于无法直接根据财富的差异进行分类，所以便借助于一般与不同程度的财富相联系的各种标志或象征。例如，在美国，某些铁路公司对移民收取特别低的票价，低于对美国本地人收取的票价，即使后者愿意乘坐移民专用车厢旅行，某些殖民地根据旅行者的肤色实行差别票价。

在这一阶段中，经济学家们对经济问题的分析和探讨并不是将其作为运输经济学的内容考虑的，而是将其作为运输问题来解决经济方面的发展问题。在这一缓慢发展阶段中，学者的这些研究思想奠定了运输经济学的理论基础。

二、运输经济学理论体系的形成阶段

运输经济学理论体系初步形成于 20 世纪 30 年代。1935 年，美国经济学家洛克林出版《运输经济学》一书，标志着运输经济学成为一门独立的学科。这一时期的运输经济学进一步完善传统的经济学说，研究运输经济中的供给、成本和价格理论，此外还进一步关注现代交通体系和运输政策、运输经济中的宏观理论、投资经济效益，这些内容也成为这一阶段重点研究的内容，而公路、航空和水路运输科学研究，以及运筹学、系统科学的发展，为运输经济学的深化、发展和系统化提供了条件，同时也为壮大自身的理论体系奠定了基础。

第二次世界大战前，公路运输在欧美国家的发展超过了铁路运输，高速公路的出现对铁路提出了挑战。同时，其他运输方式也得到了迅速发展。为适应这种变化，运输经济学也相应调整了它的研究内容。1940 年，美国宾夕法尼亚大学的约翰逊等人出版了《交通运输：经济原理与实践》，开始全面讨论包括铁路、水路、公路、航空和管道各种运输方式的运输经济问题，包括它们之间的竞争与协作。第二次世界大战后，各种运输业的发展、变化和经济学在宏观、微观理论方面的进步，吸引了较多经济学家加入到运输经济的研究中。在美国，1946 年，毕格海姆的《交通运输：原理与问题》出版；1950 年，费尔的《运输经济学》出版；1958 年，梅耶等人的《运输业中的竞争经济学》出版；1935—1977 年，洛克林的《运输经济学》再版了七次。这些著作综合讨论了各种运输方式的发展、竞争、定价原理、经营，以及国家运输业的管理和运输政策等，是这一时期运输经济学的代表性著作。但这一时期的经典教材，如洛克林的《运输经济学》里，只有五幅左右的线形图，没有出现任何公式。1958 年出版的《运输业中的竞争经济学》可以说是现代运输经济学发展史上的分水岭，这本书采用严格的统计分析方法对资源配置问题进行了经典的综述。此外，梅耶等人的教材确定了以后运输问题研究的发展方向。汤姆逊在他的《现代运输经济学》一书中提出现代运输经济学是在 1965 年左右开始慢慢形成的。

20 世纪 60 年代以后，人们对运输问题的兴趣日渐增加。西方国家各种运输规划方面的可行性研究和运输对环境影响的研究，吸引了很多专家加入到研究队伍中，尤其是公路收费问题、公共运输补贴问题、出行时间价值估计问题，引起了学术界的关注，而政策制定者对运输经济学中的决策问题产生了更大的兴趣。很多国家的中央或者地方政府都建立了专职部门来考察不同运输政策选择的经济影响。这期间，基于世界银行在运输方面的贷款项目，发展中国家遇到的运输问题也引起了经济学家的注意，他们着重研究运输与经济发展的关系。运输经济学在投资和成本效益分析方面取得了较快进展，这使得运输经济学进入快速发展时期。1966 年，美国政府成立运输部，它的成立表明官方正式承认运输是联邦政府的施政项目。此外，美国政府规定所有需联邦政府补助的运输项目在规划实施过程中，都必须完成经济可行性研究和环境影响研究。这些规定促使经济学家们更广泛、深入地加入运输经济的研究，研究的主要领域为：①国家运输政策（包括发展中国家交通援助问题）；②城市交通问题（拥挤问题、城市交通与土地利用）；③运输产业分析（组织、竞争、收费）；④投资项目评估（成本收益分析）。由于同时也吸引了很多工程专家参与工作，这使得运输经济学在投资和成本收益分析方面取得了较快进展，并带来明显的数学化倾向。20 世纪六七十年代开始采用经济标准对许多大型项目进行评价（如英国伦敦第三机场计划、维多利亚地铁规划等），这种经济标准主要是成本收益分析法，这种方法被广泛应用于小型运输项目评价中。20 世纪 70 年代晚期，应用经济学家的经验研究引起的管制改革、市场自由化浪潮及管理制度，大部分是以经济学为基础的。

20 世纪 60 年代以后，定期刊载运输经济学方面的文章的学术期刊相继面世，其中最著名的期刊有 1967 年发刊的《运输经济与政策杂志》《国际运输经济学杂志》。其他一些期刊，如《城市经济学杂志》《区域科学与城市经济学》上也会经常刊载一些有关运输方面的资料和文章。除此之外，专门研究某一运输方式的期刊也陆续出现，《海运经济与物流》就是一本专门针对海运的期刊，但是需要承认的是，与其他经济学研究领域相比，运输经济学还是没有得到足够的重视。

虽然我们很难找到一个确切的原因来说明 20 世纪 60 年代运输研究热潮在美国的再一次兴起，但拉科夫斯基还是将引起这一研究热潮的原因归结为“实物配送问题和一个被称为商业物流的新领域的发展”，“对不同时间段的城市交通进行更广泛的研究”和“发展中国家对运输业运输领域的大量研究”。尽管现代运输分析的基础理论自 20 世纪 70 年代以来并没有发生什么显著的变化，一直都是致力于如何使用经济学的原理来提高运输效率。但是从广义上来讲，运输经济学关注的重点还是有着某种程度上的转变，同时用来解决问题的经济学工具也有所改进。一些芝加哥学派的经济学家，包括乔治·斯蒂格勒、萨姆·佩尔兹曼也逐渐开始关注并研究经济管制动机等方面的问题，他们认为这些政策制定者的出发点根本不是建立在为公共利益服务基础之上的。这些讨论最终迎来了以放松管制、允许灵活竞争为特点的所谓“管制改革时代”的到来。

此后，运输经济学的某些领域也曾经出现过阶段性研究热潮。克利福德·温斯顿在研究运输经济学发展时指出，20 世纪 80 年代就曾经出现过一段 50 年不遇的运输经济学研究热潮，这与当时关于运输市场自由化（在美国被称为运输市场“放松管制”）影响的研究密切相关，而近期的研究比较注重运输业在微观和宏观层面推动经济发展的作用。21 世纪初，关于运输安全、运输网络融资、运输在国际贸易中的作用等问题的研究受到广泛关注。

运输经济学体系形成阶段的标志是系统思想的形成，学者不断再版教材、逐步完善理论体系及专业学术期刊的出现。实际生活中，对于运输问题的解决需要政府运用运输经济思想去评价实际运输问题，也进一步促进经济学理论在运输问题中的应用。

三、现代运输经济学的发展阶段

20 世纪 80 年代以后，西方对于运输经济学这一学科已经有了标准的理论依据，并且能够将大量的经济计量方法运用到对运输经济问题的分析当中。在一定程度上，这个阶段的运输经济学开始为其他运输学科提供必要的经济理论基础。运输经济学理论越来越多地同新兴学科的发展交织在一起，越来越成为一门交叉学科，向着横向的综合化方向发展。

20 世纪七八十年代，世界经济在能源、环境等方面的危机提出了新的运输经济课题，同时西方国家的运输业管理政策也发生了很大变化，对这些问题的探讨逐渐反映在运输经济学著作中。西方运输经济学具有代表性的综合性著作有 1978 年桑普森等人的《运输经济——实践、理论与政策》、1984 年哈珀的《美国运输使用者：运送者和政府》、1982 年巴顿的《运输经济学》、1997 年斯特伯斯的《运输经济学》、1997 年波耶的《运输经济学》（也被译为《运输经济学原理》）等，把运输经济分析建立在运输业网络经济特性的基础之上。其中，英国巴顿除著有《运输经济学》外，还写了《运输、环境和政策》等十多部（篇）有关运输与环境可持续发展方面的专著和论文。可以说，这一时期是运输经济学初具规模并有长足发展的时期。

直到 20 世纪 90 年代，运输经济学研究一直以新古典经济学理论为基础，而新制度经济学的发展拓展了新古典经济学的研究空间。近些年来，运输经济学的注意力大多集中在定量研究及基于运输业网络经济特性特点的研究上，然而过去的研究并非如此，大部分有关运输市场结构的研究几乎都不注意运输业的网络经济性特点及运输的外部性问题。

与其他经济学分支一样，运输经济学也越来越注重定量研究。运输经济学家当今也致力于准确量化不同运输政策的效果，以及预测运输需求的变化。与 20 世纪 60 年代薄弱的基础相比，现在运输经济学家对于运输政策的多个领域和层面的研究得到了进一步认可。他们注重对不同运输战略的总社会福利影响进行研究，而且注重采用量化评价方法进行研究，因此，运输经济学家越来越多地参与制定主要的运输规划。例如，从 20 世纪 60 年代晚期开始，运输经济学家对工业化国家的城市交通规划做出了巨大贡献，同时，他们也广泛参与到许多发达国家运输投资和运输管理计划的评估工作中。

20 世纪 80 年代以后，西方作为运输经济学科发展主流的所在地，运输经济学教材也发生了很大变化，最为突出的特点之一是标准经济学分析方法的使用。例如，亚当·斯密关于运输业与市场范围关系的论述，马克思关于运输与资本和商品剩余价值关系的论述，杜彼特利用运输案例提出边际概念，马歇尔和庇古关于运输与分工及外部性关系的论述，科斯提出产权理论并用来分析蒸汽火车行驶殃及沿途农田，威廉姆森以铁路为例说明资产的专用性，钱德勒以铁路为例论述现代企业的形成和规模经济，等等。

但运输经济学在很长一段时间里似乎与主流经济学总是格格不入。其原因可能在于：一方面，运输经济问题确实有自己很强的行业特点，因此运输经济学家在建立学科体系和进行经济分析时似乎更像一群专业的技术专家，较少使用已经比较通用的经济学方法和语言，而一般经济学家也较难一下子就能够从总体上把握住整个运输经济学的脉络，学科之间的沟通比较困难；另一方面，过去一般经济学以新古典理论作为基本框架，但这种分析框架需要一系列非常严格的假设前提，如完全竞争、交易成本为零、信息完全对称等，而这些假设在交通运输领域可以说比一般工商业更加不适用，因此经济学一直没有为运输经济学提供一个适当的分析框架和基础以建立起自己合理的理论体系，在运输经济学教科书中直接平移过来的新古典理论又确实距离运输市场的现实十分遥远。

可喜的是这两种情况都已经出现变化，运输经济学家开始比较自觉和熟练地运用经济学的通用分析方法，特别是经济学微观领域几乎所有的最新进展也都为运输经济研究提供了相对比较理想的理论工具。但是一般经济学的那些最新前沿和发展，如交易成本理论、产权理论、博弈论、制度变迁理论、契约理论和产业组织理论等，往往仍旧不能直接平移到运输领域里面来。

1997 年，美国密西根大学鲍依尔的《运输经济学原理》一书出版，这是运输经济学开始走向成熟的一个标志。作为一本运输经济学教科书，它第一次比较清晰地把运输经济分析建立在运输业网络经济特性的基础之上。过去的运输经济学教科书更多的是简单地把一般经济学，特别是以新古典理论为主要框架的微观经济学直接搬到运输经济的分析中，因此往往流于简单化、概念化，很难切中运输经济问题的要害。鲍依尔的《运输经济学原理》开始在网络经济特性的基础上讨论运输需求、运输成本、运输业的规模经济，以及运输业的投资与价格问题，包括用机会成本的概念进行运输成本分析，并根据运输业特点，将其划分为固定设施成本、移动载运工具拥有成本和运营成本三个部分分别进行分析，而不是简单按照一般微观经济学中固定成本和可变成本的划分方法。同时，鲍依尔还对运输市场的垄断、市场操纵力与相应的市场结构进行分析，在运输价格领域中使用效率原则和其他分析方法等，所有这些都使得鲍依尔的《运输经济学原理》在运输经济学科的发展中具有非常重要的意义。

巴顿于1993年再版了《运输经济学》一书，书中对运输与经济区位的关系、运输业外部性和运输业的政府管制等内容进行了讨论，从而引起了人们的关注。

在有关学术刊物上发表的运输经济论文大都集中在对不同运输方式的现象和问题进行经济学的实证分析，其中很多内容还没有反映到相对已经比较成熟的运输经济学教科书中。不管怎样，西方运输经济学在近年都已呈现出长足进步，但无论是鲍依尔、巴顿还是其他人，他们的分析都仍然存在很多不完善，包括概念不清楚、结论尚待仔细推敲等。运输经济学作为一个学科还需要不断进步、不断完善。

与经济学的其他所有分支一样，近年来，西方运输经济学在逐渐采用经济学通用分析方法的发展过程中，也已经变得更加注重数量化研究。例如，运输经济学学者对各种政策选择方案可能导致的社会经济效应做出精准的估算，并预测可能引起的运输需求的变化等。运输业的发展和竞争日趋激烈，加上运输政策从制定到全面实施需要漫长的过程和较高的成本，这都对运输经济学家提出了严格的要求，必须对未来趋势进行定量预测，不能仅仅停留在定性的表述上。

近20年来，运输经济学的研究取得了十分显著的成绩，研究队伍也随之飞速发展。巴顿在《运输经济学》中提道："20世纪70年代英国专业的运输经济学家的人数几乎可以用两只手数出来，到20世纪80年代对该领域感兴趣的热烈程度是五十年来所未曾见过的，这种情况也同样发生在当前的中国。"改革开放以前，我国大专院校所使用的运输经济学教材主要是借用从苏联学习来的体系，这些教材当时存在的主要问题如下：其理论部分几乎纯粹是把政治经济学的一些结论平移到运输部门，以集中计划体制作为教材主线，大都以一种运输方式为研究对象，具体业务知识占有很大分量，不能为读者提供比较充足的运输经济学科的知识。

1995年，北方交通大学（现北京交通大学）许庆斌、荣朝和与马运等人合著出版了《运输经济学导论》，该书第一次跳出苏联的学术体系，从交通运输及运输业的发展与结构、时间与空间、需求与供给、市场与政策等几个重要角度进行阐述，初步奠定了我国运输经济学教材的一种新范式。

1998年，大连海事大学赵锡铎出版了《运输经济学》；1999年，陈贻龙、邵振一等人共同出版了《运输经济学》；2002年，长沙交通学院（现长沙理工大学）管楚度出版了《新视域运输经济学》。这些教材各有自己的特点，它们为国内运输经济学的发展和普及，为深入开展运输经济与政策领域的研究，也为运输业进一步加快建设与改革步伐，做出了贡献。

第四节　运输市场、运输与经济增长

一、运输市场

运输市场是一个相当复杂的概念，运输经济分析应避免比较笼统地谈论一般的运输市场，如“铁路运输市场”“公路运输市场”“某两地之间的运输市场”“西南地区运输市场”“城市运输市场”等，而应更加注意根据所提出的具体问题，区别各种基于特定运输对象（不同种类的货物或旅客）、有特定运输目的、特定始发地和终到地的运输服务，并根据可收集到的可靠数据资料进行分析。

运输市场是一组产出和价格均可计算的运输服务。也就是说，每一个运输市场上的产出应该是同质的，即其起始地点、运输方向、所运对象都是一致的，与其他运输市场上的需求及供给不应混为一谈。

二、运输经济学的复合指标

运输经济学对运输市场的分析比人们想象的要复杂得多，运输经济学现在更加注意特定的运输市场，而不是像过去那样满足于过于笼统的分析和结论。运输市场分析的难度也与可以使用的有关计量单位或指标不是很理想有密切的关系。

例如，在煤炭运输中，每一个煤炭的需求地都得到了相应的煤炭供给，这种需求和供给数量一般用吨数来表示，但在煤炭的这种供销和运输均衡中究竟产生了多少运输量呢？我们仍然可以用吨数来表示货物运输量的一个方面，就像可以用人数来表示旅客运输量一样，因此货运发送吨数和客运发送人数是运输领域中的两个重要统计指标。但是，如果仅仅使用吨数和人数这两个指标，那么运输活动中的另外一个最重要的因素——运输距离就无法反映出来。运输距离也是衡量货物运输的一个重要方面。

于是，人们一般同时采用另外两个复合指标来衡量运输量。在货运中，这个复合指标是货物周转量，它是所运货物的吨数与运输距离的乘积，其单位就是吨公里（t · km）；在客运中，这个复合指标是旅客周转量，它是客运的人数与运输距离的乘积，其单位就是人公里（人 · km）。例如，用运输量和运输周转量分别衡量货物和旅客运输数量方面的指标。图 1-1 和图 1-2 分别为 2001—2020 年我国货物运输量和货物周转量；图 1-3 和图 1-4 分别为 2001—2020 年我国旅客运输量和旅客周转量。2013 年我国旅客运输量有明显下降，而旅客周转量与旅客运输量的变化趋势稍有不同，主要是因为运输距离的影响。图 1-5 是 2001—2020 年我国旅客运输平均距离。

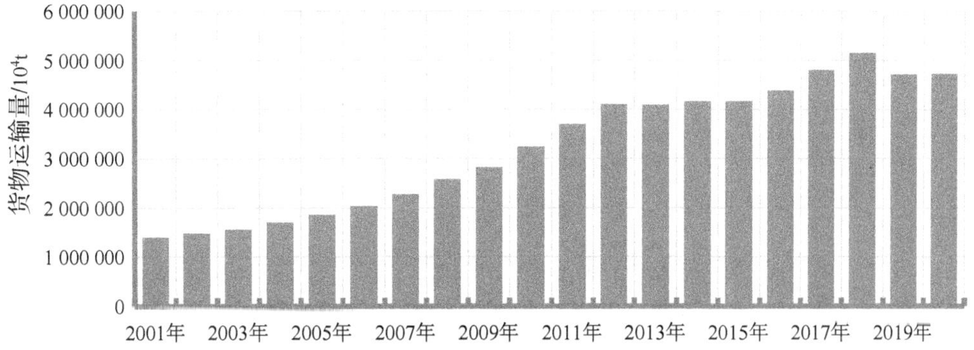

图 1-1 2001—2020 年我国货物运输量

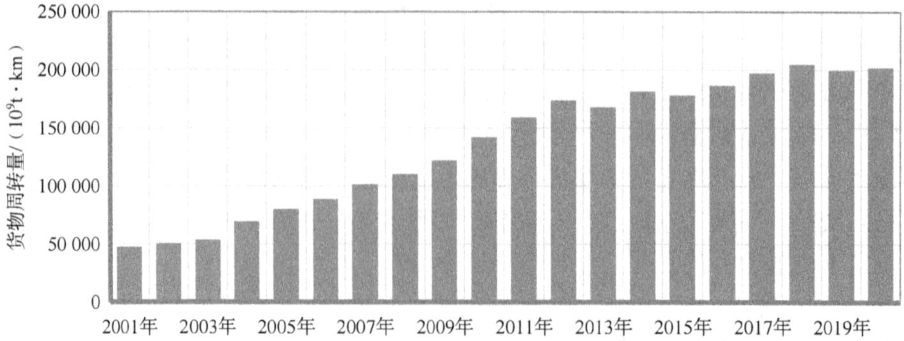

图 1-2　2001—2020 年我国货物周转量

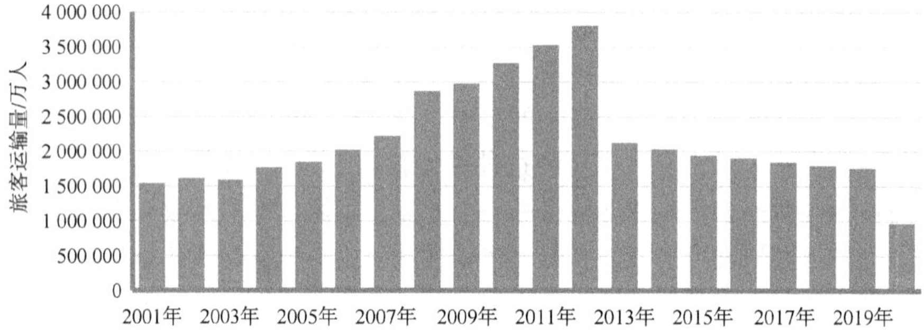

图 1-3　2001—2020 年我国旅客运输量

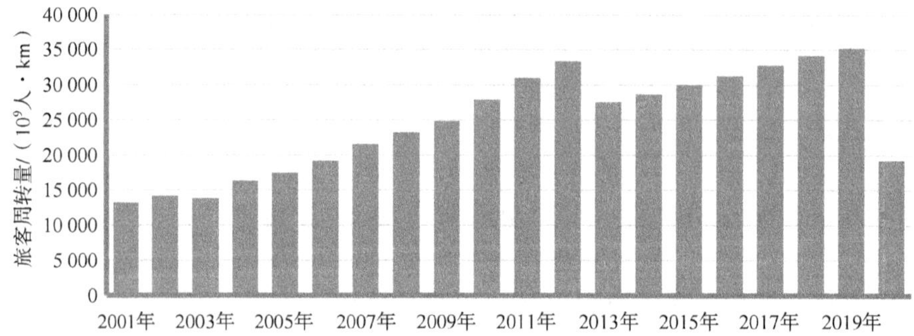

图 1-4　2001—2020 年我国旅客周转量

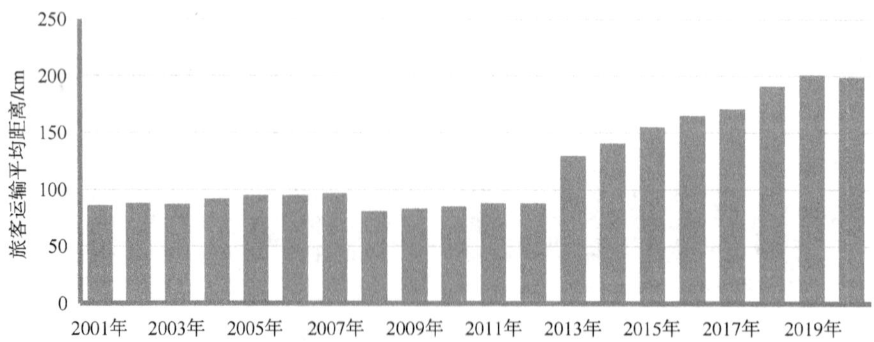

图 1-5　2001—2020 年我国旅客运输平均距离

但是，货物周转量和旅客周转量这两个指标仍然存在自己的局限性，下面以货运产品为例说明这种局限性。①货物位移指的是货物在空间位置上的变化，而货物周转量只是这种变化在重量和距离方面的一个度量单位，如 1 000 吨公里，既可以表示把 1 吨货物运送 1 000公里，也可以表示把 100 吨货物运送 10 公里，但它们是不同质的空间位移。②货物位移是具体的，每一个货物位移都有确定的货物和起运终到地点。起运终到地点不同，尽管货物和运距都一样，也是不同的位移；起运终到地点相同，但货物不同，也不是同一种运输产品。货物周转量是一种抽象的衡量，它可以体现各种货物位移在重量和距离方面的共性，但同时也把其他方面的特征抽象掉了。③即使是相同的货物位移，在质量上也可能有很大的差别，如货物运送速度的差别、货物完好程度的差别、方便客户程度的差别等，货物周转量无法反映出这些方面的差别。货物位移还应该包括装卸等其他作业的货物运输的完整过程，有时候一个运输过程包括好几次装卸，但货物周转量这种复合指标无法包含这些内容。

另外，运输中使用的运输价格这一概念，也可以使用相应的复合指标：在货运中，使用“吨公里平均运费”；在客运中，使用“人公里平均运费”。运输经济学家认为把它们作为运输价格往往比公布的运输价格表上的数字更具有现实性和可比性。“吨公里平均运费”和“人公里平均运费”的计算是用某次或某类运输服务所收取的全部收入总额除以该次或该类运输服务所产生的全部货物周转量或全部旅客周转量。当然这仅对应受雇运输的情况，如果是私人或自有运输，那么则应该使用某次或某类运输活动所支付的全部费用除以该次或该类运输活动所产生的全部货物周转量或全部旅客周转量。

同样，“吨公里平均运费”或“人公里平均运费”作为体现单位运输产品运输价格水平的指标，也不是十分理想的。原因仍然在于可获得的收入或费用总额，以及货物周转量和旅客周转量这些累计运输量往往存在很大程度上的非同质性，而如果收入、费用总额或者累计运输量的成分结构发生变化，这些指标无法反映出其中的变化。

人们或许会问，既然货物周转量、旅客周转量、“吨公里平均运费”和“人公里平均运费”存在这些局限性，那么我们为什么不选择其他更合适的指标来对运输市场进行分析呢？答案是不存在更好的指标。运输经济分析的复杂性来源于运输市场的复杂性，在于网络上的运输业产品或服务及供求关系的极端多样化，而不仅仅在于计量指标的选取。当然对研究对象的描述难度在很大程度上决定了研究工作的难度，因此，在分析运输经济问题时，需要格外注意界定的运输市场的边界、数据的收集和整理、得出结论的解释力及政策制定的针对性。

例如，我们可以进一步分析在货运和旅客运输方面不同运输方式的作用。图 1-6 和图 1-7 分别是不同运输方式的货物运输量和货物周转量。可以看出，公路的货物运输量在我国货物运输量中一直占据最大的份额，其次是水路、铁路、管道，民航最少。而在货物周转量方面，水路的货物周转量是最大的，从 2008 年开始公路的货物周转量超过了铁路，位列第二，其次是铁路，相对最少的是管道和民航。

在旅客运输方面，图 1-8 是 2001—2020 年我国不同运输方式的旅客运输量。可以看出，我国旅客运输量位列第一的是公路，其次是铁路、水路，最少的是民航。从图 1-9 可

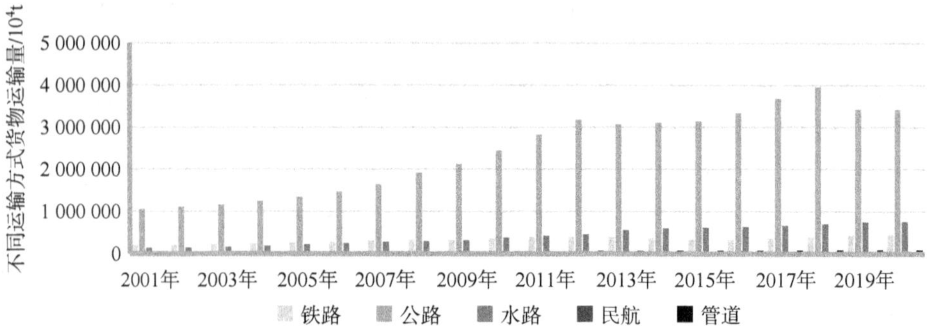

图 1-6　2001—2020 年我国不同运输方式的货物运输量

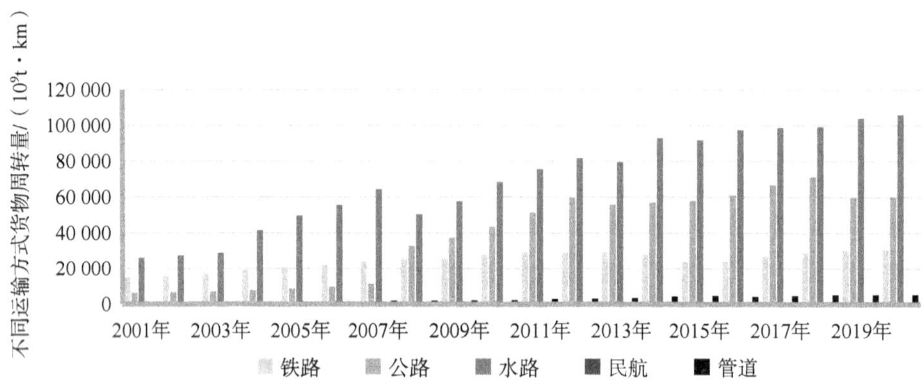

图 1-7　2001—2020 年我国不同运输方式的货物周转量

以更为清晰地看出铁路、水路和民航的旅客运输量。其中铁路和民航的发展都比较迅速，水运的旅客运输量比较稳定。2013 年公路的旅客运输量出现明显的下降，主要是因为私家小汽车的普及和高铁的快速发展。正是公路运输量的变化，形成了图 1-3 中旅客运输量在 2013 年出现明显的下降。图 1-10 是 2001—2020 年我国不同运输方式的旅客周转量。考虑了运输距离的影响后，数据显示：2013 年后公路的旅客周转量下降，铁路的旅客周转量超过铁路，位列第一，民航的旅客周转量也增加很快，最少的是水运。

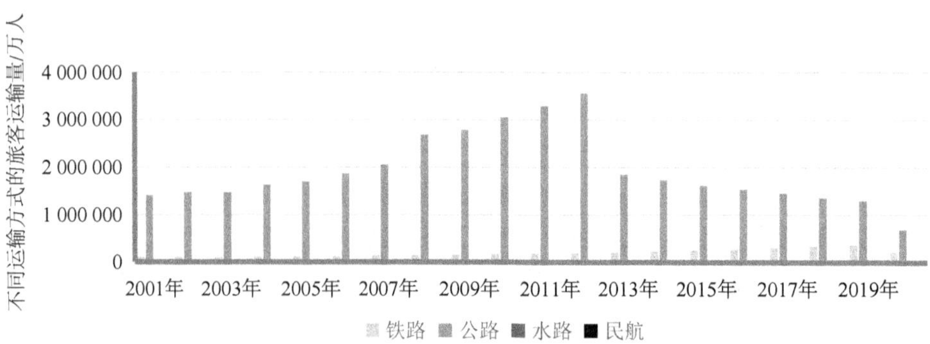

图 1-8　2001—2020 年我国不同运输方式的旅客运输量

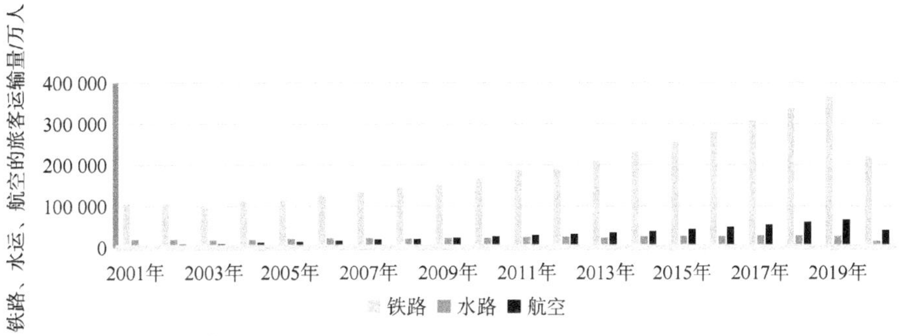

图 1-9　2001—2020 年我国铁路、水运、航空的旅客运输量

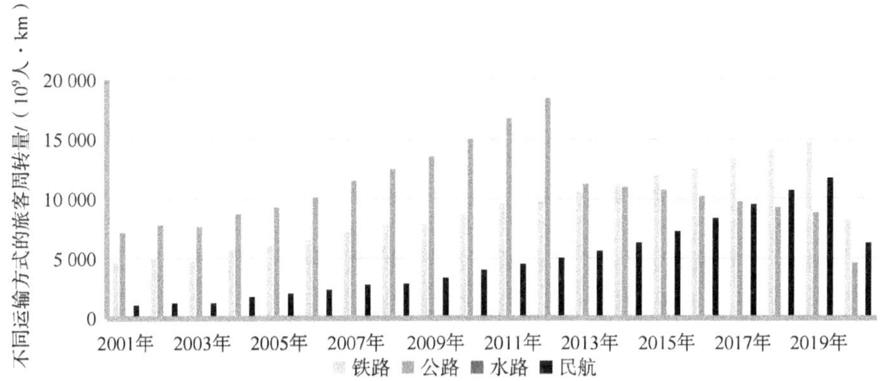

图 1-10　2001—2020 年我国不同运输方式的旅客周转量

三、运输与经济增长的关系

从运输市场是一组运输服务的概念来看，根据分析问题的需要，现实中可以存在无数多、各种各样、从很小到非常大的运输服务的组合，因此运输市场的种类几乎是没有穷尽的，而每一组这样的运输服务都对应着一条自己的需求曲线。

目前，在我国 GDP 的核算中，将交通运输、仓储和邮政业增加值放在一个部分中进行衡量。图 1-11 为 2001—2020 年我国 GDP 和交通运输、仓储、邮政业增加值的比较关系。可以看出，随着我国 GDP 的增加，交通运输、仓储和邮政业增加值也随之增加。

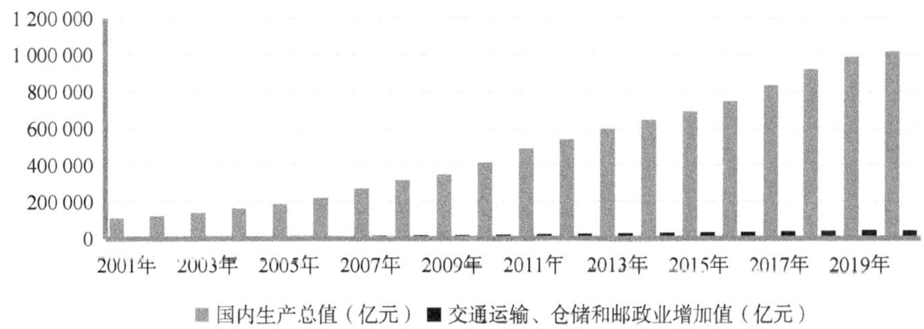

图 1-11　2001—2020 年我国 GDP 与交通运输、仓储、邮政业增加值的关系

在货运需求分析中，最大的一组运输服务可能要属把一个国家所有的货运吨公里加总在一起了，这是把所有不同始发到达地点之间，通过不同运输方式、不同批量和不同品类的货物位移加总的合计。如果用实际发生的货运吨公里代表货运需求量，那么在这一时期大体上它与国民经济是一起增长的；当国民经济的增长出现一些波动时，货运需求也伴随着出现类似的变化。图 1-12 为我国 2001—2020 年我国 GDP 和货物运输量的关系。

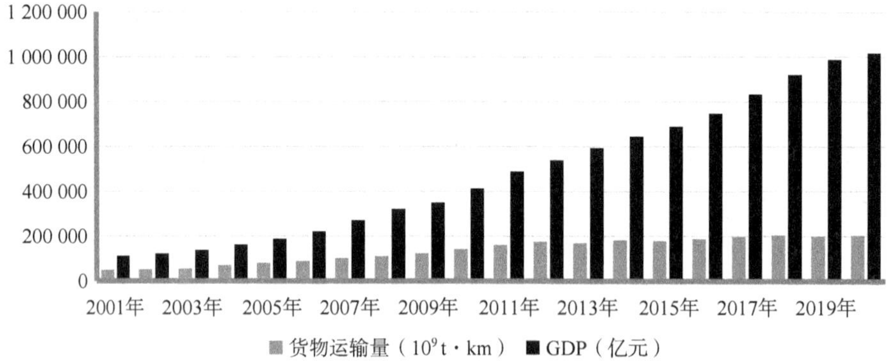

图 1-12　2001—2020 年我国 GDP 和货物运输量的关系

由图 1-11 可以看出货运周转量与国民经济的增长变化并不是完全同比例的。一般来说，在国民经济增长或工业化的初期，运输需求的增长幅度超过经济总量的增长幅度，而到了工业化的中期和后期，运输需求的增长一般会开始放慢。出现这种变化的原因主要是，经济结构中一开始重工业所占的比重较大，重工业所引起的原材料、燃料及产成品的运输量都比较大，而工业化中后期经济结构中附加价值较高的高新技术产业和服务业比重增加，这些产业单位产值所引起的货物运输量比较少。

第二章　运输需求

运输需求是人类社会生活最基本的需要之一。因为自然资源分布的不均衡，任何地区都不可能提供当地居民所需要的全部物品，不同地区之间需要通过运输互通有无；物质生产既需要从各地获得多样化的原材料，也需要把产品运往各地销售；人们从居住地点到工作、购物、休闲地点之间的往返活动，是人类现代生活方式不可缺少的组成部分；不同地区之间的文化交流、对经济不发达地区的开发、国家安全等也都需要运输。

第一节　运输需求的生成

一、运输需求的派生性

运输需求是在一定的时期内，对于每一种可能的价格，消费者愿意购买并能够支付的位移服务的数量。有效的运输需求应该包括两个条件：第一，有购买运输服务的欲望；第二，有购买能力。缺少任何一个，都不是有效的运输需求。有效的运输需求和运输需要具有不同的含义。

不同的运输方式、不同的始发地和终到地、不同的运输产品，形成了不同的运输服务。运输需求包括的要点有运输需求量、流向、运输距离、始发地和终到地、运输时间等。

1974 年，汤姆逊把现代社会的人们为什么需要交通运输归结为以下七个原因。

（1）自然资源分布具有非均衡性，这意味着任何一地都不可能提供当地居民所需要的全部物品，因此需要运输来使不同地区之间互通有无。

（2）现代社会的高度物质文明依赖于专业化分工，而大工业既需要从各地获得多样化的原材料，也需要为自己的产品开拓远方市场。

（3）优良的运输系统有助于实现由技术革新、自动化、大批量生产与销售及研究与开发活动支持的规模经济。

（4）运输还一直承担着重要的政治与军事角色。对内而言，一个国家需要良好的运输系统以支持有效的国防和政治上的凝聚力；对外而言，强大的运输能力是一个国家强盛的重要标志，也是那些大国实现海外野心和统治殖民地的手段之一。

（5）良好的交通是增加社会交流与理解的基础，并有助于解决由于地域不同而产生的问题。对于很多不发达国家，目前，提供基本的交通条件还是解除一些地区封闭状态的首要途径。

（6）交通条件的改善使得人们在自己的居住地点、工作地点及日常购物、休闲地点之间可以做出很多选择和安排，这在很大程度上影响了人们的生活方式。

（7）现代交通有助于国际文化交流，以便于人们了解其他国家的文化特点，并通过国际展览、艺术表演、体育比赛等方式向国外展示本国文化。

罗伯特·路易斯·斯蒂文森曾经说过："对我而言旅行并不是要去往什么地方，而是走出去，我是为了旅行而旅行，最重要的是进行活动。"但像他这样的人只是极少数，很少有人单纯为了旅途中的乐趣去旅行。尽管某些运输方式的确可以给人们带来兴奋、浪漫或是感伤的感觉，但是大部分人旅行的目的是希望受益于移动带来的社交、娱乐、教育、就业和其他一些机遇。同样，货物运输是为实现更高的生产效率，使更大的市场得到满足。简单地说，运输弥补了空间分离的不足。

运输需求被认为是一种派生出来的需求，他不是本源性的社会需求，而是由社会经济中的其他活动所引发出来的一种需求。实际上，运输涉及商品在不同地区的生产和消费情况，运输本质上是一种位移服务，而非有形的商品。

二、运输需求生成的简单例子

这里通过一个简单例子说明运输需求的生成。假设 a 地是煤炭产地，b 地是煤炭销售地。之所以是简单例子，是因为假设只有唯一的货物种类——煤炭，只有唯一的货物始发地和唯一的货物终到地，煤炭经销商把 a 地生产的煤炭运到 b 地。这个例子中，价格和供求数量都是象征性的，我们可以将货物的种类想象成其他原材料或消费品，甚至可以把 a 地与 b 地分别想象成人们的居住地点和度假旅游地，这样就可以把这个例子拓展为一个客运需求的情形。

在生产地，我们假设供给曲线是最简单的直线形式，假设供给量随价格的上升而增加，生产地供给曲线的数学公式为：$Q=1\ 000P_a$，其中 Q 为煤炭供给量，P_a为产地的价格。在销售地，也假设煤炭的需求曲线为最简单的直线形式，需求量随价格的上升而减少，需求曲线的数学公式为 $Q=10\ 000-1\ 000P_b$，其中 Q 为煤炭需求量，P_b为销售地的价格。

由于 a 地和 b 地是分离的，a 地的煤炭供给要变成 b 地的煤炭消费，必须依靠煤炭运输。前面给出的 a 地煤炭产地价格中不包括煤炭的运输价格，而 b 地的煤炭消费价格中显然包括了煤炭的运输价格，因此 a 地和 b 地之间存在一个煤炭的价格差，这个价格差就是煤炭的运输价格，表 2-1 为煤炭运输价格计算表。如果运输价格用 P_t表示，$P_t=P_b-P_a$ 我们可以通过推导得到本例的运输需求公式：$Q=5\ 000-500P_t$。

表 2-1 煤炭运输价格计算表

运输价格/美元	煤炭销地价格/美元	煤炭产地价格/美元	数量/t
0	5.0	5.0	5 000
1.0	5.5	4.5	4 500
2.0	6.0	4.0	4 000
3.0	6.5	3.5	3 500

续表

运输价格/美元	煤炭销地价格/美元	煤炭产地价格/美元	数量/t
4.0	7.0	3.0	3 000
5.0	7.5	2.5	2 500
6.0	8.0	2.0	2 000
7.0	8.5	1.5	1 500
8.0	9.0	1.0	1 000
9.0	9.5	0.5	500
10.0	10.0	0	0

这样就可以画出一条煤炭的运输需求曲线，见图 2-1。从形式上看运输需求曲线与一般产品或服务的需求曲线没有什么不同，也是一条向右下方倾斜的曲线，即随着价格下降，需求逐渐增加。可以想象出，在产销地供求曲线已经分别确定的情况下，从 a 地运往 b 地的煤炭数量，取决于煤炭的运输价格。运输价格越低，两地间的煤炭价格差距越小，相对较高的产地收购价可以鼓励产地的厂商多生产煤炭，而较低的销地价格则鼓励消费地的客户多消费煤炭。当运输价格为零的时候，两地的煤炭价格完全相同，此时煤炭的运输量是最大的，而运输价格越高，所引起的情况则与之相反。

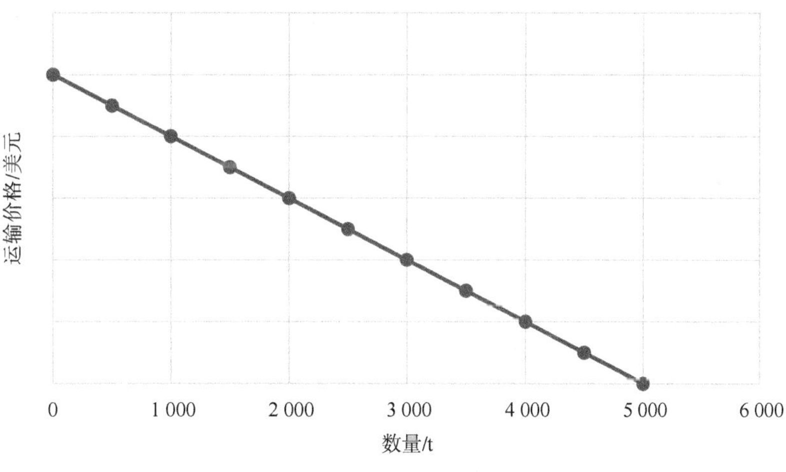

图 2-1 煤炭的运输需求曲线

总之，运输价格越低，产销两地之间的价格差别也越小，因而运输需求也越大。极端地看，如果运输是免费的，那么意味着运输极为方便，产销两地之间的价格没有差别。而运输价格越高，则意味着消费者必须承担较高的销地价格，而生产者必须接受较低的产地价格，这显然不鼓励产品的消费与生产，因而运输需求也越小。运输价格水平高到一定程度以上，该产品的运销就不再具有经济性，运输就不会发生，地区之间则处于隔绝状态。

很容易得出这样的结论：随着交通运输条件的改善，运输价格不断降低会鼓励不同地区之间的客货交流；如果运输条件落后，过高的运输价格则阻碍了地区之间的客货交流。

三、网络上的运输需求生成

上面是一个最简单的例子，即只有唯一的货物种类、唯一的始发地和唯一的终到地。然而现实生活中的情况要复杂得多，比如说任何一个始发地或终到地，往往可以连接到多个其他的始发地和终到地，并且可以有多种运输方式提供服务。此外，每一水平的运输价格对应着单一的运输需求量。如果现实是复杂的，包括多个始发地、多个终到地和多种运输方式，要想真正弄清楚各个因素对运输需求的影响，也许借助计算机也仍旧难以做到，但通过分析不同价格和经济空间结构与运输均衡的关系，还是可以得出有关因素对运输需求的影响程度。

下面假设一个复杂的例子，见图 2-2，假设本例中涉及若干个煤炭的生产地和销售地。每一个煤炭生产地，由于生产条件不同，都有自己相应的供给曲线。煤炭的消费地(或需求地)，可能是一些大的钢铁企业、火力发电厂，也可能是城市。生产地用椭圆形表示，圆形面积越大，表明成本越低；需求地用菱形表示，菱形面积越大，表明需求量越大。假设在这一经济空间里存在两种可以相互替代的运输方式：一种是由政府经营的公共铁路运输，另一种是私营的货运卡车运输。铁路运输的成本主要包括列车在线路上的运行成本和相关车站上的作业成本，如吊车及列车编解成本等。货运卡车可以直接把煤炭从生产地运到消费地，因此假设其运输费用只包括与运输距离有关的成本。也可以将本例中货物的种类想象成其他商品，也可以把产销地之间的运输想象成旅客运输，在旅客运输的情况下，两种运输方式可能是公共交通运输和私人小汽车运输。

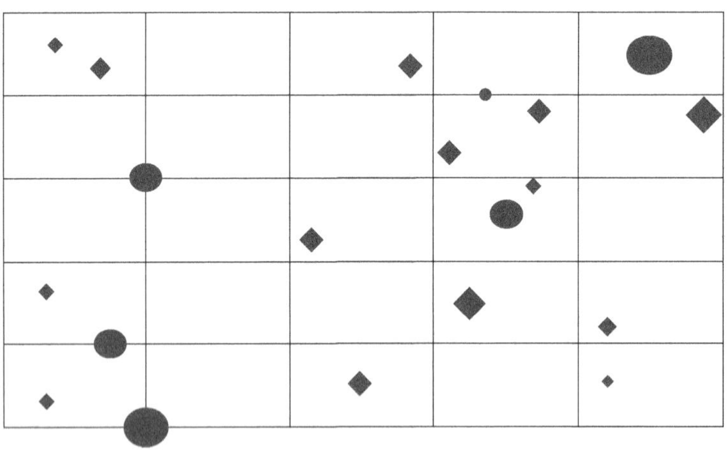

图 2-2 多个煤炭产销地点的分布

对于任何一对产销地，是选择公共铁路运输，还是选择货运卡车运输，都假定取决于相应的运输费用，这里的运输费用是包括可达性和耗费时间在内的全部运输费用。在铁路线路上的运行成本一般比较低，但由于并不是所有的产消地都坐落在铁路车站所在地。因此使用铁路运输存在可达性问题，需要额外的成本，铁路运输在有关车站上还会发生费用和时间成本。此外，由于铁路网的铺设会发生一定的绕道运输，使得运输距离加长。货运卡车的运输费用比较单纯，假设只包括与运输距离有关的成本，由于可以做到“点点直达”，因此没有运输中的场站成本，但货运卡车运输的单位运行成本比较高。一般而言，用户的选择是综合考虑和评判的结果，尽管铁路运输的线路运行成本较低，但如果加上可达性、站场作业、绕道运输和时间成本，使得铁路运输总费用高于货运卡车运输的成本，则用户会选择货运卡车运输。

在这个复杂的例子中，运输的网络性使得确定运输供求的均衡点变得复杂得多，在每一个生产地的煤炭供给曲线已经确定，同时每一对可能的产销地之间的两种运输方式的运输费用也已经确定的情况下，只有生产地价格加上运输费用之和能够满足消费需求曲线要求的煤炭供给，才可能形成实际的运输流。从消费的角度看，如果一个消费地可以得到多个生产地的煤炭供给，则它只会选择煤炭生产地价格加上运输费用总和最低的运输供给者。也就是说，在运输网络系统中，每一个煤炭生产地和相应的煤炭消费地能够建立起真正的煤炭运输，取决于生产成本、消费的需求曲线和联系两地可能的最低运输费用，也取决于其他可能的竞争者的生产成本及可能的最低运输费用。系统中所有生产地、消费地和运输方式的供求均衡都需要在整个系统中加以考虑，才可能真正实现。

如果货运卡车运输的成本相对较低，均衡结果见图 2-3，运输均衡使得货运卡车运输要多于铁路运输，结果是很多铁路线没有被利用，这说明由于铁路的可达性、站场作业、绕道运输和时间成本等方面的总费用过高，无法发挥线路运行成本较低的优势，结果用户更多地选择了货运卡车运输。

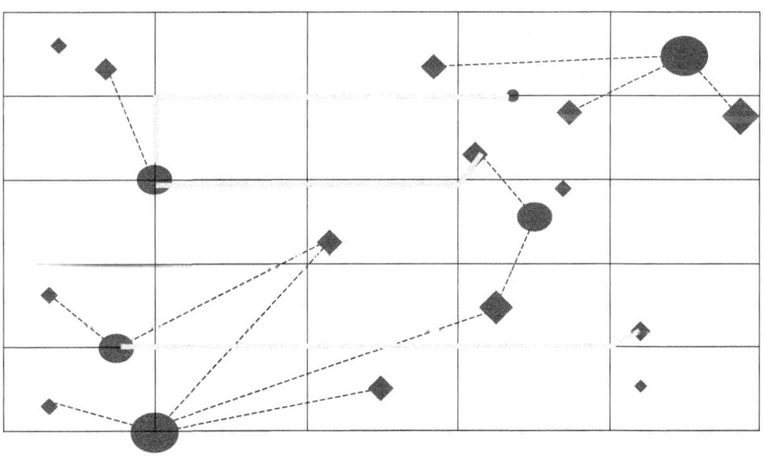

图 2-3　铁路运输成本较高情况下的运输均衡

如果铁路运输的成本相对较低，均衡结果见图 2-4，用户会更多地选择铁路运输。由于铁路在线路上的运行成本较低，不可避免地会存在一些迂回运输，因此总的煤炭运输距离会更长一些。原来提供煤炭的生产地，可能因为不再挣钱而退出，而另一些原先没有得到利用的生产地却投入了生产。

应该说明的是，现实生活中的社会经济系统和运输网络要复杂得多（这里列举的网络运输的例子也是比较简化的），甚至利用目前功能最强大的计算机也不能保证得出最优解，但通过分析已经可以看出有关因素变化可能产生的影响。

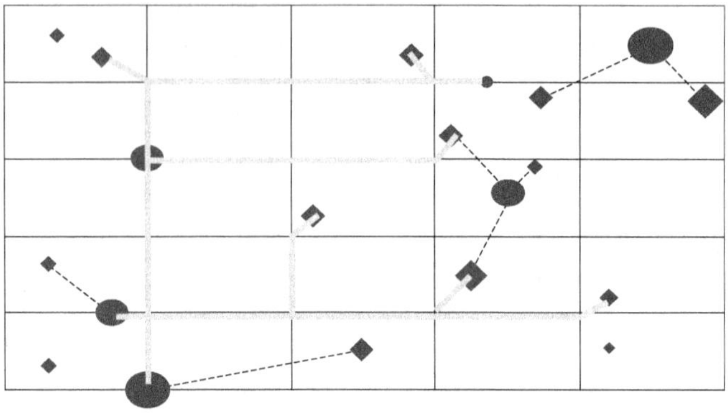

图 2-4　铁路运输费用下降情况下的运输均衡

四、运输需求函数和运输需求曲线

运输需求函数是用函数形式表示运输需求量与各种影响因素之间的相互关系。运输需求量受许多因素的影响，它是在一定的时间、空间和一定的条件下，运输消费者愿意购买且能够购买的运输服务的数量。由于研究目的及范围不同，从时间上说，可以是一年、一季、一月或一日的运输需求量；从空间上说，可以是一个国家、一个地区、一条线路或一个方向的运输需求量；从运输方式上说，可以是各种运输方式的总运输需求量，也可以是某一种运输方式的运输需求量。

运输需求曲线是假定在运输服务价格以外其他因素均保持不变的条件下，运输需求量与价格之间关系的曲线。运输需求曲线是一条向下倾斜的曲线，运输需求量与价格成反比关系。运输需求是衍生出来的，运输需求取决于社会经济中其他活动所提出来的对货物或旅客在空间位移上的需要。

运输需求与运输需求量是两个不同的概念。两者虽然都反映需求数量的变动，但引起这两种因素变动的原因是不同的，而且这两种变动在几何图形中的表示也是不同的。运输需求量的变动是指在其他条件不变时，由运输价格所引起的运输需求数量的变动。在几何图形中，运输需求量的变动表现为运输价格和需求数量组合点沿着同一条既定的需求曲线运动。运输需求的变动是指在运输价格不变的条件下，由其他因素变动所引起的运输需求量的变动。在几何图形中，运输需求的变动表现为需求曲线本身的移动。

运输需求价格弹性反映了价格变化引起的运输需求量的变化情况。其他影响因素变动的时候，运输需求曲线将发生变化，如人口增加、收入水平提高和人们在旅行上的偏好等。收入的提高，使商品在每一价格水平下的购买者数量增多，运输需求曲线上移。而当其替代品价格下降时，商品相对而言变得昂贵，运输需求曲线下移。一些情况下，由于某种商品的流行或公众心理发生变化，需求曲线也会随着这种偏好而改变。

第二节　货物运输需求

货物运输需求，简称为货运需求，是指针对某种货物运输服务，在一定的时间内，对于每一种可能的价格，消费者愿意购买并能够支付的货物位移服务的数量。

一、货物运输需求函数

货物运输需求函数是用函数形式表示货物运输需求量与影响因素之间的数量关系。货物运输需求曲线是假定在运输服务价格以外，其他因素均保持不变的条件下，货物运输需求量与运输价格之间关系的曲线。

二、货物运输需求的影响因素

货物运输需求是派生需求，是由社会经济活动这一本源需求引起的。因此，其影响因素主要有经济发展水平、产业结构、货物种类和供需地分布、其他相关货物运输服务的价格和质量、运输的非价格成本等。

（一）经济发展水平

货物运输需求很大程度上取决于经济发展水平，不同经济发展阶段对货物运输需求在数量和质量上有很大差别。工业化初期，开采业对大宗散装货物的运输需求急剧增加；机械加工工业发展时期，原材料运输继续增长，但增长速度已不如以前，运输需求开始多样化，对于速度和运输质量方面要求也有所提高；进入精加工工业时期，经济增长对原材料的依赖明显降低，货物运输需求的数量减少，增长速度放慢，但货物运输需求愈发多样，在方便、及时、低损耗等运输质量方面的需求越来越高。货物运输需求随着经济发展的规模、范围和构成等情况的变化而变化，随着经济发展水平的提高，货物运输需求量会增大；随着工农业生产和交换范围的扩大，货物运输需求距离会延长。

（二）产业结构

工业化水平低的国家，劳动密集型产业的比重大，技术密集型产业的比重小，因而产品的价值低、产值小，货物运输量的增长快于产值的增长；而工业化水平比较高的国家，技术密集型产业的比重大，劳动密集型产业的比重小，货物运输量的增长慢于产值的增长。从长期发展趋势来看，产业结构的升级，会使货物运输需求的增长速度低于经济产值的增长速度。

例如，以铁路货物运输为例，第一产业和第二产业增加值比重与铁路货物运输量之间呈现较为显著的正相关关系，而第三产业比重的增加则会降低铁路货物运输需求，因为铁路运输的货物主要为大宗货物，包括能源商品、基础原材料和农副产品，这些货物的生产和运输往往与地区的工农业发展，尤其是工业发展密切相关。2008—2016 年期间钢铁及有色金属的铁路货物运输量显著减少，很大程度上是受到国家层面产业结构调整、钢铁行业去产能的影响。部分地区的产业结构调整也对铁路货物运输量产生了较大的影响，例如首钢搬迁之后，北京市的金属矿石、钢铁及有色金属运输量等显著降低；而内蒙古、陕西等地的采矿业发展则带动了地区铁路货物运输量的增加。

（三）货物种类和供需地分布

不同的货物种类会产生不同的货运需求，比如大宗散货（煤炭、钢铁、粮食、矿石等），一般流向比较固定，运输需求量较大，对运输时间的要求较低。而一些日用消费品，比如消费类电子产品、日用小商品等，一般采用集装箱运输，运输需求量较少，对运输时间的要求较高。货物供需地的分布状况也会影响货运需求的变化。货物供需地分布越分离，货物运输需求越大。比如名牌商品，它们在几个生产地集中生产，但其需求遍布世界各地，因此会产生非常大的货运需求量。而某种区域性的商品，生产地和消费市场局限在特定的区域内，供需地相对集中，因此货物运输量也较小。

我国各省份的货物运输结构与区域内的货物类别有很大的关系，通过比较 2019 年各省份的货物运输量可以发现：山西、内蒙古、天津的货物运输量中，煤炭等大宗货物是主要的货运品类，更适合由铁路进行运输，煤炭的跨省铁路运输主要集中在这些省份之间，煤炭运输加剧了铁路运输的极化；在北京、上海、浙江等地，更多的货物是各类工业品最终消费品，这些货物用铁路运输并不占有优势。

（四）其他相关货物运输服务的价格和质量

对于某一种货运服务，其他相关的货物运输服务的价格和质量也会对这种运输服务的需求产生影响。一旦有多种货物运输服务存在，就需要进一步分析一种货物运输服务与其他货物运输服务的替代和互补关系，通常用需求的交叉价格弹性衡量。

例如，铁路货物运输量会随着公路和水路运输的发展而减少，但海运对铁路货物发送量的增加存在一定的正向作用。全国的煤炭运输往往采取东西向铁路+“海进江”和南北向铁路+长江水运的方式，这会对部分省份的铁路货物运输量带来负面影响。因此，铁路货物运输量与内河港口码头货物吞吐量呈现显著的负相关，而铁路货物到达量与沿海港口码头货物吞吐量呈非显著的负相关。此外，沿海港口码头货物吞吐量与铁路货物发送量之间显示出较为显著的正向关联。这是因为沿海港口的腹地很大程度上需要依靠铁路进行联结和扩展，因此铁路货运与海运间显示出一定的互补性。

（五）运输的非价格成本（或非价格的运输成本）

还有一个必须考虑的影响因素是运输的非价格成本（或非价格的运输成本），也可以称为附加的用户成本。运输的非价格成本本身不是运输价格的组成部分，但它所起的作用与提高运输价格水平是相似的，也会减少运输需求。例如，某些产品属于易腐、易破损或易被偷盗丢失的货物，那么在运输这些产品时，货主就需要多付出额外的费用，如保证活牲畜在运输中的饲养和清洁条件所产生的费用，安排专人押运的费用，易破损货物的特殊包装费用，易损易盗货物的保险费用等，这些额外费用也属于运输的非价格成本。又如运输是需要时间的，在运输过程中的货物对货主来说相当于在途资金被占用，货物本身价值越高，运输所耗费的时间越长，被占用资金所需付出的代价就越大，而这笔代价也是由运输引起的，虽然不包括在运输价格中，也属于运输的非价格成本。

有些学者将运输的非价格成本总结为运输服务质量问题。运输服务质量包含的含义可以很广泛，运输服务质量对运输需求有着实际的影响，但对运输服务质量给予准确的经济计量分析难度还是很大的。例如，一些发货人认为运输速度可能最重要，一些发货人可能更看重运输的可靠性，包括正点服务，还有很多发货人对运输人员的形象和服务态度十分注重等，这些都可以归为运输服务质量问题。随着经济结构的转变，货物运输的轻型化、小批量、时间紧、安全可靠等特点越来越突出，无论是区内运输，还是跨区运输，货主都把车型合适与发货迅速摆在最突出的位置。因此，运输服务中的非价格因素将是研究的重点。

目前也有证据表明，低价格已经不再是人们选择货运方式的决定因素。例如英国价格委员会进行的一项调查发现，只有52%的发货人在当地货运中选择收费最低的公路运输公司，地区内部运输中有77%的发货人选择低价格，公路干线运输中有64%的发货人选择低价格，很多发货人没有投入过多的精力去寻求最低价格货运公司。他们可能更注重车辆的合适性，例如是否有应对天气变化的保护装置、装货保障系统和与产品相适应的车辆等。一些企业正向“即时制”的生产模式转变，因此他们选择货运时比较关注存量保持在最低限度的问题。

因此，在经济生活中还有一种现象，就是尽管专业运输公司的能力越来越强，服务也不断改善，但还有很多企业保留了自备车辆或自有运输。也就是说，这些企业或多或少要把一部分运输能力控制在自己手里，除了要用于必需的内部运输和短途接运，有些还要用于完成中远距离的运输任务。这种情况在各国都很普遍，照理说，维持自备车辆或自有运输的成本可能会高于利用专业运输公司。通过英国运输部对有关调查归纳出的结果可以看出，企业在更可靠、更容易控制、更有利于与客户建立更好的关系、更快和更有灵活性等因素上的考虑都超过了对常规运输成本或运输价格的考虑。此外，满足特殊服务需要、专门化反应和适应性安全等因素也都是企业需要顾及的内容。因此综合来看，只要专业运输公司的服务无法在这些方面超过自备车辆或自有运输，就算运输价格可以再低，对运输质量越来越挑剔的客户还是要自己有所安排。

不同产业或部门对自备车辆或自有运输的依赖程度是不一样的。20世纪90年代中期，美国各产业平均使用自有运输与受雇运输的比例分别是52%和45%，自有运输比例略大，但金融保险业、电信业和运输总费用最大的制造业对自有运输的依赖较小，其比例分别为7.9%、11.9%和21.4%，农林渔业、建筑业和商业对自有运输的依赖很大，分别达到了69.7%、74.6%、82.7%。

第三节 旅客运输需求

旅客运输需求可以分成不同的组别，按运输方式的不同，可分为铁路客运、公路客运、航空客运、水路客运等；按出行目的的不同，可分为公务出差、旅游度假、探亲、外出工作和其他；按旅行距离远近，可分为短途客运、中途客运、国内远途客运和国际客运等。

一、旅客运输需求的含义

旅客运输需求，简称客运需求，是针对某种旅客运输服务，在一定的时间内，对于每一种可能的价格，消费者愿意购买并能够支付的位移服务数量。

旅客运输需求曲线是假定在运输服务价格以外，其他因素均保持不变的条件下，旅客运输需求量与运输价格之间关系的曲线。旅客运输需求曲线是一条向右下方倾斜的曲线。

一般情况下，如果旅客运输服务的价格下降，则旅客运输需求量将会增加，反之则减少。

二、旅客运输需求的特点

旅客运输需求的一个重要特点是它有很强的时间性。例如在城市中，每天早上和下午上下班时间的交通比其他时间的交通要拥挤得多；而对于城市间交通来说，每年的高峰期则有规律地根据节假日呈季节性分布。对旅客运输需求的这种强时间性一般没有什么异议。过去还有人提出，受出行时间预算的限制，人们在出行行为方面具有相对的稳定性，即人们花在出行方面的时间和出行的总次数变化不大，如果以休闲为目的的出行增加，那么以工作为目的的出行就会减少，如果选择使用汽车或飞机出行，那么原来步行或骑自行车出行的次数就会相应减少。

更多对出行时间预算的近期研究表明，实际情况远比这复杂。例如，有证据表明英国在整个 20 世纪，平均出行时间在稳定地增加，其原因之一是收入增加。持相同观点的人认为固定的时间预算只适用于每一个收入阶层，当收入较低时，人们花费的出行时间预算较低；随着收入的增加，出行时间预算会随之增加。

针对不同的出行距离，人们选择不同的出行方式，这是由不同运输方式的技术特点决定的。短途出行者主要选择步行或骑自行车，跨地区出行者主要选择航空运输。不同出行方式间的竞争程度或需求交叉价格弹性是与这一问题密切相关的。

三、运输需要

（一）运输需要的含义

在旅客运输需求分析中还要涉及一个重要的概念，就是运输需要。一般来说，需要的概念比需求大，因为需求只是有支付能力的那部分需要。由于需求受到个人收入和支出预算的限制，如果只是按照需求去分配社会资源，会产生因为收入不平等而导致资源分配不平等的情况。人们普遍认为在现代社会中，每一个人都应该有权利享受一些不低于基本水平的教育、医疗等服务，而不论他们收入的多少。交通运输也应该属于这一类服务。任何一个国家或地区都会有一些低收入者，还有残疾人、老人和儿童。相比之下，这些人需要一些特殊的运输服务。任何一个国家也都会有一些地区的经济发展水平较低，同时交通条件较差，需要外界提供一些他们自己难以实现的运输服务。这些运输服务仅靠市场上自发的供求平衡力量往往无法满足，因此运输需要中市场供给不能提供的部分，需要由政府提供，以满足人们最为基本的运输需求，这后一部分运输需要有时也被称作公益性运输或普遍服务。在 1977 年英国运输部公布的运输政策中曾这样对社会运输需要做出说明：“它包括人们作为现代社会成员所必需的工作、采购、休闲和其他活动的运输需要。”

（二）运输需要的政策

长期以来许多运输政策就是以满足运输需要的思想为基础的，例如 1930 年的英国公路交通法除规定其他相关事项外，还将公路服务许可证引入公共汽车业，其中就包含了公共需要的观点。交通委员会对此的解释是建立一种不考虑特定线路有效需求的地区性综合服务，政府在此基础上颁发许可证，运营商用盈利线路的收入补贴亏损线路。

提供基本运输服务的思想是人们有权享用最基本的运输设施，人们需要去工作、购物、娱乐等。因此，运输需要本质上是一种“规范性”概念。经济学家对于这一问题有两种解决方法：一种是对低收入人群或弱势群体进行直接收入转移；另一种是对公交公司进行收入补贴。目前采用的是后一种方法，因为前一种方法不能正确反映一般消费者购买具体运输服务的意愿，不能反映出市场的有效需求，会造成不必要的效率损失，同时也不利于解决交通拥挤问题。但对于后一种方法，学者担心这种交叉补贴会引起公共交通企业效率降低。

四、旅行时间价值

旅行时间价值是人们对旅行时间的评价，是由于旅行者在旅途中耗用的时间存在机会成本所产生的价值。

（一）旅行时间价值的两种情形

旅行时间价值一般分为两种情形：一种是工作时间的旅行时间价值，另一种是非工作时间的旅行时间价值。工作旅行包括运输工具驾驶员、服务员的在途工作和一般公务旅行，其时间价值一般被认定为旅行者工资的100%。非工作旅行包括以通勤、通学、购物、社交、旅游、娱乐等为目的的旅行，一般认为非工作旅行时间价值要低于工作旅行时间价值，相当于旅行者工资的某一个百分比。学者更为关注非工作旅行时间价值，但研究结果差别很大，表2-2为学者关于旅行时间价值的研究。

表2-2　学者关于旅行时间价值的研究

学者的研究	国家	以工资百分比计算的时间价值/%	出行目的	出行方式
Beesley（1965）	英国	33~50	通勤	汽车
Quarmby（1967）	英国	20~25	通勤	汽车、公共汽车
Stopher（1968）	英国	21~32	通勤	汽车、公共汽车
Oort（1969）	美国	33	通勤	汽车
Thomas 和 Thompson（1970）	美国	86	城市间	汽车
Lee 和 Dalvi（1971）	英国	30	通勤	公共汽车
		40	通勤	汽车
Wabe（1971）	英国	43	通勤	汽车、地铁
Talvitte（1972）	美国	12~14	通勤	汽车、公共汽车
Hensher 和 Hotchkiss（1974）	澳大利亚	2.70	通勤	水上飞机、渡船
Kraft 和 Kraft（1974）	美国	38	城市间	公共汽车
McDonald（1975）	美国	45~78	通勤	汽车、公共汽车
Ghosh 等人（1975）	英国	73	城市间	汽车
Guttman（1975）	美国	63	休闲	汽车
		145	通勤	汽车

续表

学者的研究	国家	以工资百分比计算的时间价值/%	出行目的	出行方式
Hensher（1977）	澳大利亚	39	通勤	汽车
		35	休闲	汽车
Nelson（1977）	美国	33	通勤	汽车
Hauser 和 Greenough（1982）	加拿大	67~101	通勤	地铁
Edmonds（1983）	日本	42~49	通勤	汽车、公共汽车、轨道
Deacon 和 Sonstclie（1985）	美国	52~254	休闲	汽车
Hensher 和 Truong（1985）	澳大利亚	105	通勤	汽车、公共汽车
Guttman 和 Menashe（1986）	以色列	59	通勤	汽车、公共汽车
Fowkes（1986）	英国	27~59	通勤	轨道、公共汽车
Hau（1986）	美国	46	通勤	汽车、公共汽车
Chui 和 McFarland（1987）	美国	82	城市间	汽车
Mohring 等人（1987）	新加坡	60~129	通勤	公共汽车
Cole Sherman（1990）	加拿大	93~170	通勤	汽车
		116~165	休闲	汽车

（资料来源：W. G. Water. Values of travel time savings used in road project evaluation：a cross-country/jurisdiction comparison. Australian Transport Research Forum，1992.）

（二）旅行时间价值的两种评价方法

对旅行时间价值的研究一般采用行为科学研究法，过去西方学者多采用显示性偏好分析方法，但近年来学者开始更多地使用表述性偏好（陈述性偏好）分析方法。它们之间的区别在于：前者注重实际观察到的人们已经做出的选择是什么；而后者则更多地根据并未实际发生但人们在调查表上对各种情况表述的选择意愿进行分析。

例如，显示性偏好可衡量出行者愿意为节约旅行时间所支付的费用。许多对非工作旅行时间的早期研究都将重点放在了城市往返出行上，因为当时必须提供城市运输设计计划的成本收益分析信息。近年来，学者更多使用的是表述性偏好，这种分析方法通过向出行者提出假设，探究他们的均衡点，并不是实际发生时的选择，而是使用问卷来探究旅客从一种运输服务方式转向另一种运输服务方式愿意多支付的票价水平。经验表明，非工作旅行时间价值一般与收入水平相关，但有时也把所有收入水平的平均值作为制定政策的参考。由于采用显示性偏好时实际收集数据困难，学者的研究已从显示性偏好向表述性偏好转变。虽然两种方法不同，但得出的结果往往很相似。

（三）旅行时间价值的特点

旅行时间价值会由于各种影响因素的不同而有差别：①由于旅行目的地不同，人们对相应的旅行时间价值评价也不一样；②大多数的研究学者都认为一个国家的旅行时间价值与该国的经济发展水平和人民生活水平成正比，因此发达国家的旅行时间价值要高一些，不发达国家的旅行时间价值要低一些；③旅行发生的时段不同，旅行时间价值也不同，例如工作日一天中旅行时间价值会随着各个时段的不同而波动，早晨上班高峰期，人们对旅行时间价值的评价最高，而其余时间，特别是晚上由于人们对时间的安排不那么严格，因此对旅行时间价值的评价则会相对较低；④旅行者中收入较高的人，其旅行时间价值较高，而反之收入较低的旅行者，其旅行时间价值较低，对于退休者、失业者和儿童等不工作者而言，他们的旅行时间价值与全职工作者的平均工资显然存在较大差异；⑤一般认为整块的时间节省比零碎的时间节省产生的经济效益要大；⑥某一特殊时点的重要性，例如严格的上班考勤制度会提高通行者的旅行时间价值，下班时要不要接孩子对旅行时间价值显然也有影响。

案例

如何选择上下班方式

在几乎所有的美国大城市中交通拥挤都是一个大问题，因此城市规划者希望鼓励更多的上班者使用公共交通工具。在考虑达到此目的的最好方式时，他们发现建立一个上下班族如何决定上下班方式的简单模型是非常有用的。虽然城市规划者认识到存在许多因素影响人们是使用公共汽车上班、乘地铁上班还是开自己的车去上班，但他们可能会把主要注意力集中在费用和时间两个因素上。正如人们所说的时间就是金钱，于是城市规划者把交通费用和时间价值加起来。类似地，不同人的时间价值有差别，城市规划者为了简化问题，就用小时工资来计算时间价值。

我们假设一个叫作厄本尼亚的城市来了解如何使用这个模型。该市考虑把一条慢速铁路改造成高速列车线，这会使运行时间缩短 30 分钟，而现在乘慢速车需要 1 小时，票价 1 美元，开汽车需要 45 分钟，汽油加上汽车的磨损费是 1.25 美元，一个普通上班者的平均收入为每小时 20 美元，所以多耗费的 15 分钟价值 5 美元。于是，开汽车上班的成本为 15（时间价值）+1.25=16.25（美元），而乘火车上班的成本为 20（时间价值）+1=21（美元）。这个模型告诉我们，为什么在目前情况下很多上班者不愿意乘坐慢车上班。

高速线路修好后铁路车票将提高到 2 美元，那么乘火车上班的成本变成 10（时间价值）+2=12（美元），这明显低于开汽车上班的 16.25 美元。于是模型预测许多上下班者会转而利用铁路，并且证明了应该重视列车的速度。

显然这个例子是虚构的，但在旧金山海湾地区高速运输系统实际建设时，人们曾经有类似的思考。许多城市在考虑扩建或改善地铁网络的时候也仍然需要考虑同样的问题。

（来源：斯蒂格利茨．经济学［M］．北京：中国人民大学出版社，1997.）

五、旅客运输需求的影响因素

影响运输需求的因素是多方面的。旅客运输和货物运输有着本质的区别，所以影响旅客运输需求和货物运输需求的因素不同。旅客运输需求是由人们的出行需要派生出来的需求。影响旅客运输需求的因素主要有运输价格、收入水平、其他运输服务的价格、消费者偏好、人口数量等。

因此，我们可以根据这些影响因素构建旅客运输的需求函数：

$$\ln Q_M = \alpha + \beta_1 \ln P_M + \beta_2 \ln Y + \beta_3 \ln P_N \tag{2-1}$$

式中，Q_M代表旅客运输需求量；P_M代表某一种旅客运输方式的运输价格；Y代表收入；P_N代表一种替代运输方式的价格。所有变量都以对数的形式表示，参数估计采用多元回归分析，β_1代表需求价格弹性，β_2代表需求收入弹性，β_3代表需求交叉价格弹性。

（一）运输价格

运输价格不仅指运输票价或运费，在运输模型及定量分析中，运输价格应该包括运费、时间成本、等待成本、危险成本等，形成一种笼统的成本指数。这里主要关注的是货币成本，尤其是运输使用者对运输服务价格波动的敏感程度。

（二）收入水平

人们的收入水平与交通需求之间存在正向关系。一般来说，收入水平提高会使人们出行更远的距离或在交通上花更多的钱。不少学者对同一国家不同收入水平的家庭或不同人均收入水平的国家进行对比分析，结论基本是相同的。交通在总体上属于经济学中的优质品，尤其是对小汽车的需求，随着收入的提高，小汽车的消费数量是增加的；而对市内公共交通的需求没有体现为优质品，往往随着收入的提高，公共交通的消费数量是下降的。

（三）其他运输服务的价格

任何一种运输服务的需求都可能受到其他运输方式的影响，体现为运输方式之间互补或竞争的关系。表 2-3 列出了不同学者的一些研究结果，这些研究考察了 1970—1975 年间伦敦周一至周五的运输需求的弹性变化（包括运输需求的价格弹性和交叉价格弹性）。

表 2-3　伦敦周一至周五的运输需求的弹性变化（1970—1975 年）

研究	弹性	相对于	
		公共汽车	轨道交通
Fairhurst 和 Morris（1975）	公共汽车	-0.60	0.25
	轨道交通	0.25	-0.40
Glaister（1976）	公共汽车	-0.56	0.30
	轨道交通	1.11	-1.00
Collings 等人（1977）	公共汽车	-0.41	—
Lewis（1978）	高峰路段交通	0.03	0.06

上面三个因素的影响程度，可以分别由运输需求的价格弹性、收入弹性和交叉价格弹性来衡量，具体分析可以参看本章第四节。

（四）消费者偏好

消费者偏好是一个包罗万象的变量，虽然迄今为止尚未被提及，但它常常被包括在需求的初步探讨中，偏好的经济含义很难弄清楚，但实际上它似乎包括前述三个因素未涵盖的所有的需求影响因素。即使在同样的收入水平上，有人可能爱好外出旅游，但也有人可能更偏重文艺和体育方面的享受，有人出远门喜欢乘飞机，有人就喜欢坐火车，有人热衷于拥有并随时使用新型轿车，甚至把这作为自己身份或个性的标志，但有人宁愿多骑自行车，以便实现自己关注环保的意愿，这就是人们偏好或嗜好的不同。尽管在经济学中找不到关于偏好的准确定义，也很难将其精确地数量化，但它对运输需求的影响还是很广泛和重要的，应该在需求分析中考虑到这种影响。随着时间的推移，消费者在运输方面的偏好会发生变化。如随着收入提高和闲暇时间增多，大多数人还是愿意享受私人小汽车所能给人带来的更多自由和方便；也有学者强调偏好是具有惯性的，认为尽管存在从众心理，但人和人毕竟不一样，这导致了人们在选择和出行行为上的多样化，在交通行为的偏好上存在路径依赖现象，一旦做出初始选择，如个人在大城市郊外购买了住房并使用私人小汽车作为主要交通工具，就很难再改变。相对固定的日常交通模式，对一个城市的交通规划和布局是非常重要的。

人们投入了相当多的精力研究服务质量问题，经验研究表明，公共运输需求对服务质量的变化很敏感，尤其是服务速度或频率的降低，这一事实再次表明人们不再那么纯粹地看重金钱因素。例如，在英国中西部地区的市场研究表明，只有27.1%的人认为降低票价是对当地公共交通的最大改进，其余的人都希望改进服务质量，如14.6%的人希望提高可靠性，10.4%的人希望增加班次，10.4%的人希望设立更多的公共汽车候车厅，10%的人希望有更清洁的车辆，等等。调查同时显示出这样一个事实，即当服务水平很差时，服务质量非常重要。现有证据表明，两班车辆之间的时间间距是较为重要的服务变量之一。

（五）人口数量

一般来说，人口越多，运输需求也应该越大，但两者的增长变化比例可能是不一样的。从美国旅客运输周转量与人口增长的关系来看，1950年到20世纪90年代中期，美国的人口增加了约75%，而客运周转量增加了近4倍，远远超过人口的增长速度。旅客运输周转量的这种快速增长除了人口增加的因素之外，一方面是由于平均每个人的出行次数越来越多，另一方面是出行的距离越来越远。

第四节　运输需求弹性

影响运输需求的因素有很多，相应地就有很多种运输需求弹性。这里重点讨论运输需求的价格弹性、收入弹性和交叉价格弹性。

一、运输需求的价格弹性

运输需求的价格弹性用运输价格变化百分之一引起需求量变动百分之几来衡量，可以用公式表示为$\dfrac{\frac{\Delta Q}{Q}}{\frac{\Delta P}{P}}$。而货物运输和旅客运输由于各自具有不同的特点，可以分开进行分析。

（一）货物运输需求的价格弹性

货物运输需求的价格弹性简称货运需求弹性，可反映货物运输需求量对货物运输价格变动的灵敏程度，用货物运输需求量的变化率与货物运输价格变化率的比值来表示。

影响货物运输需求的价格弹性的因素主要有：

1. 货物价值的高低

货物运输需求的价格弹性往往与货物价值有关。一般而言，货物价值越高，货物运输需求弹性越小；货物价值越低，货物运输需求弹性越大。因为如果货物价值较高，运输价格在产品成本中所占的比重会较低，比如皮革制品、光学仪器、电子设备等附加价值较高的货物，此时对运输价格变化考虑得不是很多，运输价格的提高或降低对产品的市场竞争能力不会产生较大的影响，货物运输需求对运输价格的弹性相对较低。相反，如果货物价值较低，运输价格在产品总成本中所占的比重较大，比如食品、纸张、布匹等附加值较低的货物，此时对运输价格的变化反应灵敏，这类货物运输需求的价格弹性就较大。表 2-4 是学者对铁路货运需求价格弹性的研究。

表 2-4　学者对铁路货运需求价格弹性的研究

学者	模型	弹性	货物类别
Oum（1979）	超对数模型	-0.46	燃料类货物
Oum（1992）	超对数模型	-0.69	化学品
	超对数模型	-2.16	金属制品
	超对数模型	-1.85	纸、塑料和橡胶制品
	超对数模型	-0.99	石油产品
Buckley 和 Westbrook（1991）	超对数模型	-0.90	水果和蔬菜
Winston（1981）	Probit 模型	-0.02~-2.68	高弹性货物为交通装备、化学品等；低弹性货物主要包括木材、砖石、黏土、初级金属等
Abedlwahab（1998）	Probit 模型	-1.88	煤炭
Rich，Keviborg 和 Hansen（2011）	Logit 模型	-0.17	食品类
	Logit 模型	-0.4	非液体燃料化石类
Abate，Vienrth，Karisson，de Jong 和 Buak（2019）	Logit 模型	-0.03	金属货物
	Logit 模型	-0.18	化学品货物

2. 货物的季节性及保鲜期

货物运输需求的价格弹性与货物的季节性和保鲜期也密切相关。当货物急于上市销售或不易久存时，其货物运输需求的价格弹性就较低；当货物的季节性不强或容易长期保存时，其货物运输需求的价格弹性就较高。如学者采用线性对数需求模型，利用某路局 2004—2013 年时间序列估算大宗货物在淡季和旺季铁路运输的需求价格弹性，在淡季铁路运输需求价格弹性为-2.538，旺季为-2.049，数据表明淡季的需求价格弹性更大一些。通过国家统计局 2009—2017 年的货物运输量情况来看，铁路煤炭的货运量存在一定的季节特征，第一季度为货运淡季，第四季度为货运旺季。表 2-5 是对于旺季和淡季铁路煤炭运输价格弹性的另一组研究数据，由表 2-5 中的数据可以看出，在同一价格水平下，淡季的需求价格弹性更大一些。

表 2-5 旺季和淡季煤炭铁路运输需求的价格弹性

价格/元	旺季		淡季	
	货物运输量	运输价格的弹性	货物运输量	运输价格的弹性
66	2 396. 863	−1. 016 09	2 298. 074	−2. 761 51
68	2 323. 063	−1. 080 14	2 105. 766	−3. 105 03
70	2 249. 262	−1. 148 39	1 913. 459	−3. 517 59
72	2 175. 461	−1. 221 27	1 721. 151	−4. 022 35
74	2 101. 661	−1. 299 27	1 528. 843	−4. 654 1
76	2 027. 86	−1. 382 95	1 336. 536	−5. 467 64

（数据来源：张珊珊．铁路货物运输价格弹性研究［D］．西南交通大学，2020.）

3. 货物集中程度及批量大小

货物地点集中且运输批量大，对运输价格的反应弱，货物运输需求的价格弹性就较低；货物地点分散且运输批量小，对运输价格的反应强，货物运输需求的价格弹性就较高。联系实际货运市场，大宗货物的运量一般来说大于零散货物的运量，相应地，大宗货物运输需求的价格弹性小于零散货物的运价弹性。例如，在铁路货运市场中，大宗货物属于货源稳定的货物，而零散货物属于运输相对灵活的货物，铁路和公路之间存在很大的竞争，这就会导致零散货物运输需求的价格弹性相对较大。

表 2-6 是学者对于大宗货物和零散货物运输需求的价格弹性研究。可以看出，零散货物运输需求的价格弹性较大，大宗货物运输需求的价格弹性较小。大宗货物对铁路运输存在一定程度的依赖，且运输的货物为低附加值货物，运输需求的价格弹性较小；而零散货物一般是具有高附加值的货物，往往更富有弹性；大宗货物和零散货物的长期价格弹性均大于短期价格弹性，表明两种货物运量对于运价的变动反映在长期比短期更加敏感。

表 2-6 大宗货物和零散货物铁路运输需求的价格弹性

模型	大宗货物		零散货物	
	短期价格弹性	长期价格弹性	短期价格弹性	长期价格弹性
协整模型	−0. 289	−0. 657 433	−0. 813 765	−0. 948 883
Box-cox 模型	−0. 434	−0. 659	−0. 86	−1. 04
局部调整模型	−0. 459 68	−0. 606 73	−0. 857	−1. 03

（数据来源：张珊珊．铁路货物运输价格弹性研究［D］．西南交通大学，2020.）

4. 运输方式、线路和方向

对于能力紧张的运输方式、线路和方向，货物运输需求的价格弹性显然较小，此时运输价格变动尤其是运输价格提高对需求影响不大；而对于能力富裕的运输方式、线路和方向，此时货物运输需求的价格弹性就较大。

学者经研究普遍认为，一种运输方式的运输需求的价格弹性越小，人们就越依赖这种运输方式，或者说一种运输方式所占的市场份额就越大，说明这种运输方式对人们的影响越大，它的运输需求的价格弹性应该越小。但这种结论并不是绝对的，需要界定运输市场的范围。每一个特定的运输市场（一组运输服务）中的运输需求条件都是唯一的，不能武断地随意把特定案例中的运输需求的价格弹性使用在其他的运输环境里。这并不是说运输需求的价格弹性的分析没有真正的实用价值，而是说这种弹性分析必须根据研究目的和各种给定的条件非常细致地去进行，否则就达不到预期的分析目的，甚至会得出错误的结论。运输需求的价格弹性的概念很简单，但运输需求的价格弹性的分析即使在其他产业中，也不是很轻易就能给出结论的，在运输行业中，情况更为复杂，因此要求做结论时要更为谨慎。

（二）旅客运输需求的价格弹性

旅客运输需求的价格弹性的计算如果过于笼统，与特定和现实的运输需求特性就会发生很大的背离，学者认为需要分类对旅客运输需求的价格弹性进行分析，可以从下面几个层面去分析。

1. 价格水平的不同

在不同价格的水平下，需求的价格弹性会随之变化。例如，随着公交票价的提高，公交票价对公交需求的弹性绝对值是逐渐增大的。也就是说，如果公交票价过高，那么公交需求受到公交票价波动的影响就比较明显。这与实际是相符合的，因为公交票价越高，乘客就会对票价越敏感，在高票价条件下，票价稍有变化，居民的选择就会发生明显的改变。

2. 时段或季节的不同

在不同的时段、季节，需求的价格弹性会变化。与货运相似，客运在高峰时段和非高峰时段，需求的价格弹性是不同的。如学者对于地铁的研究（见表 2-7），可以看出，在高峰时段，弹性更小一些。

表 2-7　长春市地铁的需求价格弹性

时段	弹性
所有时段	-0.2~-0.5
高峰时段	-0.15~-0.3
非高峰时段	-0.3~-0.6

（数据来源：钟沂平，芒烈，李莉，等．基于拉姆齐模型的长春市地铁定价研究［J］．城市轨道交通研究，2016，19（12）：91-96．）

3. 出行目的不同

一般认为公务出行的需求价格弹性低于以旅游度假及探亲访友为目的的旅行的需求价格弹性。据美国学者最近的分析结果，对于私人旅行来说小汽车的需求价格弹性值为-0.95，长途公共汽车的需求价格弹性值为-0.694，铁路的需求价格弹性值为-1.2，飞机的需求价格弹性值为-0.378；而对于公务出行来说，小汽车的需求价格弹性值为-0.7，长途公共汽车的需求价格弹性值为-0.3，铁路的需求价格弹性值为-0.57，飞机的需求价格弹性值为-0.18。相比之下，公务旅行的需求价格弹性值要小于度假旅行。航空运输中，公务与非公务出行的运费弹性是有差异的，后者弹性普遍较高，因为以休闲为出行目的人们，在现实生活中对诸多要素，如目的地、航班时间等的选择更加灵活，公务出行则必须在接到通知后立刻进行，头等舱或商务舱的低运费弹性也反映了某些使用者的服务需求，这些使用者需要在休息室或飞机上寻找能够工作的地方，航空公司就可以依此而制定不同的定价策略，以增加收入。

4. 费用支付方式的不同

收费方法不同，使用者对价格的感觉与实际花费也不同。例如汽车驾驶人感觉他们出行价格的实际花费很少，因为相对于保险、保养和折旧等间接费用的全部成本来说，私人小汽车的燃油等直接费用只是一小部分。而公共运输工具的使用者在旅行开始之前要提前买票，因此他们能更好地意识到他们的出行成本，而公共汽车票又分为一次性票、按时间的期票和按里程的累积优惠票等，结果使运输需求的价格弹性值也不同。英国出行卡方面的经验研究资料表明，采用出行卡的价格弹性值比传统单票现金支付制的价格弹性值要低得多。

5. 长短期的弹性不同

时间的长短对弹性计算变动有很大影响，人们在特短时期、短时期和长时期的行为方式可能不相同，但观点并不一致。一种观点认为：票价刚上涨时，旅客的反应比较敏感，价格弹性值较高，但随着时间的推移，人们可能慢慢习惯，因此，长时期的价格弹性值可能远远低于短时期的价格弹性值，特短时期的价格弹性值可能非常高，但保持时间很短。另一种观点认为：短期内，人们对价格的变化反应比较迟钝，或是他们并不认为这是永久的变化，或是由于习惯及技术上的原因，限制了他们立即做出反应，他们会按原计划行事，而在长期，人们倒可能会做出相反的反应。

例如，人们对市内公交车车票涨价的反应在短期内往往是需求明显减少，但一段时间以后，人们的心理逐渐适应这种变化，因此，表现为需求的价格弹性值短期较高，而长期较低。然而燃油价格对人们驾车行为的影响却是一种相反的情况。20 世纪 70 年代，石油危机导致燃油价格上涨时，短期内人们的驾车距离似乎没有发生很大变化，但在更长的时期内，燃油价格上涨对人们选择居住和上班地点及选择车型都产生了影响。长期与短期的影响，对不同问题可能产生不同的效应。

6. 运输距离和支付总额的差别

一般来说，运输距离越长，弹性值越大，但不应该把弹性值简单地看作是距离的函数，而应该看作是绝对值的反应。例如，都是 20%的上涨率，5 美元票价和 500 美元票价两种基数，会使人们反应不同。有研究表明，休闲旅行需求在长距离的价格弹性要大于短距离。旅行距离越长，对机票价格弹性越大。美国航空旅行中 700 km 左右行程的公务旅行和非公务旅行的需求的价格弹性值分别为-0.525 和-0.97，而1 300 km 左右行程的公务旅行和非公务旅行的需求的价格弹性值分别为-1.0 和-1.13。

二、运输需求的收入弹性

运输需求的收入弹性是指当收入变化百分之一而运输价格不变时，引起运输需求量变化的百分比，可以用公式$\frac{\frac{\Delta Q}{Q}}{\frac{\Delta I}{I}}$表示。运输需求的收入弹性一般用于分析旅客运输需求。

旅客运输需求的收入弹性值一般为正值，因为旅客运输需求量和居民收入水平一般是同方向变动，即居民的收入增加，对旅行的需求增加，反之，居民的收入减少，对旅行的需求减少。

20 世纪 70 年代，英国城市的公共运输需求的长期收入弹性值为-1.0~-0.4，汽车拥有量随着收入的增加而上升，从而使某些出行从公共运输中分流出去，富裕家庭在整个出行总量中所占的比重较大，抵消的作用还是很大的。比较而言，航空运输需求的收入弹性值较高，航空出行是高费用出行，因此其收入弹性值很高。例如一项对以色列市场的研究结果表明，航空运输需求的收入弹性值为 2.06，从澳大利亚到国外度假的航空运输需求的收入弹性值为 2.01。

与运输需求的价格弹性类似，收入变化对运输需求的长期影响和短期影响也不同。一般来说，收入的降低会使需求急剧下降，但是由于人们一直在重新调整其支出模式，因此长期收入弹性可能低得多。例如，英国和美国的研究表明，汽车拥有水平对收入变化的反应，短期收入弹性值在 2.04 至 4.5 之间，长期收入弹性值为 1.5 左右。而收入对于汽油的长期和短期的影响则不同，汽油需求的短期收入弹性值为 0.6，长期收入弹性值上升至 1.44。如果人们假定汽油消耗可以代表出行状况，短期内人们无法改变自己的出行安排，长期则可以减少出行次数，改变居住地点或是换更加省油的汽车。

我国学者对于高铁的需求收入弹性进行测算，研究结果见表 2-8。随着收入的增加，高铁的需求收入弹性先增加，然后下降。而且从旅客乘坐高铁的不同级别上看，二等座的需求收入弹性更小一些。

表 2-8　高铁需求收入弹性计算结果

收入增加量/元	一等座需求收入弹性	二等座需求收入弹性
500	0.58	0.55
1 000	1.71	0.79
1 500	1.62	0.77
2 000	1.35	0.62

（数据来源：郄童舒．基于需求弹性的我国高速铁路差别定价研究［D］．北京交通大学，2018.）

三、运输需求的交叉价格弹性

运输需求的交叉价格弹性，主要通过一种运输方式的价格变化百分之一将引起另一种运输方式的运输需求变化百分之几来衡量，反映了两种运输方式之间的关联关系，可以用公式$\frac{\frac{\Delta Q_y}{Q_y}}{\frac{\Delta P_x}{P_x}}$表示。

（一）交叉价格弹性值为正值

说明运输服务 x 的价格变化将引起运输服务 y 的需求同方向变动，如航空运输价格提高，会使铁路运输、水路运输需求量增加，表明航空运输与铁路运输和水路运输的可替代性。一般在货运中，铁路受到公路的竞争压力比较大，当公路价格变化时，通过铁路需求量变化可以衡量出铁路需求对公路价格的货运需求交叉价格弹性，表 2-9 为学者的相关研究。

表 2-9　铁路需求对公路价格的货运需求交叉价格弹性实证研究

学者	模型	铁路-公路的需求价格弹性
Oum（1979）	派生需求函数、超对数模型	1.43
Wilson（1984）	派生需求函数、超对数模型	1.54～1.61
Buckley 和 Westbrook（1991）	派生需求函数、超对数模型	4.57
Abedlwahab（1998）	Probit 模型	1.54
Mitra（2013）	Probit 模型、Logit 模型、HEV 模型及 mix-logit 模型	2.33～2.35
Jourquin 和 Beuthe（2019）	Logit 模型	1～1.13
胡骥，蒯佳婷和杜玲丽（2019）	动态博弈模型	0.29

（二）交叉价格弹性值为负值

说明运输服务 x 的价格变动将引起运输服务 y 的需求反方向变动。如水路运输价格提高会使疏港汽车的运输需求量减少，表明这两种相关运输服务存在互补性，即它们结合使用，更能满足消费者的要求。

（三）交叉价格弹性值为零

说明运输服务 x 的价格变动对运输服务 y 的需求量没有影响，表明两种运输服务互相独立、互不相关。如航空运输价格提高，对公路长途运输需求量没有影响，就长途运输而言，航空运输与公路运输无替代性和互补性，两者互不影响。

四、运输需求弹性的数据分析

运输需求的价格弹性、收入弹性和交叉价格弹性分析需要界定一定范围的运输市场，只有在同质的运输市场，通过分析这些数据才可以得出不同运输方式的竞争和替代关系。下面将从城市内运输、中长距离运输、长距离运输三个层面进行数据分析。

（一）城市内的运输需求弹性数据分析

首先，分析表 2-3 的数据，表中 Fairhurst 和 Morris（1975）研究表明：公共汽车的价格弹性为-0.60，说明公共汽车的价格上升 1%，对公共汽车的需求量下降 0.6%；轨道交通的价格弹性为-0.40，说明轨道交通的价格上升 1%，对轨道交通的需求量减少 0.4%。也就是说，在他们的研究中，轨道交通的需求价格弹性更小，人们对轨道交通价格变化更不敏感。相对于公共汽车，轨道交通的交叉价格弹性为 0.25，说明公共汽车的价格上升 1%，对轨道交通的需求量减少 0.25%。而相对于轨道交通、公共汽车的交叉价格弹性也为 0.25，说明公共汽车和轨道交通的相互影响是相同的。

Glaister（1976）的研究表明：公共汽车的需求价格弹性为-0.56，轨道交通的需求价格弹性为-1.00，说明在他的研究中，人们对公共汽车的价格变化更不敏感。相对于公共汽车，轨道交通的价格弹性为1.11，说明当公共汽车的价格上升1%时，对轨道交通的需求量增加1.11%；相对于轨道交通，公共汽车的价格弹性为0.30，说明当轨道交通价格上升1%时，对公共汽车的需求量增加0.30%，很显然在他的研究中，公共汽车和轨道交通的相互影响是不同的，公共汽车对轨道交通的影响更大一些。

此外，很多学者的研究可以反映出城市内交通工具的竞争关系。例如，我国学者对城市内的自行车、出租车、私家车、公交车和电动车所做的需求价格弹性和交叉价格弹性的数据见表2-10。

表2-10　城市多种交通工具的需求价格弹性和交叉价格弹性研究

交通工具	自行车	出租车	私家车	公交车	电动车
自行车	0.00	0.02	0.44	0.09	0.09
出租车	0.00	-5.97	0.44	0.09	0.09
私家车	0.00	0.02	-2.55	0.10	0.09
公交车	0.00	0.02	0.45	-0.22	0.09
电动车	0.00	0.02	0.45	0.09	-0.18

（数据来源：陈伯阳，蒋明清，四兵锋，等.多方式竞争下城市公交需求价格弹性实证分析［J］.交通运输系统工程与信息，2016，16（4）：241-247.）

（二）中长距离的运输需求弹性数据分析

在中长距离的旅客运输中，铁路、公路、水运在旅客运输的相互竞争关系体现在交叉价格弹性上，可以通过学者关于不同年份、不同季节和不同区域的交叉价格弹性数据进行详细分析。

1. 不同年份铁路和公路的交叉价格弹性

表2-11为随着时间变化，铁路和公路的交叉价格弹性数据。可以看到，自1985年以来，公路运价对铁路货运的交叉弹性呈上升的趋势，由1985年的0.184增加到2019年的0.225，同时期铁路运价对公路货运的交叉弹性相对较低，1985年为0.007，2019年则为0.141。这说明从整体货运市场来看，公路和铁路货运间的竞争越来越激烈。

表2-11　不同年份铁路和公路的交叉价格弹性数据

年份	公路运价对铁路货运的交叉价格弹性	铁路运价对公路货运的交叉价格弹性
1985	0.184	0.007
1990	0.112	0.033
1995	0.218	0.111
2000	0.219	0.113
2005	0.215	0.106
2010	0.213	0.102
2015	0.210	0.098
2019	0.225	0.141

（数据来源：张冰松.基于运输方式间竞争的中国铁路货运需求价格弹性研究［D］.北京交通大学，2021.）

1985—1995 年公路运价对铁路货运的交叉弹性先下降、后上升。1985—1990 年弹性的大幅下降，说明此期间公路运价对铁路货运的影响下降，反映出这一时期内，铁路货运需求迅速增长，铁路货运能力紧张，铁路的议价能力仍然很高，公路并不能对铁路产生有效的竞争压力，1990—1995 年公路运价对铁路货运的交叉弹性大幅上升，说明公路价格的变动对铁路运输量的影响提高，在此期间，随着铁路货运价格的大幅提高，公路货运供给能力的快速增长，铁路的货运竞争力出现了下降，公路同铁路展开激烈的竞争。1995—2010 年，公路运价对铁路货运的交叉弹性趋于平稳，说明来自公路的竞争压力并没有进一步扩大，到 2019 年交叉弹性达到 0. 225。

2. 不同季度，铁路、公路和水运的交叉价格弹性

表 2-12 为不同季度，铁路、公路和水运的交叉价格弹性数据。第一季度公路运价对铁路货运的交叉弹性为 0. 420，水路运价对铁路货运的交叉弹性为 0. 021，均高于其余三个季度。这说明相较于其他时期段，第一季度铁路和公路、水运的竞争较激烈，其他运输方式的价格增加将为铁路带来更多的货运需求。

表 2-12 不同季度交叉价格弹性数据（2014 年 1 月—2019 年 12 月）

季度	铁路价格弹性	公路运价对铁路货运的交叉价格弹性	水路运价对铁路货运的交叉价格弹性	铁路运价对公路货运的交叉价格弹性	铁路运价对水路货运的交叉价格弹性
一	-0. 442	0. 420	0. 021	0. 107	0. 068
二	-0. 396	0. 392	0. 004	0. 074	0. 013
三	-0. 402	0. 395	0. 007	0. 077	0. 021
四	-0. 396	0. 391	0. 005	0. 075	0. 014
平均	-0. 409	0. 400	0. 009	0. 083	0. 029

（数据来源：张冰松．基于运输方式间竞争的中国铁路货运需求价格弹性研究［D］. 北京交通大学，2021.）

公路运价对铁路货运的交叉价格弹性大于铁路运价对公路货运的交叉价格弹性，但是水路运价对铁路货运的交叉弹性小于铁路运价对水路货运的交叉弹性，说明铁路运量对公路运价的敏感程度高于公路运量对铁路运价的敏感程度，而水路运输的情况则相反，铁路运价对水路运量的影响更大。这说明在货运市场中，铁路的替代性弱于公路，但强于水路。

第一季度铁路价格弹性为-0. 442，说明春节期间铁路货运需求对运价的敏感度较高。计算 2014—2019 年的月度平均货运周转量，可以发现铁路的旺季为当年 10 月至次年 1 月，这四个月的运量占全年的 35. 15%。在春节之后，3 月的运量会有短暂的反弹，之后进入 4 月—9 月的淡季。公路的情况与铁路相比稍有不同，旺季的四个月为 9 月—12 月，运量占全年的 37. 26%，高于铁路在旺季时的占比，说明公路的季节性差异更大，铁路全年运量变化较为平稳。

3. 不同区域铁路和公路的交叉价格弹性

表 2-13 为不同区域铁路和公路的交叉价格弹性数据，其中有 13 个区域为正值，5 个区域为负值，说明铁路与公路的竞争关系存在很大的区域差异。交叉价格弹性为负数，说

明两种运输方式是互补的关系。这5个区域，除乌鲁木齐局外，武汉局、上海局、南昌局和广铁集团管辖范围内的公路运量均远超铁路，而乌鲁木齐局则相反，其铁路运量占比很大。说明在这些地区，铁路与公路的合作关系大于竞争关系，公路和铁路往往采取联运的方式进行合作。以广东和新疆为例，2018年，广东省铁路货运发送7 521万吨，其中75%以上为煤炭、金属矿石等大宗货物，而通过公路运输的货物中，仅有5%左右的矿产品。2018年，新疆铁路发送量中，煤炭、石油、金属、非金属矿石和集装箱占77%，而公路运量中，农产品接近80%。

呼和浩特局、哈尔滨局等地，铁路价格对公路的交叉价格弹性较大，说明铁路对公路的替代性更强，这是因为这些地区主要运送的货物品类为煤炭、石油等大宗货物，铁路更具有优势。南宁局和西安局等地，公路价格对铁路的交叉价格弹性较大，说明这些地区公路对铁路的替代性更强。

表2-13　不同区域铁路和公路的交叉价格弹性数据（2014—2018年）

铁路局	公路运价对铁路的交叉价格弹性	铁路价格对公路的交叉价格弹性
哈尔滨	0. 096	0. 192
沈阳	0. 205	0. 149
北京	0. 198	0. 137
呼和浩特	0. 11	0. 201
太原	0. 206	0. 142
济南	0. 106	0. 034
郑州	0. 106	0. 091
西安	0. 205	0. 145
兰州	0. 108	0. 085
乌鲁木齐	-0. 028	-0. 501
上海	-0. 125	-0. 024
南昌	-0. 361	-0. 048
武汉	-0. 051	-0. 024
成都	0. 125	0. 043
广铁集团	-0. 352	-0. 045
南宁	0. 205	0. 138
昆明	0. 206	0. 149
青藏公司	0. 124	0. 204

（数据来源：张冰松．基于运输方式间竞争的中国铁路货运需求价格弹性研究［D］．北京交通大学，2021.）

（三）长距离的运输需求弹性数据分析

在更长距离的旅客运输中，可以通过分析民航和高铁的交叉价格弹性分析两种运输方式的竞争关系。表2-14为学者对于北京—上海段的民航与高铁交叉价格弹性的测算结果。

表 2-14　北京—上海段的民航与高铁交叉价格弹性数据

民航票价与高铁票价的比值	0.5	0.8	1	1.2	1.5	2
高铁和民航的交叉价格弹性	0.35	1.25	2.61	3.68	3.87	4.24

（数据来源：郄童舒．基于需求弹性的我国高速铁路差别定价研究［D］．北京交通大学，2018.）

从表 2-14 中的数据可以看出，北京—上海段高铁与民航的交叉价格弹性为 0.35～4.24，其中民航票价越高，其交叉价格弹性亦明显升高。基于上述测算结果可得出以下结论，北京—上海段高铁与民航间的交叉价格弹性大于零，两种运输方式具有明显的替代关系。在机票价格升高时，高铁与民航的交叉价格弹性明显升高，此时高铁与民航之间的替代性较大。

运输需求的交叉价格弹性与其价格弹性、收入弹性一样，在价格和运输量分析中起着重要的作用。运输行业管理部门或计划部门、运输企业在制定行业、企业的运输发展规划时，应当考虑运输项目的替代性和互补性影响。如果一条拥有三级以上航道的河流，在无特殊需要时，一般不需要沿河修一条铁路，否则就会导致运输资源的浪费，这是因为运输服务具有替代性（运输需求的交叉价格弹性值为正值）。如果在建设港口、火车站的同时，不发展相应的集疏运系统，就会产生压港、压站现象。轮船和火车运输价格的提高，对港口、车站集疏运系统会产生影响，这是由于运输服务具有互补性（运输需求的交叉价格弹性值为负值）。

案例

廉价汽油与时间价值

为了得到一个更好的价格，你愿意排队等多长时间？这是 1990 年 8 月 23 日，位于美国洛杉矶的 KJLH 电台对当地驾车人提出的问题。该电台宣布要对当天早上6：15 至8：30 期间，到市区一个指定加油站加油的驾车人提供补贴。当时伊拉克刚刚入侵科威特，美国加油站出售的汽油价格几乎全部提高到每加仑 1.2 美元。KJLH 电台要通过特别补贴，使该加油站的汽油只卖每加仑 0.76 美元，那只是 1978 年的价格。结果当天早上，在指定加油站，等待的车队排了三个街区，要等超过一小时的时间才能来到加油泵前。按照补贴后的价格，每加仑汽油最多可节省 50 美分，购买 15 加仑，节省的总钱数不会超过 7.5 美元，我们因此知道四百多名排队的驾车人，要么是估计他们自己的时间价值低于每小时 7.5 美元，要么就是没有好好温习经济学入门课程的内容，忘记他们应该同时考虑汽油价格和时间成本，从而影响了自己的判断。实际上，那些无意购买廉价汽油而又被更严重交通堵塞延误的驾车人是无端遭罪。如果 KJLH 电台必须为这一别出心裁的恶作剧支付社会成本，包括补偿所有受到延误的驾车人，也许他们根本就不会搞这么一个活动了。

（资料来源：斯蒂格利茨．《经济学》小品和案例［M］．王则柯，译．北京：中国人民大学出版社，1998.）

第三章 经济区位理论

区位的含义是“分布的地区或地点”。区位理论是关于人类活动的空间分布及其在空间中相互关系的学说，是研究人类经济行为的空间区位选择及空间区内经济活动优化组合的理论，可以分为三个发展阶段：新古典区位理论阶段、改进区位理论阶段和现代区位理论阶段。

第一节 新古典区位理论

新古典区位理论（也可称为新古典经济学区位理论）是指以新古典经济学家马歇尔和韦伯为代表的传统区位理论体系。马歇尔在1920年出版了《经济学原理》。马歇尔的《经济学原理》对区位理论，特别是区位理论中的产业集聚现象有三点重要的贡献：第一，劳动力市场的共同分享；第二，中间产品的投入与分享；第三，技术外溢。由于这三个重要概念具有理论创新的突破性进展，因此从1920年一直到1990年，这三个基本定义便成为从新古典区位理论到以新经济地理学为核心的现代区位理论研究产业集聚现象时的共同理论基础。杜能在1826年出版了《孤立国对农业和国民经济之关系》。韦伯在1909年出版了《工业区位论》，形成了新古典区位理论的第一波学术繁荣期。新古典区位理论的初创期为20世纪20年代至20世纪50年代，新古典区位理论的代表人物主要为马歇尔、韦伯和杜能。

一、韦伯理论

韦伯1909年出版了《工业区位论》，从而创立了工业区位理论。韦伯提出工业区位理论的时代背景是：德国产业革命之后，近代工业有了较快发展，从而形成了大规模的地域人口移动，尤其是产业与人口向大城市集中的现象极为显著。在这种背景下，韦伯从经济区位的角度，选择了生产、流通、消费三大经济活动中最为基本的工业生产活动作为研究对象，通过探索工业生产活动的区位原理，试图说明产业的集聚机制。

1. 基本思想

韦伯区位分析的基本思想是根据加工过程中原材料或产成品减重或增重的程度确定加工厂的位置。凡加工过程减重程度较大的产业（如钢铁、水泥、造纸、面粉、葡萄酒），都被认为应设立在原材料集中的地点；而加工过程增重程度较大的产业（如啤酒、酱油），则应设立在靠近市场的地点。例如造纸厂（包括纸浆厂）和制糖厂等，绝大多数都设立在原料产地。加拿大和北欧国家有丰富的木材资源可以造纸，但他们大量出口的是加工过程中已经减轻很多的纸张或纸浆，而不是造纸的初始原料，制糖厂也大多建在甘蔗或甜菜产地。而饮料业则大多设立在靠近消费地的地方，如全球最大的饮料厂商——美国可口可乐公司为了节约运输成本，把自己的分装厂建在全世界几乎所有被它打开市场的地方。生产地设于原料地或消费地皆可的有石油精制、医疗器械等。

2. 区位三角形和区位三因素

韦伯的区位三角形理论假设有一个消费地点、两个原材料产地，不同地点的劳动力费用不同但供应充足，运费与运输物品的重量和运输距离成正比。生产地的布局见图 3-1。显然生产地将不会在三角形以外，因为这将增加不必要的运输。在三角形以内运费最低点取决于每种原材料所需的数量及每种原材料在加工中减重的多少。如果两种原材料所需的数量相同，但其中一种原材料减重较多，则生产地点应靠近减重多的原材料产地；如果两种原材料减重的多少相同，其中一种原材料使用的数量较多，则生产地应设在该原材料产地的附近。

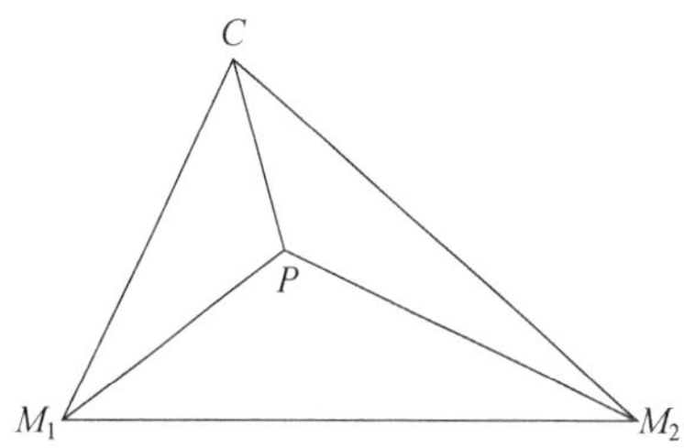

图 3-1　韦伯的区位三角形

韦伯认为工业区位的形成主要有三个因素：运费、劳动力费用和生产集聚力。其中，运费具有把工业企业吸引到运输费用最小地点的趋势，而劳动力费用和生产集聚力具有使区位发生变动的可能。韦伯的方法是先找出运费最小的点，然后再考虑劳动力费用和生产聚集力这两项因素。他认为，工业区位的决定应最先考虑运费，而运费是运输物品的重量和运输距离的函数。

在韦伯的基本模型中，运费对生产地的选择起决定作用。当考虑劳动力费用时，被运费决定的工业区位会发生第一次变形。韦伯认为生产地的选择有可能放弃运费最小的地点，而偏向劳动力费用较低的地点，这取决于节省费用的比较。

当考虑生产聚集力因素的作用时，被运费和劳动力费用决定的工业区位会发生第二次变形，韦伯认为聚集效果主要是通过工厂扩大生产规模以降低生产成本，以及工厂之间的协作和共同使用基础设施得到的。如果一个地点由于聚集所节约的费用大于因偏离运费最小和劳动力费用最小的位置而增加的支出，那么在新地点组织生产就是合理的。

3. 对韦伯区位理论的评价

韦伯的区位理论是经济区位论的重要基石之一，不仅是理论研究的经典著作，对现实工业布局也具有非常重要的指导意义。其突出的特点是首次将抽象和演绎的方法运用于工业区位研究中，建立了完善的工业区位理论体系，为之后的区位论学者提供了研究工业区位的方法论和理论基础。韦伯区位理论的最大贡献在于他提出了最小费用原则，即费用最小点就是最佳区位点。他之后的许多学者的理论仍然不能脱离这一经典法则，只是在他的理论基础上进行修补而已。韦伯的理论不仅限于工业布局，对其他产业布局也具有指导意义，成为经济区位布局的一般理论。

二、杜能理论

农业区位理论的创始人是德国经济学家杜能，他于 1826 年完成了农业区位理论专著——《孤立国对农业和国民经济之关系》，简称《孤立国》，是世界上第一部关于区位理论的古典名著。

杜能的农业区位理论是 19 世纪德国（普鲁士）特殊社会经济背景下的产物。19 世纪初，普鲁士进行了农业制度改革，取缔了所有依附于土地所有者的隶属关系，所有的国民都可拥有动产，并可自由分割及买卖，农民在法律上成了自由农民，可独立支配属于自己的农场。这次农业制度改革，取消了贵族阶级的许多特权，但也促使贵族成为大的土地所有者和独立的农业企业家。同时，大量获得了人身自由的农民成为能够自由出卖劳动力的农业劳动者。于是，出现了由农业企业家和农业劳动者构成的农业企业式经营。杜能的《孤立国对农业和国民经济之关系》正是试图解释企业型农业时代的农业生产方式问题。

1. 研究假设

杜能在一系列假设的前提下提出了孤立国的区位模型：一个城市位于一大片平原地区的中心，该地区的气候与土壤条件是完全相同的；城市负责供给必需的生活品，城市周围的土地则种植各种农作物供消费；城市是该平原上农民的唯一市场；城市与周围地区通过道路联系，并且从任意一点到城市都是直线运输，农产品运到城市的运费与其重量和运输距离成正比。

2. 杜能环

杜能在均质的大平原上，以单一的市场和单一的运输手段为条件，研究农业经营的空间形态及产地与市场间距离的关系。很显然，农民获得的利润等于其产品的市场价格减去生产成本和运费。由于市场只有一个，故某一产品的价格也只有一个，农民应根据是否有利于节约运费来安排种植。杜能提出了六种耕作制度，每种耕作制度构成一个区域，而每个区域都以城市为中心，围绕城市呈同心圆状分布，这就是著名的“杜能圈”（杜能环），如图 3-2 所示。

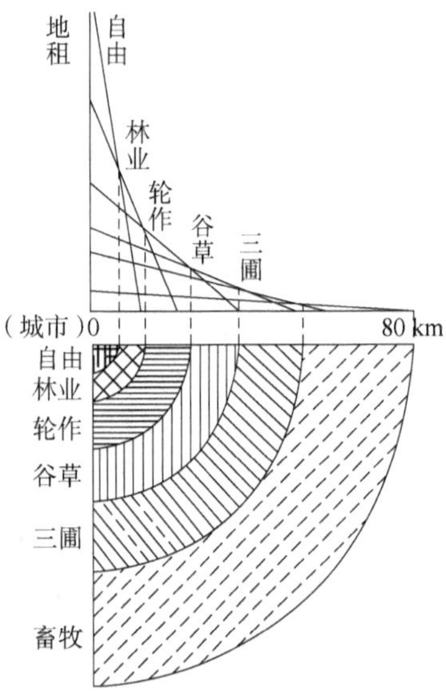

图 3-2　杜能环

（1）第一圈——自由式农业圈。第一圈为最近的城市农业地带，主要生产易腐难运的产品，如蔬菜、鲜奶。由于运输工具为马车，速度慢，且又缺乏冷藏技术，因此需要新鲜时消费的蔬菜、不便运输的果品（草莓等）及易腐产品（鲜奶等）在距城市最近处生产，形成自由式农业圈。本圈大小由城市人口规模决定的消费量大小而决定。

（2）第二圈——林业圈。第二圈应生产重量重、价值低的木料和柴薪，它们由于重量较重、体积较大，从运输角度来看必须在城市近处（第二圈）种植。

（3）第三圈——轮作式农业圈。第三圈应种植粮食作物。没有休闲地，在所有耕地上种植农作物，以谷物（麦类）和饲料作物（马铃薯、豌豆等）的轮作为主要特色。杜能提出了每一块地的六区轮作，第一区为马铃薯，第二区为大麦，第三区为苜蓿，第四区为黑麦，第五区为豌豆，第六区为黑麦。其中，耕地面积的50%种植谷物。

（4）第四圈——谷草式农业圈。第四圈为谷物（麦类）、牧草、休耕轮作地带。杜能提出了每一块地的七区轮作。同第三圈不同的是，第四圈总有一区为休闲地。七区轮作中，第一区为黑麦，第二区为大麦，第三区为燕麦，第四、五、六区为牧草，而第七区为荒芜休闲地。全耕地的43%为谷物种植面积。

（5）第五圈——三圃式农业圈。第五圈是距城市最远的谷作农业圈，也是最粗放的谷作农业圈。三圃式农业将农家近处的每一块地分为三区，第一区为黑麦，第二区为大麦，第三区为休闲区，三区轮作，即为三圃式轮作制度。远离农家的地方则作为永久牧场。本农业圈内全部耕地面积中仅有24%为谷物种植面积。

（6）第六圈——畜牧业圈。第六圈是平原的最外区域，应放养牲畜。此圈是杜能圈的最外圈，生产谷麦作物仅用于自给，而生产牧草用于养畜，以畜产品（黄油、奶酪等）供应城市市场。据杜能计算，本圈位于距城市51~80 km处。此圈之外，地租为零，为无人利用的荒地。

3. 对杜能区位理论的评价

杜能是现代西方区位理论的先驱者，其《孤立国对农业和国民经济之关系》是第一部关于区位理论的古典名著。他认真研究了孤立国的产生布局，不仅充分讨论了农业、林业、畜牧业的布局，而且考虑了工业的布局。从现代区位理论来看，杜能在100多年前提出的这些思想仍然有积极意义，而且对他以后区位理论的发展起了很大的作用。后来的工商业区位理论，特别是空间相互作用和城市地域结构等理论，无不以杜能的农业区位理论为出发点。

但杜能的农业区位理论存在一定的局限：在现实存在的国家中，找不到与孤立国中所设想的自然条件、土壤肥力和土壤的物理性状都完全相同的土地；在现实国家中，不可能有那种唯一的大城市，它既不靠河流边，也不在通航的运河边；在具有一定国土面积的国家中，除了它的首都，还有许多小城市分散在全国各地。

总体来看，早期的区位理论在方法上偏重于静态分析，缺乏全视角的动态分析；受新古典经济学的影响较大，采用完全竞争市场、收益递减、完全理性人等前提条件，与现实社会经济环境有很大的出入，这使该理论的实际应用价值大打折扣。

第二节　改进区位理论

改进区位论主要指第二次世界大战前后经过改进的各种经济区位理论，其特点是从立足于单一的企业到立足于城市，从着眼于成本最省发展到追求市场的扩大。韦伯以后的区位理论学者认为，生产成本最低点并不是厂商最优区位的选择点，因为生产成本的最低不一定意味着利润的最大。他们认为现代经济活动中市场对生产活动起着越来越大的作用，提出了以市场为中心、以取得最大限度利润为目的的区位理论。例如，费特的市场边界理论、廖什的市场区位理论等。

一、市场边界理论

1. 费特的市场边界理论

美国经济学家费特曾对两个生产者之间的市场划分进行过分析。最基本的是运费和生产成本决定企业竞争力的强弱，并且这两种费用的高低与市场空间大小成反比，运费和生产成本越低，市场空间就越大，市场竞争力就越强，工业企业的生存和获利的空间就越大。

费特假定有两个生产地：甲地和乙地，根据两地的生产成本和运费的不同，利用等费用线方法，得出两个生产地市场的范围，从而提出两个生产地市场的分界线，如图 3-3 所示。图 3-3 中显示了三种情形：图 3-3（a）假设甲、乙两个生产地的生产成本和运费都相同，则两个市场的分界线是一条平分中心的垂直线；图 3-3（b）假设甲、乙两地的运费相同但生产成本不同，乙地的生产成本高于甲地，两个市场的边界线是一条弯向生产成本较高企业的曲线；图 3-3（c）假设甲、乙两个生产地生产成本相同但运费不同，乙地的运费更高，则两个市场的边界线是一条弯向运费较高企业的曲线。

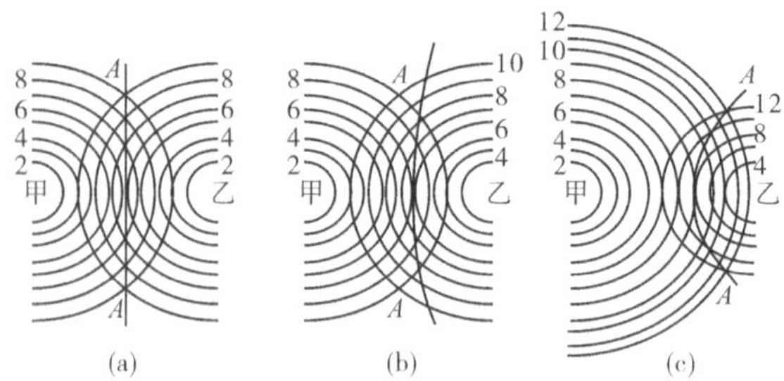

图 3-3　费特的市场边界理论

2. 廖什的市场区位理论

德国学者廖什 1940 年出版的《经济的空间分布》对市场区位的理论做出了重大的贡献。廖什用需求圆锥体的方法，把市场区与最常见的需求曲线结合起来。需求曲线中横坐标为商品的销售量，纵坐标为商品的出厂价格，加上运费后，商品价格提高则导致销售量下降，销售量为零时是市场能够达到的最大范围。这时，可以将横、纵坐标互换，横坐标代表商品的出厂价格（市场范围），纵坐标代表商品的销售量。以原点为中心，以最大出厂价格为半径，可以得到一个圆，这个圆代表企业销售的市场范围；再以纵坐标为中心形成了一个锥形体，该锥形体的体积就是商品的销售总量，如图 3-4 所示。

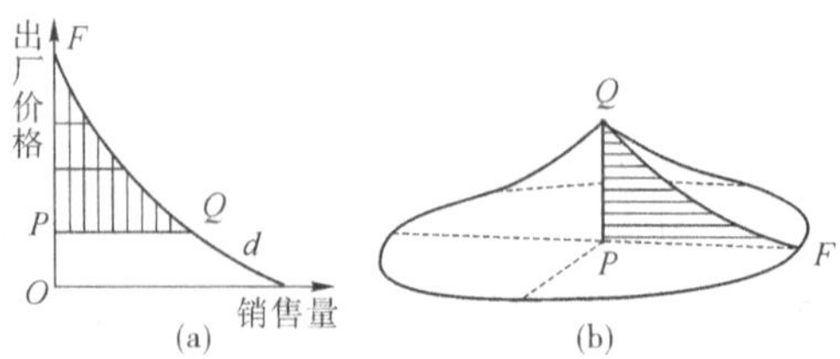

图 3-4　寥什的圆锥体理论

廖什还认为，在有多个销售者的情况下，圆形市场是不能持久的，因为圆与圆之间会有空角未被占领，而市场之间的竞争将使圆挤在一起，最后形成一种蜂房结构，形成正六边形，可以从数学上证明正六边形既可以填满整个平面，又可以使中心到每一处边缘的距离达到最短，还能使每一位销售者的可利用市场面积达到最大。不同的商品由于在性质、成本价格和成本费用上的差异，形成的市场范围也不一样，即不同商品的市场呈现为大小不同的正六边形网。然后廖什将各种商品的市场网叠放在一起，并使它们至少具有一个共同的中心点，结果出现了一个混合的市场体系，用这种方法可说明聚集区和城市体系的形成过程。在这个市场体系的中心是一个大都市，聚集了各种商品的生产厂家，形成了大大小小的市场。这是一种在理想状态下，由商品的生产、市场发展过程、生产聚集自然形成的市场体系。

3. 瑞丽的零售引力定律

零售引力模型是以不同商业中心的人口和不同商业中心间的距离来衡量商业中心服务范围的经验公式，由瑞丽于 1931 年提出。模型揭示的规律是，商业中心的吸引范围与商业中心的人口成正比，与商业中心间的距离的平方成反比。模型中，一个区域或城市的规模产生一个需求拉力，实际可以用人口、当地 GDP 来衡量；而距离则带来一个供给阻力，运费对较长距离货流产生很大的阻力，而且当距离增加时，这个阻力的影响比拉力的影响相对变得更大。引力模型可以有几种表达公式：

$$\frac{Z\text{地向}X\text{地的销售额}}{Z\text{地向}Y\text{地的销售额}}=\frac{X\text{地的人口}}{Y\text{地的人口}}\times\frac{(Y\text{地与}Z\text{地的距离})^2}{(X\text{地与}Z\text{地的距离})^2}$$

$$x_{ij}=K\cdot\frac{T_i^{\alpha}\cdot U_j^{\beta}}{r_{ij}^{\gamma}}$$

式中，T、U 分别代表始发地 i 和终到地 j 的经济度量，r_{ij} 代表始发地与终到地之间的距离，K、α、β 根据实际需要取值，通常取 $K=\alpha=\beta=1$，$\gamma=2$。

地区间客货交流表（OD 表）就是利用这一模型绘制的，反映旅客、货物在地区或城市之间的流向与流量状况，地区间客货交流表一般被称为地区间客（货）流平衡表、客（货）流分布表或者简称为 OD 表（origin destination table）。

4. 克里斯塔勒的中心地理论

中心地理论是由德国著名的地理学家克里斯塔勒提出的。中心地是指相对于一个区域而言的中心点，不是一般泛指的城镇或居民点。中心地的职能是提供商品和服务，还包括社会、文化等方面的活动，但不包括制造业方面的活动。

消费者购买某种商品的数量，取决于商品的销售价格加上为购买这种商品来往的交通费用。商品销售范围就是消费者为获取商品和服务所希望通达的最远路程，或者是指中心地提供商品和劳务的最大销售距离和服务半径。

克里斯塔勒的中心地理论的假设条件为：研究区域是一块均质的平原，人口均匀分布，居民的收入水平和消费方式完全一致；有一个统一的交通系统，对同一等级规模城市的便捷性相同，交通费用和距离成正比；平原上货物可以完全自由地向各方向流动，不受任何关税或非关税壁垒的限制。在一个均质平原上，让所有的人都由一个中心地提供商品和服务显然是不能的。超额利润的存在，必然吸引其他中心地的厂商加入进来。为了避免相互竞争所引起的销售额下降，第二个中心地必须与第一个中心地相隔一定距离，不能相距太近。以后，第三个中心地、第四个中心地等都会以同样的方式加入进来。

由于新的中心地厂商不断自由进入，竞争结果使各厂商经营某类商品的最大销售范围逐渐缩小，直到能维持最低收入水平的门槛范围为止。这样就使某类商品的供给在均质平原上最终达到饱和状态，而每个中心地的市场区都成为圆形，相交的圆形有一部分相互重叠。这时，居住在重叠区内的居民就有两个选择，位于平分线上的居民到两个相邻的中心地的距离是相等的，故这条线被称为无差别线，并最终形成了六边形市场区。

不同规模的中心地，其需求门槛和销售范围也是不同的。它们在空间地域上的这些差异，经过互相作用和人类经济活动的干扰，将形成规律有序的中心地市场等级体系。大城市的商服设施向高级水平发展，商品种类多而齐全；中等城市的商服设施为中高级水平或仅能维持中级水平，商品种类少而不齐全；小城市的商服设施为中低级水平或只有低级水平，商品种类少而不全。就城市内部而言，市级中心、区级中心和小区级商服中心也有类似的规律。

二、贸易边界区位理论

1924 年，美国经济学家弗特尔提出“贸易边界区位理论”。他认为，贸易区的边界是由该区产品的单位生产成本和单位运输成本之和决定的。瑞典经济学家俄林在其 1924 年出版的《贸易理论》和 1933 年出版的《区际贸易和国际贸易》等书中开始讨论整个工业布局问题。

1. 俄林的国际贸易和地域交易理论

传统的国际贸易理论一般都假定生产要素在国内可以移动，但却否定它们在国家之间的移动，另外，考虑国际贸易的时候又只注意关税却忽视运费。俄林在他的国际贸易和地域交易理论中，把运费作为一个重要因素来考虑，认为地域之间的商品流动与其移动费的差异有关，而移动费既包括关税也包括运费。他在自然资源对产业区位的影响方面，提出首先考虑在自然资源基础上产品生产的重要性和运输的难易程度，然后考虑劳动与资本使用的集约度，最后考虑产品与其他环境条件的关系，这三者综合作用于产业的区位布局。如果某地区这三者的结合能够产生巨大优势，那么世界经济活动的中心就有可能被吸引到该地区。在俄林的国际贸易模型中，如果各国或各地区之间存在较高的移动费壁垒，生产区位就会趋于分散，并丧失规模经济效益。贸易壁垒或运费的降低，都会有助于国际贸易的增加。

2. 克鲁格曼的新贸易理论

克鲁格曼在他的新贸易理论中也主张把传统国际贸易理论与区位理论的长处结合起来，并克服经济学理论一般忽视现实空间，盲目假定生产要素可以不需要费用的转瞬间由一种经济活动转移到另一种经济活动的不真实。该贸易理论与传统贸易理论相比有如下特点：认为国家间贸易，特别是发达水平相似的工业化国家之间的贸易增加主要来源于规模报酬递增，而不是比较优势；区位具有历史依赖性，并且生产技术条件对不完全竞争和贸易结构具有很大的影响。一定的贸易政策有可能带来比较优势，运费是影响国际贸易和区域间贸易的一个重要因素，其中规模经济和运费是把区位理论与国际贸易理论结合起来的基础。

第三节 城市功能区理论

一、巴顿的城市功能区理论

巴顿1976年出版了《城市经济学》，在该书中，他系统地运用经济学的原理去解决城市的各种重大问题，尤其是对城市发展空间进行了分析。城市功能区的区位决定和居住地选择与运输需求有密切关系，在较短的时期内，城市运输需求取决于已经确定了的各种功能区的布局、居民的居住地点和上班地点、商业中心及娱乐场所的位置，以及交通运输设施的分布地。在较长的时期内，以上这些区位因素都是有待确定或可以调整的。

1. 研究假设

城市居民往往必须在比较宽敞的住房面积、可以享受比较方便的购物与服务（包括子女上学的条件等）及每天上下班交通时间比较少之间进行权衡与选择，如图3-5所示。一般距离市中心较近的地点所需要的交通时间短，但由于地价高，因此，此处房价或租金也相对较高；而距离市中心较远的地点，住房比较便宜，但交通所需要的时间和费用却相对较高。因此，居民要做的权衡就是或者选择较小的住房面积和较低的交通费用，或者选择较大的住房面积和较高的交通费用。

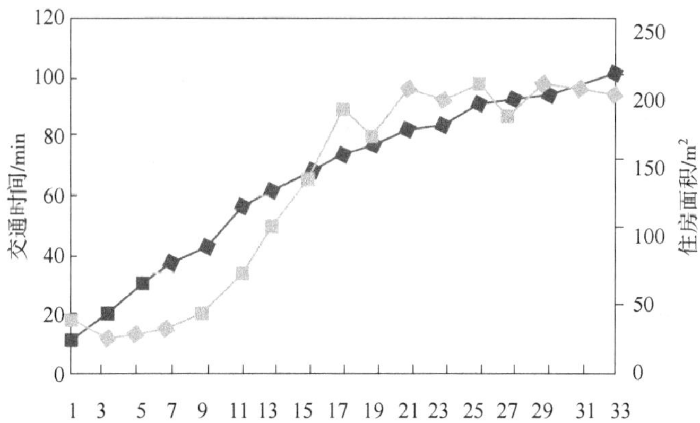

图3-5 交通时间和住房面积的选择

如果随着城市交通的改善，一些地区居民上下班交通所耗费的时间和费用明显下降，那么该地区过去在做选择时的不利因素就减少了。随着城市化进程的不断加快，大城市不可避免地迅速扩大，不受塞车困扰的地铁或轻轨列车连接市中心的卫星城方式也可以在一定程度上解决人们在交通费用和住房面积上的权衡问题。因此，在一个较长时期内，交通条件的改善会影响城市的发展和布局，改变不同地区的人口密度，当然，这也反过来影响了该城市居民的交通需求。

2. 基本模型

假设城市空间主要用于居住和供工商业及其各种服务业使用，这些经济及社会活动的区位，显然也与交通有关。巴顿曾用一个简单的图示模型把多位学者的研究成果结合在一起，演示了发达国家交通条件与城市区位变化的关系，如图 3-6 所示。图 3-6 中，横坐标代表不同地点与城市中心的距离，纵坐标代表城市土地的租金价值。假设城市土地的使用者有三个群体，即商业、穷人和富人，其中商业用土地来开商场，穷人和富人主要是解决住房问题。竞租线表示各群体能够承担的土地租金的范围和程度，竞租线的斜率与交通成本有一定的关系。交通成本越低，竞租线越平缓，表示人们可以接受更远的位置和地点。图 3-6 中三条直线为三条竞租线，斜率最大的为商业竞租线，其次是穷人竞租线，斜率最小的为富人竞租线。模型中的穷人只能依靠公共交通，而富人则主要使用私人小汽车。

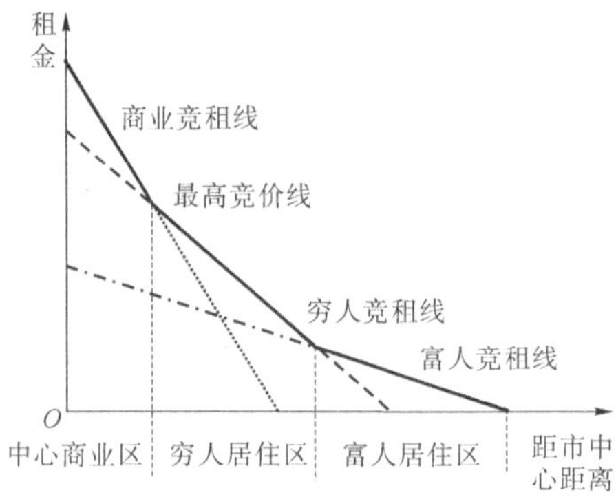

图 3-6　竞租线和城市功能区的划分

在图 3-6 中，最高竞价线是三条竞租线相交以后形成的相对最高竞价水平，用粗折线表示。两条相邻直线相交位置所决定的距市中心距离，也成为城市不同区位的分界点。如果让横坐标轴以纵坐标轴为中心旋转 360°，就可以形成一个分为中心商业区、穷人居住区和富人居住区的城市区位分布平面。可以看出，商业竞租线可以承担得起中心商业区的最高地租，富人拥有小汽车，因此可以居住在距市中心较远的环境条件较好的郊区，而穷人由于依靠的公共交通运输服务范围有限，因此，只有居住在市中心附近，这里居住环境较差，属于在一些西方国家可以看到的城市居民贫民区。

3. 模型的三种变化

图 3-7 表示的是小汽车的使用条件得到改善的情况，如修建了更多市郊道路，则富人竞租线变得更平缓，其右端点向右延伸得更远，而这引起了这个群体的居住区范围变得更大，特别是他们可以住到距离市中心更远的地方去，城市的范围在这个过程中也变得更大了。

图 3-8 表示的是公共交通得到改善的情况，穷人因为公共交通改善，因此穷人竞租线外移，居住区也因此扩大，特别是可以住到一些过去只有拥有小汽车的富人才能居住的地方。但在一些西方国家，由于一部分富人不愿意和穷人居住在一起，因此一旦地铁等公共交通把收入水平较低的新居民吸引过来，他们就会搬到更远的地方去住，这成为西方国家

的一种与交通条件有关的社会现象或社会问题。

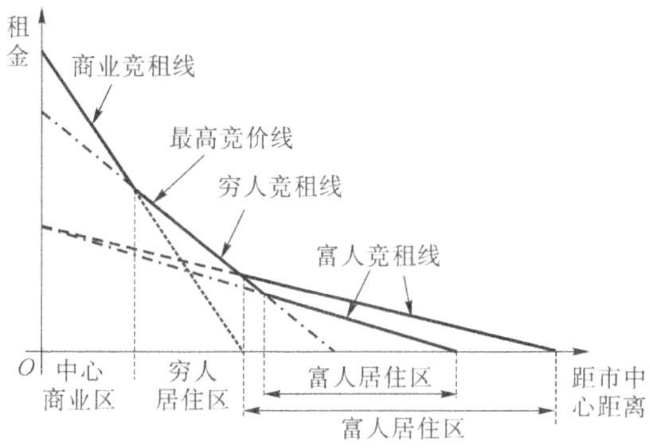

图 3-7　小汽车的使用条件得到改善条件下的竞租线和城市功能区的划分

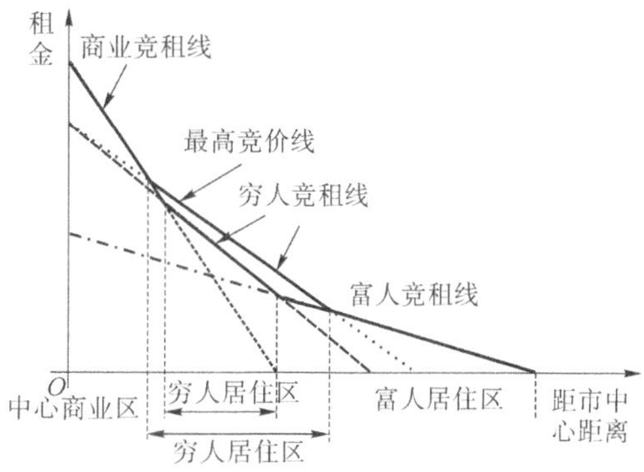

图 3-8　公共交通工具得到改善条件下的竞租线和城市功能区的划分

还有一种情形是，由于大城市交通问题日趋严重，政府开始对市中心实施交通管制而引起的变化，这种情况对商业的影响最大，其竞租线甚至因此而变成了一条折线，见图 3-9，因为市中心的车辆通行和停放在一定程度上受到限制。因此，商业在市中心的竞租线变陡，表示竞价能力下降，而在市中心以外的一些地区的商业竞争却由于交通相对方便而上升到很有利的位置。于是，中心商业区变小了，原来集中在市中心的商业现在逐渐在城区四周开辟了一些新的大型商业区，这也正是近些年在西方国家比较普遍出现的一种趋势。

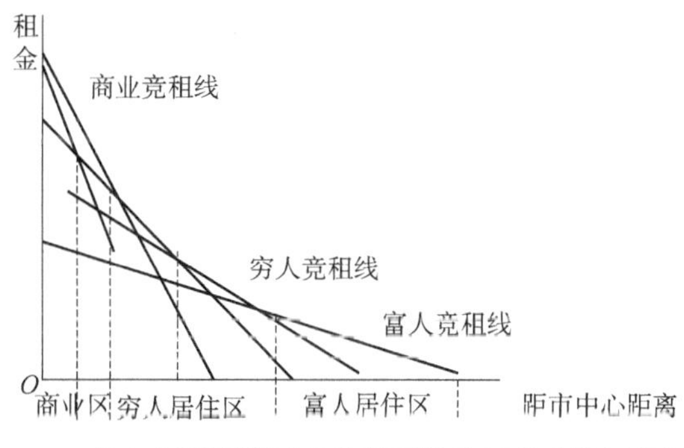

图 3-9　市中心受到管制下的竞租线和城市功能区的划分

现实情况比这些模型所反映的情况肯定要复杂得多，例如，模型现在不能反映任何地形的变化，也没有任何城市规划在起作用，而现实中存在很多影响因素和行为群体等。但从模型已经可以基本上比较清楚地看出交通条件对城市区位的影响和作用。

二、运输与城市工资率

运输成本不仅影响城市的土地利用模式，还是决定城市工资率空间差异的因素之一，正如利昂·摩西在很多年前指出的一样，一个可以被接受的工资差额，无论正负完全取决于运输成本在收入中所占的比例。假设所有就业者均匀分布于城市中心的周围地区，所有就业者追求一种具有相同福利水平的均衡状态，也就是，无论就业者居住在什么地方，其工资减去通勤成本后所得到的福利水平都是相同的。如果就业者居住在远离城市中心的位置，那么他们需要支付的通勤成本更高，能够接受的工资也要高一些。

但是在这个简化的世界里，劳动者可以放弃他们在中心商业区的工作以节约通勤成本，选择那些均匀分布在城市地区并且靠近居住地点的工作来提升其福利水平。在这种情况下，劳动者会愿意接受一份较低的工资，实际上他们可以接受的最低工资是原有工资减去所节约的通勤成本。该方法的结果是形成了城市工资梯度，如图 3-10 所示，其形状由通勤成本决定。图中曲线 *W* 表示随着与中心商业区距离的增加，在各个地点上工作的劳动者获得的工资由高逐步降低，表示雇主支付递减的报酬便可以吸引那些通行便利的劳动者，因为他们不再需要去中心商业区工作。也就是说，吸引一个 *A* 地劳动者在 *A* 地工作只需要支付工资 W^*，远远低于中心商业区的工资；对于居住在 *A* 地的劳动者来说，每天通勤到中心商业区工作而赚取工资 *W*，与在 *A* 地工作而赚取工资 W^* 并没有差异。通勤者的工资梯度曲线是逐渐下降的，这说明越远离中心商业区，通勤成本越低，人们能够接受的工资水平越低。因为在任何地点工作得到的工资减去通勤成本后，人们得到的福利是相同的。

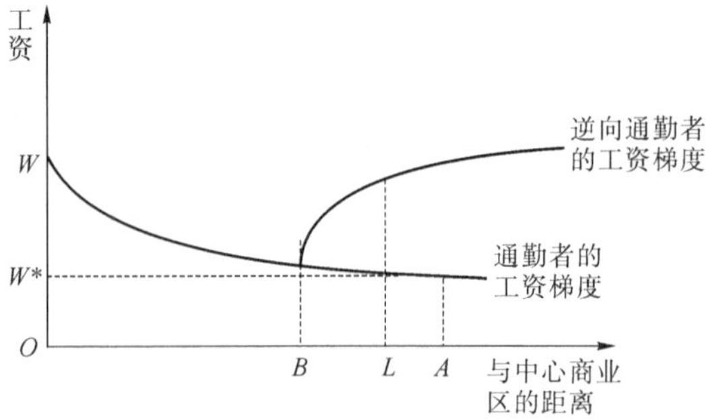

图 3-10 城市工资梯度

可以进一步引入某种次级就业中心的概念，假设在 *L* 处，那么就会出现逆向通勤，如果该次级就业中心的雇主需要大量的劳动力，但是他们又无法将劳动力从居住地吸引到 *L* 的右侧，就需要对那些来自 *L* 和中心商业区之间的劳动者进行补偿，全面考虑逆向通勤的成本、时间和舒适度等因素会发现，逆向通勤者的工资梯度很有可能比正向通勤者的工资梯度更加平缓。在这种情况下，他们可以用逆向工资制的工资曲线所确定的工资，将所需的劳动者从 *B* 吸引到 *L* 的右侧，与正向通勤成本的影响因素相比，逆向通勤成本的主要影响因素是远离城市中心的地区拥有较低的交通拥挤程度。

通过对大城市地区的数据进行分析并考虑各种类型的工作之后，研究者发现，城市劳动者工资的 15%可能与通勤时间的差异相关。

第四节 现代区位理论

第二次世界大战后，尤其是 20 世纪 60 年代以后，区位理论的研究迅速发展，区位理论演变为区域经济理论。区域经济理论与传统的区位理论比较，有较大的进展。在研究内容方面，区域经济理论在很大程度上改变了过去孤立的分别研究区位生产、价格和贸易的局面，而将整个区域的生产、交换、价格和贸易融为一体。从以往的区位选择、区界划分的理论研究，转向以分析解决人类所面临的各种现实社会经济问题为主要方向，从单纯的关注区位的经济产出转向注重以人为本及人与自然的和谐。在研究对象方面，区域经济理论从单个经济单位的区位研究走向区域总体的研究，从市场机制下的行为研究转向政府干预、政策调节下的行为研究。在研究方法方面，区域经济理论从纯理论多假定的理论推导走向面对实际的区域分析和应用模型研究。

例如，进行现代软件园的区位决定时会考虑多方面的因素，见表 3-1。

表 3-1 软件园的区位决定因素

区位类型	基本的	重要的	次要的	区位类型	基本的	重要的	次要的
接近市场		★		优良的通信网	★		
接近供应商			★	舒适的生活条件	★		
接近国际机场	★			文化娱乐设施			★
接近国内机场			★	地区财政资助			★
接近首都		★		大学支持		★	
优良的道路网	★			愉快的工作环境	★		
通往首都的铁路		★					

区域经济学是由经济地理学逐步演化而来的，从区域经济学的未来发展趋势看，区域经济学以空间资源配置的合理性为基础，形成了日益规范的空间分析经济学。随着区域经济学的不断演化，它与西方主流经济学不断融合，特别是凯恩斯主义经济学产生以后，西方经济学的发展对区域经济学产生了巨大的影响。西方一些经济学家在凯恩斯主义经济学的影响下，开始运用宏观经济的分析方法，研究不同区域的资本积累、劳动就业的增加、技术的进步、市场体系的形成与区域收入增长的关系；研究人力资本投资、投资率、失业率、工业化、城市化、要素流动、通货膨胀与区域经济增长率的区际差异；研究如何形成国内各地区的最佳产业结构和地区合理分工格局，以及研究如何采用经济手段和行政手段促进落后地区的经济发展，控制大城市的过度集聚和改善生态环境，实现全国各地区的均衡发展目标。区域经济学不断吸收西方主流经济学的研究方法，促使了其理论框架的形成。

20 世纪 80 年代以来，世界经济呈现出区域化、集团化、一体化的趋势，与此同时，区域经济学研究也出现了一些新的特征。依据研究方法、分析工具和理论体系上的差别，区域经济学逐步分化形成了不同的理论流派，区域经济学的研究进入了一个全面发展的新阶段。

案例

钢铁工业的布点

在 20 世纪初期，钢铁工业的选址决策主要是依据生产中所用原料，特别是煤和铁矿石成本的最低化，那时约 2 吨煤和 1 吨铁矿石生产不到半吨钢。显然这是一个减重过程，决定选址决策的是原料的运输成本。钢铁工业还大量用水，每生产一吨钢约需水24.5万升（6.5万加仑），主要用于冷却和加工。尽管很多水是可以循环使用的，但水的供给数量仍然很大，因此在选址时，河流和湖泊附近肯定要优先考虑。由于宾夕法尼亚州西部可以获得丰富且廉价的煤和水，所以当时全美国的钢铁工业基本上都分布在那里，匹兹堡成为全国的钢都。

但技术进步使加工1吨铁矿石所需煤的数量不断下降，到20世纪70年代中期，加工1吨铁矿石的用煤量已经不到1吨，尽管这一工业仍在原料产地布点，但接近铁矿石产地变得更为重要，五大湖地区埋藏有很丰富的铁矿石，由于可以利用廉价的水运运输煤和铁矿石，又有大量的水资源，于是大型钢铁联合企业就在克利夫兰、休斯敦、底特律、布法罗和芝加哥等地发展起来，这些城市全部都在五大湖区。

近年来用废金属作为原料变得重要起来。由于底特律和芝加哥有大量的废钢铁，结果使钢铁工业在这两个城市有了更快的发展。事实上，几乎完全依靠废钢铁来生产的相对较小的钢铁厂，已经在不少过去认为根本不可能有钢铁工业的地方建立起来了。

（来源：彼得森，刘易斯．管理经济学［M］．北京：中国人民大学出版社，1998.）

第四章　运输供给

运输供给是由五种运输方式共同构成的，具有不可储存性、整体性、供求不平衡性、部分可替代性及时空差异性和外部性特点。运输供给函数描述运输供给量与影响运输供给的诸多因素之间的相互关系。运输供给曲线是在每一价格水平上运输生产者所提供的运输产品的数量。运输供给具有网络经济特性。

第一节　运输成本

一、运输成本的分类

1. 固定运输设施成本

固定运输设施的投资被认为是一种沉没成本，因为这些设施一旦建成就不能再移动，而且在一定程度上不能再被用于其他任何用途。例如港口和道路被废弃时，原来的码头和路基几乎无法改作他用。有学者甚至认为，从这一点来看，已经形成固定运输设施的投资是没有机会成本的，原因是该资源已经没有再被用于其他用途的机会。

固定运输设施由于在地理区域上的固定位置，决定了其只能被与那个位置有关的人群或货物所利用。也由于这个原因，在运输系统中常常出现一部分固定运输设施出现拥挤，而同时另一部分固定运输设施却被闲置在一边的现象。

固定运输设施除了需要起初的投资建设，在使用寿命期间内还需要养护和维修，因此固定运输设施成本还包括养护、维修及其他相关使用成本。与投资相比，这些固定运输设施的养护、维修及使用费比较少，其中有些费用与使用这些固定运输设施提供的运输量关系不大，属于固定成本。但有些费用则可能与运输量的多少有密切联系，因此，这部分费用被认为是属于变动成本。

2. 移动载运工具拥有成本

管道运输是唯一只使用固定运输设施的运输方式，其他各种运输方式都同时使用固定运输设施和移动设备，可移动的载运工具包括铁路机车车辆、各类卡车、公共汽车、小汽车、各类客货船舶和飞机等。由于这些载运工具可以根据需要在不同运输市场之间甚至不同用途之间转移，也就是说它们的用途不是唯一的，能够允许人们进行选择，因此在移动运输工具上的投资不属于沉没成本。各种载运工具都有自己的市场价格，也存在很多载运工具的二手货市场，以方便人们转让那些还有价值的载运工具。

所有载运工具都有自己的使用寿命，载运工具的价值在其使用期内会逐渐转化为运输成本，因此其使用寿命决定其折旧过程。有些载运工具的使用寿命是以年限计算的，在这种情况下，载运工具的折旧转移成本似乎与其使用中所提供的运输量没有直接关系，是每年或每月固定的成本。还有些载运工具的使用寿命是以行驶里程计算的，在这种情况下，载运工具的折旧转移成本就与其使用中提供的运输量直接有关，属于变动成本。

3. 运营成本

运营成本可分为直接运营成本和间接运营成本。在运营成本中有两类是直接与运输量相关的变动成本：一类是直接运营人员的工资，另一类是载运工具消耗的燃料成本。运输量越大，这些直接的运营成本也会越大。除了这些直接与运输量相关的变动成本，运输企业一般还需要配备若干辅助人员和管理人员，这些辅助人员和管理人员的工资及所需要的工作开支属于间接运营成本。间接运营成本的一部分是与运输量有关的变动成本，其他部分与运输量变动关系不大。

不同运输方式的运输成本中固定运输设施成本、移动载运工具拥有成本和运营成本各自所占的比重是有差别的，并且随着产量的变化也不相同。这里，将经济学中的平均成本曲线及边际成本曲线表示在图 4-1 中，将运输业中的平均成本曲线表示在图 4-2 中。

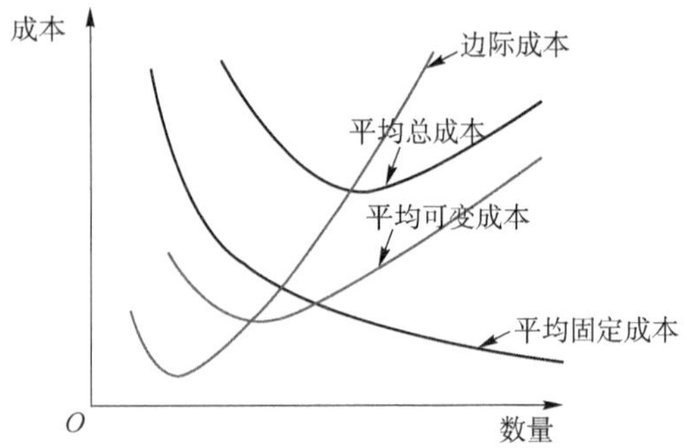

图 4-1　经济学中的平均成本曲线和边际成本曲线

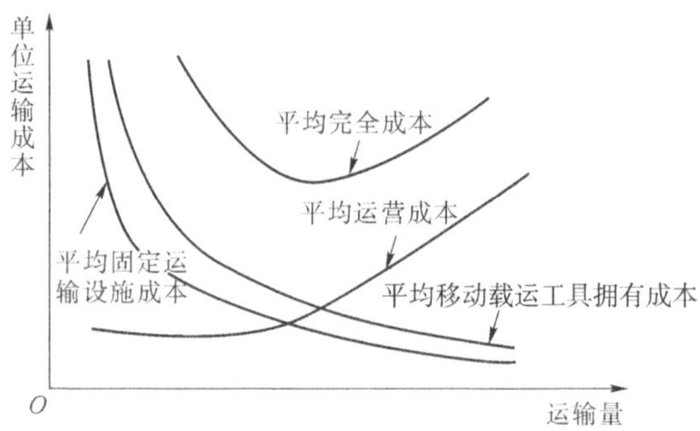

图 4-2　平均运输成本曲线

与一般经济学成本曲线相比，平均运输成本曲线有两个特点。一是平均固定成本曲线分为两条：平均固定运输设施成本和平均移动载运工具拥有成本，都是向右下方倾斜的，说明随着运输量的增加，分摊的成本降低。在运输业中，平均移动载运工具拥有成本要比平均固定运输设施成本更高一些，因为通过运输量的分摊，单位平均固定设施成本更低一些。二是运输的平均运营成本在运输量较低时比较平缓，并不像一般经济学成本曲线中，随着产量增加下降、然后再上升，运输业的平均运营成本曲线开始就比较平缓，具体原因在后面会详细地给予分析。

应该指出的是，从长期来看，运输工具的成本之和可能超过交通基础设施成本，但单个运输工具的成本在很多情况下却相对较低。例如，航空运输中每单位运输工具的运营成本很高，而公路运输中每单位运输工具的运营成本则比较低。然而，对所有的运输部门来说，直接和间接的劳动力成本及燃油成本都是决定运营成本的重要因素。

二、运输成本曲线及特点

1. 运输业长期平均成本曲线存在隆起

按照经济学的基本原理，长期成本是由短期平均成本曲线的包络线组成的。图 4-3 为经济学中的平均成本曲线，其中横坐标 Q 为产量，纵坐标 C 为成本，LAC 为长期平均成本曲线，SAC 为短期平均成本曲线。

图 4-4 是运输业的长期平均成本曲线。可以看到，运输业的长期平均成本曲线不是一个平滑的包络线，而是短期平均成本曲线最低点的连接。

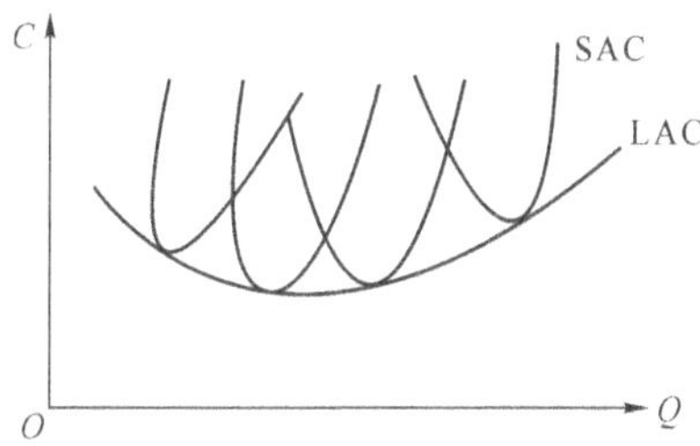

图 4-3　经济学中的平均成本曲线

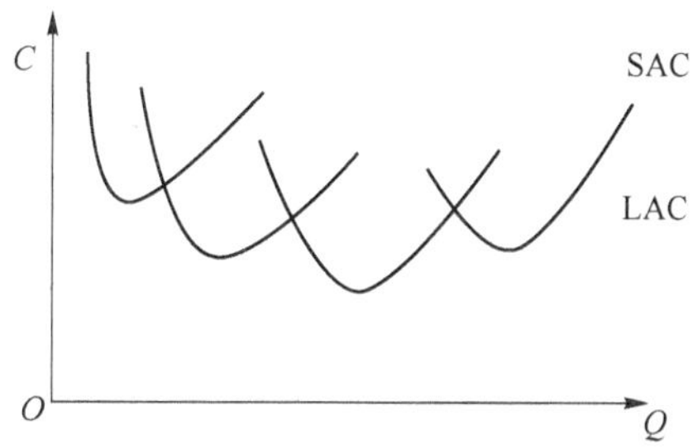

图 4-4　运输业的长期平均成本曲线

图 4-5 为经济学中的长期总成本曲线。由于固定运输设施规模巨大，新的固定运输设施往往会使短期平均成本曲线的形状和位置发生很大的改变，这就造成了相对于其他一些产业，运输业的成本曲线可能显得不那么平缓和有规律。如图 4-6 所示，图中横坐标 Q 为产量，纵坐标 C 为成本，LTC 为长期总成本曲线。

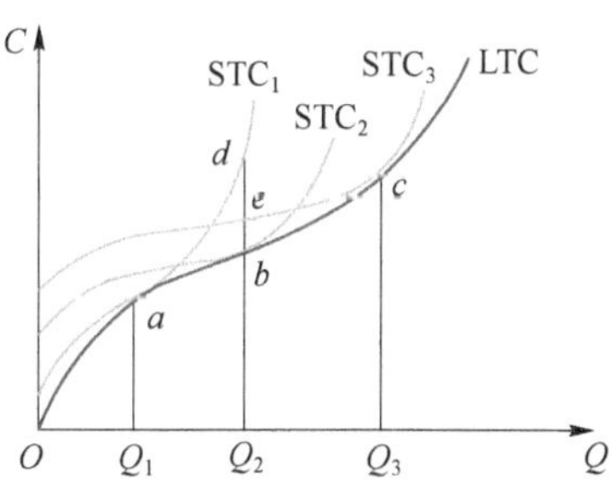

图 4-5　经济学中的长期总成本曲线

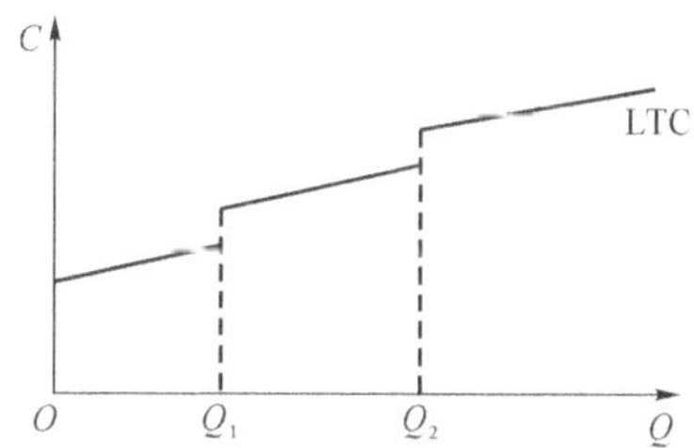

图 4-6　运输业的长期总成本曲线

运输业的长期平均成本曲线存在隆起的主要原因是运输基础设施一定程度的不可分割性，例如一条铁路或公路不能只建设其中的一段，一座大桥也不能只造一半，于是投资巨大的工程项目会形成新的强大运输能力，并形成急剧改变的新的短期平均成本曲线。当然，不同运输方式和各类运输企业的长期平均成本曲线隆起的程度是有区别的，一般来说，固定运输设施越小或固定运输设施成本所占比例越小，隆起的程度也越小。例如，一家汽车货运企业仅通过购买新车扩大了运营服务，而在固定运输设施方面没有新的投资，那么它的短期平均成本曲线的形状和位置可能变化都不大。

2. 运输成本的复杂性

运输成本的复杂性在铁路上体现得非常明显。铁路运输服务涉及大量要素的使用，许多要素都是高度专业化的，并且每一种要素都有自己的生命周期。例如，与铁路服务相关的主要成本项目及合理使用年限大约为：车辆（10 年）、机车（18 年）、钢轨（40 年）、土方工程（无限寿命）。在短期内，由于所有的其他项目已经购进（也就是说，它们已经成为固定成本），铁路经营者所能节省的只有可变成本，尤其是劳动力、燃油和维护成本。按照以上所述，车辆的使用年限是 10 年，如果收入超过了成本，就应该 10 年后再更换车辆。大约 18 年后，机车到了更换年限。因此，规划期超过 18 年时，管理者就必须根据收入情况做出是否更换机车的决定。18 年算是长期吗？答案或许是“否”，因为其他要素可能有更长的使用年限，如钢轨和信号灯是 40 年（土方工程其具有无限长的使用寿命，一旦建成，接下来的决策将不再予以考虑）。因此，即使该线路所取得的收入足以支付其更换机车的需要，关于关闭线路的进一步决策也必须在 40 年以后做出。因此，铁路的使用可以长达 40 年，在此期间，必须算一系列连续的短期成本。

3. 运输成本的不可归依性

运输成本分析的另外一个难点是运输成本的不可归依性。运输成本的不可归依性指的是有些运输成本的发生无法归结或分摊到某一具体的旅客或货物运输上。比如客货混行的某段铁路线路上同时行驶着旅客列车和货物列车，线路磨损产生的维护成本很难准确归结到某一列车上。一次飞行航班运送旅客，同时下层货舱装载着货物，这次飞行的成本如何归结或分摊到某一位旅客或某一些货物上？这是迄今为止尚无法准确回答的问题。

运输成本出现不可归依的原因是由于运输业范围经济现象的存在。范围经济是指两种或两种以上的产品或服务由一个企业提供比由两个或多个企业分别提供时的成本更低或效率更高。运输业产品或服务的多样性使得运输业的范围经济现象十分普遍，即由同一运输企业提供多种多样不同的运输产品或服务。运输企业合并运量、充分利用固定运输设施和运载工具的能力，在很大程度上也是发挥其范围经济的优势。

第二节　运输供给曲线与运输供给弹性

一、运输供给及其特点

运输供给是指运输生产厂商在特定的时期内，在一定的价格水平上愿意并有能力提供的各种运输服务的数量。从微观层面上看，单个运输生产商所愿意提供的运输服务的数量与该产品的价格和成本有关；从宏观层面上看，运输产品市场总供给取决于市场中该运输产品生产者的数量和每个厂商所能够和愿意提供的运输服务数量。

运输供给有以下几个特点：

1. 运输产品的不可储存性

运输业提供的产品是旅客或货物的位移，不具有实物形态，运输的生产与消费同时进行，因此，运输产品不可储存，只能储存运输能力。

2. 运输供给的整体性

运输供给的整体性主要表现在两方面：一是运输基础设施与载运工具能力相互匹配，形成不可分割的整体；二是运输基础设施具有整体性，其可以区分为运输线路和线路上的车站、机场、港口等设施这两个部分。运输基础设施的建设应该统一规划、统一设计、相互配套，共同形成生产能力。如果设计和规划时没有整体观念，就会造成在一些地区或线路上的能力紧张，成为运输供给的“瓶颈”，从而影响整个网络的供给能力。

3. 运输供给的不平衡性

运输供给的不平衡性主要表现在时间上和空间上的不平衡。由于运输需求的季节性不平衡，导致运输供给出现高峰与低谷供给量的悬殊变化，因此造成运输供给量在时间和空间分布上的不平衡。

4. 运输供给的部分可替代性

运输供给是由多种运输方式和多个运输厂商的生产能力共同构成的。由于运输产品的核心是提供旅客和货物的位移，因此，运输产品之间具有可替代性，在同一方向、具有相同或相似技术经济特征的运输方式或运输企业所提供的产品就形成了较强的竞争态势。同时，由于运输产品在时间、运输方向、运输距离等特征上存在差异，旅客、货主对运输产品服务的经济性、方便程度、快捷程度等质量的要求不同，使得不同运输方式之间或同一运输方式中不同运输企业间运输产品的替代性受到限制，这种限制又使得每种运输方式间或同种运输方式中具有差别的运输服务，都可能在某一领域的运输供给上形成一定程度的垄断。因此，运输供给的替代性和不可替代性是同时存在的，运输市场的供给之间存在竞争也存在垄断。

5. 运输供给的外部性

如果某人或企业从事经济活动时给其他个体或社会带来危害和利益，而他们并未因此支付相应的成本或得到相应的报酬，经济学将这种现象称为外部性。外部性分为两种类型：负外部性和正外部性。运输供给既有负外部性特点，又有正外部性特点。运输供给的负外部性主要表现为两方面。一方面是由于运输生产者不能储存运输服务，只能储存运输能力，而运输能力在特定时期内是相对稳定的，因此，当运输需求高峰到来时，运输供给在较大范围内超额服务，但伴随而至的是运输条件的恶化、运输服务质量的下降，使得本应该由运输企业承担的成本部分转移到消费者身上。另一方面是由于交通运输活动带来的空气、水、噪声等环境的污染，能源和其他资源过度消耗及交通堵塞等成本消耗也部分转移到运输业的外部成本中。运输供给的正外部性也比较明显。比如一条高速公路的建设，使原本和外界联系不畅的某些地区的交通条件大为改善，给人们生活带来极大方便，刺激当地经济的发展，提高居民的收入，但这些收益并没有被运输部门获得，它们是运输的正外部性效益。

二、运输供给函数与运输供给的影响因素

运输供给函数描述了运输供给量与影响运输供给的诸多因素间的相互关系。运输供给量可表示为影响它的诸多因素的函数。影响运输供给的因素主要有以下三个。

1. 经济因素

经济发展水平是影响运输供给的决定性因素，国家或地区的经济状况是运输供给发展

的基本条件。经济发展使运输需求增加的同时，也增大了对运输供给的投入。经济发达的国家或地区，也是运输基础设施比较完善、运网密度较大、配套水平较高、供给能力较强的地区。相对经济比较落后的地区，其运输供给能力较低。

2. 政治因素

政治对运输的影响主要表现在国家国防发展的要求和运输政策对运输供给的影响。运输业作为国家的一个基础产业，也是军事政策的重要力量。在历史上，很多国家运输业的发展都带有军事发展的烙印，国防建设的要求推动了运输业的发展，同时也储备了大量的运力。这一点在水路运输和航空运输上表现最为明显。

运输政策是影响运输供给的重要因素，运输政策规定了运输业发展的方式、速度、规模、结构等，对一个国家运输业的发展产生重大的影响。

3. 技术因素

技术对运输供给的影响主要表现在运输基础设施、运载设备的技术水平及管理水平上。用先进技术水平建设的高等级公路、铁路线、车站、码头等运输基础设施，可以迅速地增加运输供给能力。运输设备的革新，使运输供给从小运量、低运能、低速度发展到大运量、大牵引力、高速度，大大提高了运输生产效率，降低了运输成本，提高了运输服务质量及运输生产的组织管理水平，从而提高了运输供给的能力。

三、运输供给曲线

运输供给曲线就是假定其他因素不变，反映供给量同价格之间关系的曲线。运输的供给量和价格是同方向变化，即供给量随价格上涨而增加，随价格下降而减少，这是运输供给的一般规律。

运输供给量的变动和运输供给的变动是两个不同的概念。运输供给量的变动就是当非价格因素不变时，运输供给量随运输价格变化，是在运输供给曲线上移动，每一个运输价格对应一个相应的供给量。运输供给的变动是非价格因素变化时，导致的是运输供给曲线本身的移动。

运输供给曲线分为企业运输供给曲线和行业运输供给曲线，它们分别表示企业和行业提供运输服务的数量同运输价格之间的关系。行业运输供给曲线可由企业运输供给曲线叠加而成，将同一价格下的企业运输供给量相加，得到该价格下的行业运输供给量。

四、运输供给的价格弹性

运输供给的价格弹性是指在其他条件不变的情况下，运输价格变动引起运输供给量变动的灵敏程度。

（一）运输供给价格弹性的影响因素

1. 生产要素适应运输需求的范围大小

如果生产要素适应运输需求的范围大，则运输供给的价格弹性就大；反之，运输供给的价格弹性就小。如普通货车与油罐车相比，普通货车适运货物范围广，在运输市场上便于灵活调配，其供给的价格弹性大；而油罐车专用性较强，较难转移到其他类货运市场，因此其供给的价格弹性较小。

2. 调整运力的难易程度

一般来说，能够根据价格的变动灵活调整运力的产业，其供给的价格弹性大；反之，其供给的价格弹性小。定期船市场与不定期船市场相比，前者调整运力较困难，其供给的价格弹性较小，后者调整运力较容易，其供给的价格弹性较大。

3. 运输成本增加的幅度大小

如果一种运输服务增加供给，引起的成本增加较大，那么，其供给的价格弹性就小；反之，如果增加的成本不大，其供给的价格弹性就大。如旅客运输在非满员的情况下还能增加运输，其成本随运量变化而增加的幅度很小，则其供给的价格弹性大。相对而言，若处于运量饱和的货物运输再增加运量，就需增加运输工具等，因此带来成本增加幅度大，此时其供给的价格弹性小。

（二）运输供给价格弹性的特点

1. 与考察期的长短有关

运输业是资金密集型产业，有初始投资大、建设周期长、运力储备风险较大等特点，所以短时间内调整运力不易做到，供给的价格弹性较小。但从长期考察，运输市场在运输价格的作用下，供给与需求会逐步趋于相互适应，表明在长时间内，运输供给具有足够的弹性。

2. 与运输市场上供需的相对状况有关

当需求量低时，通常运输市场供给过剩，因此运输供给具有较大的价格弹性；当需求量高时，通常运输市场供给紧张，即使运输价格上升，也无法大量供给投入，因此运输供给的价格弹性较小。

3. 与运输价格波动的方向有关

运输价格朝不同方向变化时，运输供给的价格弹性大小亦不同。一般来说，运输价格上涨时，刺激供给的价格弹性增加，运输供给的价格弹性较大；运输价格下跌时，供给并不情愿退出市场，只有实在难以维持时，才被迫退出市场，故供给的价格弹性较小。

五、运输供给的次优选择

供给的不可分割性导致经常出现次优投资现象。例如，总成本没有被收回，航空公司最终不得不放弃一项服务或者退出该市场，这种现象被称为“空核问题”。它的提出已经有一段时间（于 19 世纪 80 年代由剑桥经济学家提出），应用也非常广泛。但从长期来看，投资者了解了该问题后，他们会减少或停止向该行业投入新资金。

总体来说，有几种情形会促使“空核市场”的出现，如固定成本较大、可避免初始成本、不可分性、网络效应及需求波动性大。“空核市场”也可能在部分供给者享有一定程度的体制或财务保障，或供给者成本变动大时产生。现实中，很多公共事业公司、运输行业和部分制造业满足该条件。

空核现象因市场参与者的反应不同，大致会有两种结果。一种结果是，如果运输服务供给者认为他们可以打败市场中的竞争者，该市场会由于供给者不断进入和退出市场而表现出不稳定。另一种结果是，如果潜在供给者更加理性，认识到他们的进入会造成运力过剩，并且不能收回总成本，他们就不会进入市场，其结果是市场上的运力为次优的较低水平。此外，由于飞机或者船舶具有不可分割性，总运力将会比运力完全可分时要低。这个经济学难题在定期航空运输和定期海上运输业中已经有一段时间了，但在政策制定中还是常常被忽略，其经济模型的复杂性使得它被排除在决策者的考虑范围之外。

第三节 运输业的网络经济

在经济学中，规模经济意味着当固定成本可以分摊到较大的生产量时会产生的经济性，是指随着厂商生产规模的扩大，其产品的平均单位成本呈现下降趋势。范围经济则意味着对多产品进行共同生产相对于单独生产的经济性，是指一个厂商由于生产多种产品而共同使用有关生产要素所产生的成本节约。现代运输活动也存在规模经济和范围经济的现象，但由于运输业网络特性、运输生产及产品计量方式的复杂性，使得对运输业规模经济与范围经济的把握变得十分困难。

作为运输产品的每一个客户位移都具有不同运输对象、不同运距和起讫点等要素，而运输产品的计量单位只是把重量和距离复合在一起的吨公里或人公里，因此在运输产品的总计中往往包括了很多不同的运输产品，运输生产过程又要分别体现在可移动的载运设备和作为运输基础设施的固定网络、线路及各个节点上面，故运输业的规模经济与范围经济问题交织在一起，需要从多个角度进行分析。

一、运输业的网络经济性

运输业的规模经济是指随着网络上运输总产出的扩大，平均运输成本不断下降的现象。运输业的范围经济是指与分别生产每一种运输产品相比，生产多种运输产品的平均成本可以更低。运输业产品或服务的多样性使得运输业的范围经济现象十分普遍，即由同一运输企业提供多种多样的运输产品或服务。运输业的规模经济与范围经济往往很难明确分开。学者认为能体现运输业经济性的定义为：运量密度经济和网络幅员经济。

（一）运量密度经济

运量密度经济是指当运输网络在幅员上（以线路长度及服务节点数等衡量）保持不变的条件下，运输产出扩大引起平均成本不断下降的现象。运量密度经济包括线路通过密度经济、载运设备载运能力经济、车队规模经济和节点处理能力经济。

（1）线路通过密度经济，是指在某一条具体线路上由于运输密度增加引起平均运输成本不断下降的现象。

（2）特定运输产品的线路通过密度经济，是指某一特定运输产品（如特定货物在特定起讫点上的运输）产出扩大引起平均成本不断下降的现象，这是线路通过密度经济的一种特殊情况。

（3）载运设备载运能力经济，是指随着单个运输工具的载运量增加而平均成本逐渐降低的现象。

（4）车队规模经济是指随着车队规模扩大而平均成本逐渐降低的现象。

（5）节点处理能力经济是指随着运输网络上港站吞吐及中转客货量、编解列车、配载车辆、起降飞机、停靠船舶等能力的提高而引起平均成本逐渐降低的现象。

（二）网络幅员经济

网络幅员经济是指在网络上的运输密度保持不变的条件下，与运输网络幅员同比例扩大的运输总产出引起平均成本不断下降的现象。网络幅员经济包含运输线路的延长带来的运输距离经济和服务节点增多运输更多产品带来的多产品经济。运输距离经济是指随着距离延长平均成本不断降低的现象。

虽然运输业的经济性比较复杂，各概念有交叉和相互涵盖的部分，但其实都可以归于运输业的网络经济。究其本质是由于共同分担固定设施和载运工具成本而带来的经济性，可以进一步归纳为以下三点：

1. 大型载运工具的经济性

这方面最经典的例子是在船舶运输领域，其运输能力（以体积表示）比表面积增加得更快，大多数的其他货运方式也都具有这一特点。载运设备的热工程一般也会表现出规模经济，而且人员也不随载运设备的大小成比例变化。

2. 交通基础设施的经济性

运输需求并不是均匀分布的，而是集中在特定的出行起点到特定的出行终点的线路上。例如上下班出行集中在居民区与工业区之间的连线上；欧洲暑期航空运输需求最旺盛的是一些凉爽的国家（如英国、瑞典、德国）的主要城市和一些温暖的地区（如西班牙、希腊、意大利等）最受欢迎的休闲度假村之间的航线。运输需求存在这样一种倾向，即需求往往集中在运输网络的某些部分和固定的交通基础设施的某些部分。

3. 车船队的经济性

较大的运输队在维护、标准化和人员安排等方面都具有规模经济优势，虽然管理上的问题及决策者和顾客的疏远可能减弱这种优势。

二、网络经济与运输成本的关系（以航空运输为例）

这里用一个航空运输的例子来说明运输业中网络经济与运输成本的关系。在本例中有两组城市，其中一组（包括 A、B、C 和 D 城市）都在左边地区，而另一组（包括 E、F、G 和 H 城市）都在右边地区。同一地区内两两城市之间的距离都是 100 英里，不同地区之间的两两城市之间的距离都是 700 英里。假设所有城市之间的客运联系都是通过航空运输，而且为了简化问题，还假设本例中所有旅客的出行都是跨地区的。也就是说，左边地区的旅客都要到右边地区的城市去，而右边地区的旅客都要到左边地区的城市去，没有目的地在本地区的旅行。城市之间的旅客流量大体是由各城市人口数量决定的，表 4-1 列出了每天总的旅客人数和每一对城市之间的旅客人数。每天总的旅客人数是 2 226 人，其中从左边地区到右边地区的和从右边地区到左边地区的都是 1 113 人。由于假设两个方向的运量相同，所以下面的计算只考虑从左边地区到右边地区的客流。在城市对之间，从 D 城市到 E 城市的旅客人数最多，每天有 173 人，从 C 城市到 G 城市的旅客人数最少，每天只有 16 人。

表 4-1 采取点点直达方式的运输成本计算及分析

城市对	旅客人数/人	直达里程/英里	飞机数量及类型	运输成本/美元
A—E	142	806	1（大）	12 800
A—F	63	800	1（大）	12 315
A—G	43	806	3（小）	9 887
A—H	114	900	1（大）	14 070
B—E	67	700	1（大）	10 835
B—F	28	707	2（小）	5 796
B—G	18	728	1（小）	3 002
B—H	50	806	3（小）	9 922
C—E	55	707	3（小）	8 759
C—F	24	700	2（小）	5 720
C—G	16	707	1（小）	2 908
C—H	43	800	3（小）	9 815
D—E	173	728	2（大）	22 705
D—F	80	707	1（大）	11 005
D—G	56	700	3（小）	8 680
D—H	141	806	1（大）	12 795
合计	1 113		29（8 大、21 小）	161 014
客座英里总数		1 240 370		
人英里总数		858 957		
平均人英里运输成本/美元		0.187		
客座率/%		69.3		
平均每位旅客的旅行距离/英里		771.8		

在本例中，航空公司有两种飞机可用于航班飞行：一种是 150 座的大飞机，其平均每客座公里的运输成本是 0.1 美元；另一种是 20 座的小飞机，其平均每客座公里的运输成本是 0.2 美元。平均每客座公里的运输成本无论飞机是否满员都是需要支出的。此外，每位旅客每次飞行还需支付 5 美元的机场费用。实际的航空成本当然比这要复杂得多，但本计算中假定只发生这两种费用。

航空公司可以有两种不同的运输组织方式：点点直达方式和轴辐中转方式，如图 4-7 所示。如果采取点点直达方式，就要在每一对有运量的城市之间直接开航班，一共有 16 条航线。

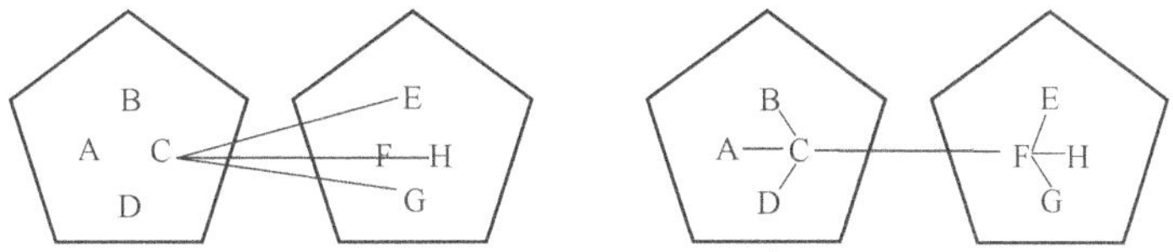

图 4-7　点点直达和轴辐中转两种运输方式

1. 点点直达方式的运输成本计算及分析

采取点点直达方式的运输成本计算和分析如表 4-1 所示。由于这两个区域的城市对之间都需要有直达航班，而有些城市对之间的运量较小，因此要么使用载客率不高的大飞机，要么只能使用经济性能不好的小飞机。

每个航线通过比较大飞机和小飞机的成本来决定如何选择飞机。例如，在从 A 到 E 的航线中，旅客 142 人，如果选择一个大飞机，成本是 150×0. 1＝15，也就是无论是否坐满，都按 150 个座的成本去计算；如果选择小飞机，需要 8 个小飞机，成本是 8×20×0. 2＝32。通过对比可以看出，选择一个大飞机成本更低。用这种方法，可以得出每个航线使用飞机的数量。从表 4-1 可以看出，点点直达方式每天单向的航班总数为 29 架，其中使用大飞机 8 架、小飞机 21 架。

每一个航线的成本由两部分组成：飞行成本和机场建设费。例如，从 A 到 E 的航线成本为：150×0. 1×806+142×5。飞行成本是无论是否坐满都按照 150 个座位计算，每个座位 0. 1 的成本，再乘上距离；而机场建设费是每人 5 美元，是人数乘 5。这样将每个航线的成本计算出来，并把所有航线的成本相加，得到运输的总成本为 161 014 美元。

在表 4-1 中，客座英里总数是将每个航线的客座数乘旅行的里程，同样，无论是否坐满，都按照坐满去计算客座英里总数；而人英里总数是用旅客的人数乘旅行的里程。表 4-1 中还有三个重要的指标，计算公式如下：

平均人英里运输成本＝运输总成本/人英里总数

客座率＝人英里总数/客座英里总数

平均每位旅客的旅行距离＝人英里总数/总人数

在点点直达的运输方式中，平均人英里运输成本为 0. 187 美元；飞机的客座率为 69. 3%；平均每位旅客的旅行距离为 771. 8 英里。

2. 轴辐中转方式的运输成本计算及分析

运输业所具有的网络经济可以通过调整运营结构，特别是合并运量和共同使用固定运输设施与载运设备，达到降低成本、提高效率的作用。在本例中，轴辐中转方式的效率更高一些。假设航空公司把 C 城市和 F 城市作为中转枢纽机场，所有跨地区的旅客都要通过这两个枢纽机场进行中转，如从 A 城市到 E 城市就必须要先后在 C 城市和 F 城市两次转机才能到达，这样中转枢纽机场之间的主要航线就像轴，其他枢纽机场之间的次要航线就像辐，共同组成如图 4-7（b）所示的轴辐结构，采用该方式的运输成本计算和分析如表 4-2所示。

表 4-2 采取轴辐中转方式的运输成本计算及分析

出发地、终到地及中转地	旅客人数/人	飞行里程/英里	飞机数量及类型	运输成本/美元
A 出发	362	100	3（大）	6 310
B 出发	163	100	2（1 大、1 小）	2 715
D 出发	450	100	3（大）	6 750
C 至 F	1 113	700	8（大）	89 565
到达 E	437	100	3（大）	6 685
到达 G	133	100	1（大）	2 165
到达 H	348	100	3（2 大、1 小）	5 140
合计	1 113		23（21 大、2 小）	119 330
客座英里总数		1 007 320		
人英里总数		968 400		
平均人英里运输成本/美元		0. 123		
客座率/%		96. 1		
平均每位旅客的旅行距离/英里		870. 1		

与点点直达方式相比，由于合并了分别运送的旅客，因此轴辐中转方式下的航线数量大大减少，只有 7 条，但每一条航线上航班数却大多增加了。例如，从 A 城市和 D 城市出发的旅客分别被集中到每天 3 架大飞机航班上，先运至 C 城市；从 B 城市出发的旅客则被集中到每天 1 架大飞机和 1 架小飞机航班上，先运送至 C 城市；从 C 城市到 F 城市之间的主航线现在每天有 8 次大飞机航班（过去只有 2 架小飞机航班）；而分别到 E 城市、G 城市和 H 城市的旅客也分别集中到从 F 城市出发的 7 架大飞机航班上。从表 4-2 中可以看出，采用轴辐中转方式的运输成本总额为 119 330 美元，平均运输成本为 0. 123 美元/(人・英里)，与采用点点直达方式相比，分别下降了 25. 89%和 34. 22%。

在本例中，轴辐中转方式的运输成本节约主要来自两方面：一是更多地使用了经济性能较好的大飞机；二是提高了飞机的客载率。目前每天单向的航班总数为 23，航班总数减少了，但其中使用大飞机 21 架次，使用小飞机只有 2 架次。由于旅客集中，目前载客率达到 96. 1%，比点点直达方式下的 69. 3%增加了 26. 8%。

3. 点点直达和轴辐中转方式的比较

从以上例子可以看出，绝大多数运输企业只要有条件，就会尽可能使用轴辐中转方式组织运营。这是因为在运输网络上，允许运输企业把不同运输市场的客户集中到一起，利用经济性能更好的运输工具并同时提高客载率（或货运实载率），以便降低运营成本。但是在本例中，航空公司利用轴辐中转方式也存在副作用：首先，旅客需要增加中转次数，这一方面会增加旅客的在途时间和不便，另一方面也会增加每次 5 美元的机场建设费；其次，虽然运输系统的客座英里总数减少，客载率上升，但旅客人英里总数增加了（从858 957人・英里增加到 968 400 人・英里），平均每位旅客的旅行距离也延长了近 100 英里（从 771.8 英里增加到 870.1 英里），延长了 12.7%。这说明大多数旅客的旅程被人为分割成了几段，并因此要飞更长的距离和可能消耗更多的时间。但从总的效果来看，由于运营成本的节约幅度较大，因此采用轴辐中转方式比采用点点直达方式具有更高的效率。此外，小飞机在运量小的短航线上还是存在一定的经济性，读者可以对轴辐中转的方案进行若干调整，在若干短航线上用小飞机替代部分大飞机，还可以得到一定的成本节约。

利用一般的成本理论或曲线来进行运输成本的分析具有一定的难度，其主要原因是，运输企业往往是在一个运输网络内运营，往往经常要把不同质的运输产品或服务合并到共同的固定运输设施或载运设备中去，也就是说，同时提供多种运输产品或服务的运输企业很难找到一种合适的方法准确地计算每一产品和服务的成本。运输经济分析不得不常常使用吨公里或人公里这些内涵差别很大的统计指标。运输成本分析还必须注重吨公里或人公里这些统计数字是如何产生的，如果统计量的增加是由于运输需求增加引起的，情况比较简单，但在上面所举的例子中，由于航空公司运输组织方式的改变使得旅客人英里总数增加 12.7%，而真正的运输产品——旅客所要求的空间位移却并没有根本发生变化。因此用吨公里或人公里这些统计数字去代替运输产品或服务的数量，有时候是不可靠的。

需要指出的是，在航空业采用轴辐中转方式并不是任何情况下都比采用点点直达方式更有效率。在上述例子中，轴辐中转方式一是用经济性能较好的大飞机减少了航班数；二是提高了飞机的客座率。也就是说，它更有效地利用了网络中的资源，但它同时也造成中转次数和飞行距离增加的负面影响。如果各个城市的旅客运输需求都增加，使得点点直达方式也同样能够十分有效地利用大飞机，那么，轴辐中转方式的优势就会消失，而点点直达方式可能会更可取。实际上，网络的密度经济是普遍存在的，点点直达和轴辐中转两种运输方式都可以利用，而利用的程度取决于各自发挥网络资源效率的水平。图 4-8 是点点直达和轴辐中转两种方式的成本曲线示意图，从图中可以看出，每一种方式都有自己合理的使用范围，轴辐中转方式比较适合运输量较小的阶段，而点点直达方式在运输量较大时更有效率。

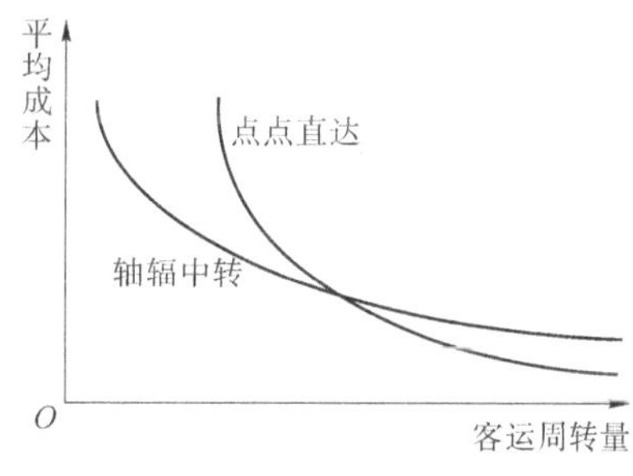

图 4-8　点点直达和轴辐中转的成本曲线

尽管上面的例子涉及的是航空运输，但网络经济或密度经济的原理适用于各种运输方式。例如，大型铁路网可以把各个支线的运输量集合到干线上，节约铁路运输的人力和其他资源；公路零担货运公司也可以利用自己的网络把小批货物运输集中成整车运输，产生密度经济；而公路整车货运往往只能利用大型车辆的能力。无论哪一种运输方式，如何尽可能充分利用网络经济都有很多值得研究的课题。

三、增量成本与边际成本

增量成本与边际成本有一定的联系。增量成本是指新增加的产品或活动所带来的成本。边际成本是指每增加一单位产品产量或活动所带来的成本。如果新增加的产品就是一个单位，此时的增量成本就是边际成本。对大部分工业产品来说，产品边际成本分析更常用一些，但如果新增加的产品需要若干单位聚合在一起更有意义，这时会用到增量成本分析。

在运输成本分析中，增量成本有时比边际成本的概念更重要。运输的复合指标是吨公里或人公里。运输服务的边际成本是指增加一个单位的吨公里或人公里所增加的运输成本，然而吨公里或人公里并不是实际的运输产品，一位旅客随飞机在空中飞行一公里距离与其整个旅程有很大差别，因此传统的边际成本分析在此处也体现出一定的局限性，以吨公里或人公里计算的边际成本带有某种平均的性质。

以旅客运输服务为例，增量成本为假定系统其他条件不变时，新增加一位旅客的成本，而不是新增加一个人一公里的成本。可以看出，边际成本和增量成本有一定的联系又有所不同，在运输经济中有时增量成本的分析更重要。

还是假设图 4-7 中的轴辐系统中的其他因素不变，只把从 D 城市到 H 城市的客流增加 1 人，由于原来从 D 城市到 H 城市的几段航班上都有空座，因此并不需要为这一增加的客流加开航班，新增的成本只是该旅客 5 美元的机场费用。这就是假定系统其他条件不变的情况下，新增旅客的增量成本。可以看出，边际成本分析和增量成本分析在运输经济分析中都是重要和必不可少的。

如果要分析运输活动的边际成本，就需要固定其他因素，只增加一组客流或货流。例如，可以在图 4-7 所示的轴辐系统中假定其他因素不变，只把从 D 城市到 H 城市的客流增加 1 倍（141 人）。这一增加的客流使该系统的旅客周转量增加了 126 900 人英里，运输成本增加了 13 500 美元，如果用增加的人英里数去除增加的运输成本，就可以算出这一新增客运服务的单位边际成本为 0. 106 美元/人英里。

四、联合成本与共同成本

经济学中的固定成本和可变成本的划分，需要考虑时间的期限，而运输的成本最好是能够追溯到成本的使用群体。一些成本是特定的，很容易区分，例如将特定的货物装上和卸下船舶的装卸成本。在另一些情况下，一些成本对许多使用者而言是“联合的”或者“共同的”，很难将其直接追溯到特定的使用人群。人们通常将固定成本视为联合成本或共同成本，而将可变成本视为特定成本，但未免有些过于简化。事实上，许多可变成本是联合的（例如，火车去程和返程所消耗的燃油成本是往返运动的联合成本）或者共同的（例如，一条货运和客运两用的铁路线路的维护成本），而某些固定成本显然是特定的（例如，货运车辆的资本成本与旅客需求毫无关系）。由于运输业范围经济现象的普遍存在，也就同时产生出联合成本及共同成本问题。

1. 联合成本

在西方运输经济学中，联合成本的出现是由于联合产品或服务的存在。严格来讲，当提供一种特定的服务必定带来另一种服务的产出时，就存在联合成本。联合产品是指两种产品或服务，以某种无法避免和改变的比例关系被同时生产出来。运输经济学家经常举返程空回的例子：一条独立运煤铁路线路，由于没有其他货物，满载的运煤列车由煤矿驶往电厂，卸载后空车返回，满载的煤炭运输当然是该产品的主要产品，但空列车必须返回，这样才有可能下一次运输，而且因为列车往返的比例是不变的，所以返程回空的列车就成了满载煤炭列车的联合产品。于是，列车空返的成本就是满载列车运输的联合成本，它们是不可分割的。提供一个方向的运输服务必然意味着提供返程服务。真正的联合产品是按照固定的比例生产的，这一事实意味着成本是不变的。只有将双向的服务都取消，才能取消联合成本。

两种产品总是被同时生产——教科书上总举羊毛和羊肉的例子。这种现象在运输领域的例子就是商业飞机上层甲板进行旅客运输，同时下层甲板进行货物运输。又如，一架150座的客机，在为机上任何1个客座提供飞行服务时，也就同时为其余149个客座提供了飞行服务，这无法随意改变，因此这1个客座与其余149个客座的飞行服务也是联合产品，而这150个客座的飞行成本也是不可分割的联合成本。联合成本甚至也体现在固定运输设施方面。例如一条公路建成后每天24小时都可以使用，如果硬是要把它分成每一小时一段的公路使用服务，并且把每天15:00—16:00那一段的建设成本分离出来，也是不可能的，因为公路不可能只为每天13:00—16:00而不为其他23小时建设，该公路的建设成本应该是每天24小时的联合成本。也有人认为运输产品或服务联合成本的存在是造成运输成本曲线隆起的一个原因，这给运输成本分析增加了一定的难度。

2. 共同成本

共同成本是指多种产品或服务需要使用相同的资源和要素，这些资源和要素的费用支出就成为这些产品和服务的共同成本。

共同成本与联合成本类似，也是由于向一系列使用者提供服务所引起的。但不同的是，共同成本是指在使用资源提供一种服务时并不会必然产生另一种服务的那些成本。运输中有关共同成本的一个经典的例子就是道路设施提供。一条道路可能同时被货车和汽车使用，如果禁止货车对道路的使用，成本将要由汽车使用者承担。若有好几种使用者，常常可以把成本的某些组成部分追溯到相关的责任承担者，但仍有很大一部分成本是无法追溯的。

例如，一列运货火车有50节车厢，这列火车的运输成本对这50节车厢来说是共同成本，而不是联合成本，原因在于火车的长度是能够改变的，车厢可以多一些可以少一些，因此从技术上看，这50节车厢不是绝对不可分的。共同成本的存在当然也为不同运输产品或服务的成本分担造成了困难，但其原理与联合成本还是有区别的。共同成本可以使其中的某一部分增量成本找到相应的对象，而联合成本中的任何一部分都不可能分离出来。

运输成本计算主要是将已发生的各种费用尽可能细致地分类，以便把这些费用直接归并到具体的运输服务项目中去；而无法直接归并的费用就作为综合费用或管理费用分配到所有的服务项目中，最后汇总为运输服务的完全分配成本。

由于运输业中多产品生产的特点，网络经济、机会成本、沉没成本、增量成本、联合成本和共同成本的重要性，以及固定运输设施和移动设备两种资本形式的存在等因素，运输成本的计算与计量既有趣又带有挑战性，而在这种情况下，那些标准的会计成本定义与计算方法都变得不十分可靠。

第四节 运输的拥挤成本

拥挤不仅会给旅行者造成时间的损失，消耗更多的燃料，还会导致车辆频繁的启动和熄火，进一步加剧大气污染或者其他形式的污染。由于公路交通拥挤集中在人们日常工作和生活的区域，所以地区性污染问题会很突出。公路运输虽然给人们带来了严重的交通拥挤问题，但也给人们提供了有效的分析基础。下面以小汽车的运行成本为例对运输的拥挤成本进行分析。

在交通工程领域，有一个关于道路上车辆的车速取决于道路上车辆数目的著名原理，意思是两车之间的距离随车速的提高而增加，而如果道路上的车辆过多，那么车距的缩短必然导致车速下降。有关研究曾经给出如下计算公式：

$$s = 34.17 - 0.2124d \tag{4-1}$$

式中，s 是车速，单位为英里/h；d 是某方向单车道公路上每英里的车辆密度。该式表示的车辆密度与车速的关系是：当道路上没有其他车辆干扰时，车速可以达到最大，车道上的平均每英里增加一辆车，车速就要下降约 0. 2 英里/h。式（4-1）可以用来很好地理解拥挤成本。

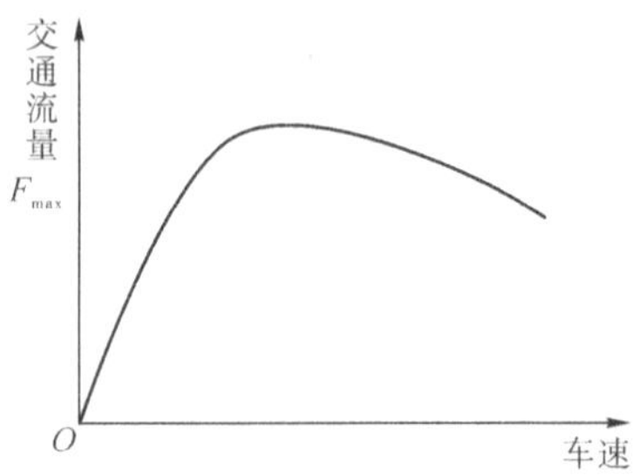

图 4-9 交通流量和车速的关系

如果选取一条笔直的单行道来研究，在一定时间内测量以不同速度通过该车道的交通流量，可以得到如图 4-9 所示的关系图。交通流量大小取决于进入车道的车辆数和车速。因此，在交通流量较低的情况下，车辆之间的阻碍为零，可以高速行驶，这时车道交通流量的大小主要受到车辆载荷能力和法律规定的安全速度的限制。随着进入车道的车辆数增多，它们与原车道车辆相互干扰，彼此都放慢速度行驶。当更多的车辆进入车道时，车速进一步下降，但是在达到某一点之前，由于车辆数增加造成的影响超过了平均车速降低造成的影响，使得车道交通流量将继续增加。这是正常的道路车流情况。

当交通流量达到某一值，即增加的车辆不再能够抵消车速降低带来的影响的时候，道路的容量就会达到最大值。这就是公路的工程容量。许多驾驶人会继续试图进入这条已经达到最大交通流量的车道，导致车速进一步降低，反映在图 4-9 中就是曲线的折回，这种状态就是“强制流量”。学者的相关研究表明，这时的车速大致为 18 英里/h。图 4-9 是标准的交通流量和车速关系图，其中最大交通流量用 F_{max} 表示。

由于道路上车辆密度增加会导致车速下降，那么车辆密度增加到一定程度无疑会影响到单位时间内能够通过的车辆数，表 4-3 是车辆密度、车速和交通流量之间关系的计算结果。从表中数据可以看出，该公路单方向的最大通过能力为每小时 1 374 辆车，为了达到这一通过能力，该路段的车速要保持在大约 17 英里/h，而每英里路面的车辆约为 80 辆。如果允许更多的车辆使用该公路，那么车速的降低就会消耗掉增加车辆的效率，结果通过的车辆数反而减少了。例如，在每英里路面挤进 150 辆车的情况下，车速会下降到 2.31 英里/h，比步行还慢，而每小时通过的车辆只有 346 辆；当车辆数达到 160 辆的时候，车速几乎降到零，平均每两分钟才能通过一辆车。

表 4-3 车辆密度、车速和交通流量之间关系的计算结果

车辆密度/(辆/英里)	车速/(英里/h)	交通流量/(辆/h)
1	33.96	33.96
10	32.05	320.46
20	29.92	598.44
30	27.80	833.94
40	25.67	1 026.96
50	23.55	1 177.50
60	21.43	1 285.56
70	19.30	1 351.14
80	17.18	1 374.24
90	15.05	1 354.86
100	12.93	1 293.00
110	10.81	1 188.66
120	8.68	1 041.84
130	6.56	852.54
140	4.43	620.76
150	2.31	346.50
160	0.19	29.76

允许每英里路面的车辆数超过 80 显然是不理智的，因为这导致总的交通流量下降。然而进一步的分析还告诉我们，在车辆密度达到 80 辆/英里以前就对进入车辆加以限制也是合理的，原因是在道路的通过能力饱和之前，拥挤现象已经使车速降低并加大了驾车的机会成本。从表 4-3 中可以看到，如果车辆密度限制在 70 辆/英里，则每小时通过的车减少 23 辆，不到总数的 2%，但该路段的平均车速却可以提高 2 英里/h 多，达 12%。提高车速能够减少驾车的机会成本。表 4-4 是在表 4-3 的基础上截取的交通流量处于 1 100 辆/h至最大能力 1 374 辆/h 之间驾车成本计算表。在交通流量为 1 100 辆/h 时，车速为 24.72 英里/h，每英里的驾车时间约为 2 min 24 s。在假定驾车时间的平均机会成本为 10 美元/h的情况下，这一驾车时间的时间价值为 40.5 美分。随着交通流量增加，车速下降。例如在交通流量达到 1 374 辆/h 时，车速降到 17.33 英里/h，每英里的驾驶时间增为 3 min 30 s，平均时间成本则提高到 57.7 美分。

根据式（4-1），该路段上每增加一辆车都会使平均车速降低约 0.2 英里/h，在表 4-4 中当交通流量从 1 370 辆/h 增加到 1 371 辆/h 时，车速从 18.04 英里/h 降至 17.92

英里/h。而这一速度的下降使得原来1 370辆车中的每一辆车都为1英里的距离增加0.4美分时间成本。那么这一新增车辆所引起的总时间成本应该是它自己的55.8美分再加上1 370个0.4美分的增量，总计应为5.592美元。表4-4的最后一列是每一新增车辆所引起的边际成本，用来表示由于新增一辆车导致整个交通流量因车速降低而在一英里距离上增加的时间成本。在交通流量比较小的情况下，边际成本与平均成本差别不大，而当交通流量增加到一定程度时，边际成本的增加就会变得十分明显，而且这些增加的成本中只有很少部分是由最后增加的那辆车自己承担，其绝大部分要求所有在该路段上的车辆共同承担。例如，那一小时内通过的第1 371辆车，它引起的全部5.59美元边际成本中，它自己只承担了55.8美分，其余的都由于车速的普遍降低而增加到另外1 370辆车上了。随着车辆的继续增多，驾车的边际成本会远远超过其平均成本，就像图4-10中曲线所表示的那样。当然表4-4中的数字和图4-10中的曲线只能在十分严格假定的情况下适用，如果车速与交通流量的关系发生改变，或者车中乘客不只是司机自己一人，或者车道车辆包括公共汽车和卡车等多种车辆，而且每个乘客及司机的时间价值也有差别，那么驾车的时间成本计算和表示将会复杂得多。

表4-4　道路交通流量与驾车时间成本的关系

每小时通过车辆数	每英里路面车辆数	车速/(英里/h)	平均成本/(美元/车英里)	边际成本/(美元/车英里)
1 100	44.50	24.72	0.405	0.654
1 110	45.16	24.58	0.407	0.667
1 120	45.84	24.43	0.409	0.680
1 130	46.52	24.29	0.412	0.693
1 140	47.23	24.14	0.414	0.708
1 150	47.94	23.99	0.417	0.724
1 160	48.68	23.83	0.420	0.740
1 170	49.43	23.67	0.422	0.758
1 180	50.19	23.51	0.425	0.777
1 190	50.98	23.34	0.428	0.798
1 200	51.79	23.17	0.432	0.821
1 210	52.63	22.99	0.435	0.845
1 220	53.49	22.81	0.438	0.872
1 230	54.37	22.62	0.442	0.902
1 240	55.29	22.43	0.446	0.935
1 250	56.25	22.22	0.450	0.971
1 260	57.24	22.01	0.454	1.013
1 270	58.28	21.79	0.459	1.060
1 280	59.37	21.56	0.464	1.114

续表

每小时通过车辆数	每英里路面车辆数	车速/(英里/h)	平均成本/(美元/车英里)	边际成本/(美元/车英里)
1 290	60.52	21.32	0.469	1.178
1 300	61.74	21.06	0.475	1.255
1 310	63.04	20.78	0.481	1.348
1 320	64.45	20.48	0.488	1.466
1 330	66.00	20.15	0.496	1.621
1 340	67.73	19.78	0.505	1.840
1 350	69.75	19.36	0.517	2.180
1 360	72.24	18.83	0.531	2.822
1 370	75.95	18.04	0.544	4.969
1 371	76.51	17.92	0.558	5.592
1 372	77.16	17.78	0.562	6.533
1 373	77.98	17.61	0.568	8.213
1 374	79.29	17.33	0.577	13.059

注：假设驾车时间的机会成本为每车小时 10 美元。

拥挤造成的成本通常是以图 4-10 的形式表现的，AC 曲线表示每个交通流量下拥挤的平均成本，MC 曲线表示在原有流量基础上额外增加车辆的成本。MC 和 AC 的差距就是拥挤成本，随着每小时通过车辆数的增加，拥挤成本越来越大。也就是在载运工具没有满载之前，MC 和 AC 相差不大，当载运工具接近饱和时，MC 会迅速增加，比 AC 大的部分就是拥挤成本。因此，这两条曲线的形状也特别体现了运输业平均成本和边际成本曲线的特点。

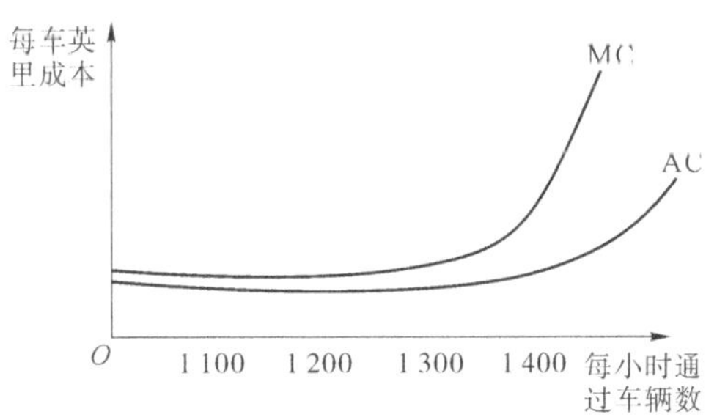

图 4-10 驾车的平均成本和边际成本

第五节 不同运输方式的成本数据

固定运输设施是指那些不能移动的运输设施，如铁路线路、公路、车站、港口、河道与机场等，这些固定运输设施不能移动的特性产生了两个结果。首先，固定运输设施只是与特定地理位置的运输市场相关，在固定运输设施领域的投资，一般只能增加特定地理位置或区域的运输能力，而并不能同时增加整个运输系统的运输能力。其次，在固定运输设施方面的投资是沉淀性的。

除了管道运输以外，所有的运输方式都需要使用移动设备完成旅客与货物的空间位移，载运工具的拥有成本又可以大体分为三部分，即与车辆、船舶或飞机等添置投资有关的费用、部分折旧费和载运工具维护费用。载运工具的这三种拥有成本在不同运输方式中的比重和计算方法都是有差别的，甚至载运工具维护费用是该属于运输工具的拥有成本还是运营成本都标准不一。

有一些费用与载运工具方面的投资有关，这种成本是由资本市场决定的。载运工具每一次使用的机会成本应当是由当时对这种运输工具的市场供求状况决定的，载运工具的机会成本由二手市场的价格决定。

载运工具会由于其使用的程度及技术进步的程度而贬值。载运工具的价格一般来说都会随着其使用时间和行驶距离增加而减少，而有些载运工具，甚至在它们的物理报废状态到来之前就已经在技术上应该被淘汰了。如果载运工具的价值损耗快于其物理磨损，那么这种与使用程度无关的价值下降或折旧就属于其拥有成本中的固定成本。如果载运工具的寿命是依据其行驶的里程或起降次数来衡量的，那么其折旧就属于其拥有成本中的变动成本，而变动的拥有成本一般可用作运营成本来分析。

如果载运工具的某些维修费用与它们的使用量无关，那么这些费用就属于载运工具的拥有成本，而那些根据载运工具的使用量决定的维修费用则被看作是变动费用，而且与折旧费用相似，也可以作为运营成本进行分析。

运输运营成本中最显著的内容包括载运工具的燃料消耗和行车司乘人员的工资。

本节主要分析各种不同运输方式的固定运输设施成本、载运工具成本和运营成本及其在总成本中的比重，目的在于揭示不同运输方式规模经济以及市场结构的特点。

一、铁路运输

（一）铁路运输的优缺点

铁路运输是指利用机车、车辆等技术设备沿铺设轨道运行的运输方式。

1. 铁路运输的优点

（1）铁路运输能力大，适合于大批量商品的长距离运输。铁路运输成本较低，铁路运输成本略高于水路运输，但明显低于公路和航空运输。

（2）铁路运输受气候和自然条件影响较小，运输的通用性、连续性好，与其他运输方式相比，在运输的准时性方面具有较强的优势。

（3）铁路在减少污染、降低交通拥堵等方面，与公路和航空相比具有显著的优势。

（4）铁路运输的速度较快。随着我国客运专线的提速和高速铁路的建成，我国铁路运输的速度大大提高。我国高铁的运行速度高于250 km/h，发达国家最快高速铁路的速度在300 km/h以上。总体而言，我国铁路运输的速度低于航空运输，高于水路运输和管道运输。

（5）铁路运输可以方便地实现集装箱运输及多式联运。

2. 铁路运输的缺点

(1) 铁路按列车组织运行，在运输过程中需要有列车的编组、解体和中转改编等作业环节，占用时间较长，因而增加了货物的运输时间。

(2) 铁路运输中的货损率比较高，而且由于装卸次数多，部分种类货物毁损或丢失事故通常比其他运输方式多一些。

(3) 除了托运人和收货人均有铁路专用线的条件外，铁路运输一般不能实现“门到门”运输，通常要依靠其他运输方式配合才能完成运输任务。

(4) 铁路运输的投资较大，固定成本较高，建设周期长，占用土地较多。

因此，铁路运输主要适合承担大宗货物的中、长距离运输，也较适合散装货物（如煤炭、金属、矿石、谷物等)、罐装货物（如化工用品、石油产品等)、大批量旅客的中、长途运输及货物的集装箱运输。

（二）铁路运输的固定运输设施成本

世界上大多数国家的铁路由政府拥有并经营。美国的铁路网实际上由为数不多的若干私营铁路系统组成，美国铁路客运是由国营公司 Amtrak 统一经营的，它需要使用那些私营货运公司的线路以提供客运服务。

铁路运输的固定运输设施的其他成本，即每年的线路维护成本，包括人工、设备、燃料和配件等费用，比较好计算，也比较接近真实的经济成本。1995 年，美国铁路每英里线路的维护大约耗费 2. 5 万美元。铁路公司在线路维护方面的费用开支与其财务收支状况有关，盈利时期这方面的开支大些，亏损时期为节省开支就可能推迟一些原本需要的维修工作。例如，在 1980 年放松管制之前，美国铁路公司普遍经营不景气，当时各公司都压缩了维护费用，线路的状况和安全性也普遍不太好。而在那以后，经营状况有所改善的铁路公司又都重新开始比较重视线路维护，维护成本也增加了。

统计我国 42 条铁路的每公里造价情况，其中包括 37 条高铁线路和 5 条普铁、快铁线路，绝大部分为在建或计划开工的线路，相关数据来自所批复的各线路可研报告。综合来看，所选取的 42 条铁路平均造价为 1. 61 亿元。高铁的建造和维护费用会更高一些。高铁不仅在修建时会花费大量资金，并且在运行过程中还会产生很多劳动成本和维修成本。例如，我国京沪高铁的修建费用为 2 200 亿元左右，而京沪高铁的总长在 1 300 km 左右，所以每公里的成本在 1. 7 亿左右。国际上，高铁建设的成本多为每公里 3 亿元以上。

总体算起来，铁路运输在固定运输设施方面的费用开支大约是总运营成本的 17%，这高于公路运输（约为 10%)，因此，与公路运输相比，铁路运输是固定运输设施成本更为密集的运输方式。

（三）铁路运输的载运工具成本

铁路列车由机车和车辆共同组成。由于一台机车可以牵引很多客货车辆，因此，铁路在驾驶员数量和燃料消耗的节约方面具有很大的优势。美国铁路货运公司过去一直存在一个老问题，就是车辆的利用率比较低。在美国，每辆铁路货车大约价值 5 000 美元，每台机车的价值则超过 100 万美元，但要确定机车车辆成本在铁路总成本中的比重不是很容易，一是每年机车车辆购置数量变化很大，二是各国铁路公司因为购买策略上的原因，不愿意透露真实的成交价格。美国铁路1973—1994年间，机车车辆成本在美国铁路资本性开支中所占的比重大约由2/3降至1/3。在过去，机车车辆基本上是由铁路公司从银行借钱购买的，还贷期限往往长达15年，而近期，有很多机车车辆是由货主等非铁路机构购置的，美国铁路公布购置成本占总成本的25%，但如果考虑上述货主和其他非铁路机构的因素，比较真实的比重应该是在30%左右。

（四）铁路运输的运营成本

因为铁路列车是在阻力很小的钢轨上行驶，因此铁路运输相对而言具有很高的能源效率。在美国，燃料费用占铁路运输运营成本的8%，这一数字比某些其他运输方式要低不少，这也成为铁路运输的一个优势。但美国铁路的人工成本却是比较高的，工资、奖金、福利和劳动保险等费用合计占到铁路运输运营成本的43%。美国铁路公司成本较高的一个原因是，除了直接的列车乘务人员，铁路还必须配备线路维修人员、车辆检修人员、列车编组场人员和市场营销人员等很多运营辅助人员，辅助人员的比重超过大多数其他运输方式，而直接参与列车运营的员工不到总人数的40%。美国铁路公司成本高的另一个原因是历史形成的。铁路员工的工会组织一直强大，而联邦法律中有很多有利于铁路职工待遇的条款，这一点也比其他运输方式更显著。

相对于其他运输方式，铁路运输单批量运输成本的计算可能是最复杂的。例如，为了计算从美国明尼苏达的铁山运送一批铁矿石到杜鲁斯这运输成本（运距不算很长，为134英里），工作人员可能需要用100多页纸来描述有关铁路线方面和列车运行方面的各种支出，他需要弄清列车长度、运行速度、线路等级、运输密度、列车时间、列车是否晚点、车辆的利用率及所有沿途车站和编组场的情况等，这比使用卡车把同样货物运送1 000英里的成本计算要复杂得多。铁路运营成本的计算，对铁路公司和管制机构都非常重要，他们都希望能够确切地掌握每一批货物的特殊运输成本，但实际上这件事几乎无法做到。有人估计准确计算某批货物的运输成本所需花费的开支甚至会超过运送这批货物的开支。

为了避免对每批运量都进行十分繁杂和庞杂的成本计算，人们使用了一些简略的标准计算方法，这些方法建立在整个系统若干关键性作业的平均费用基础之上。例如，美国铁路公司就根据所谓“标准铁路运算成本计算系统”，首先汇总关于运营线路维修费、运营人员工资、燃料费、机车维修费、货车维修费和列车编组费等几大类成本资料；然后选择一些与上述费用关联性最大的运营指标，如货物吨公里、货车公里、机车公里、总重吨公里、编组站小时数等计算出整个系统的运营指标支出率（如美国铁路货运平均编组站小时支出为25. 64美元）；最后再将根据每一批具体运输量所形成或耗用的货物吨公里、货车公里、机车公里、总重吨公里、编组站小时等，乘上相应的运营指标支出率，就可以粗略地计算出其特定的变动运输成本。

（五）铁路运输的规模经济

有许多研究文献讨论了美国铁路行业的平均成本曲线，很多学者都认为各铁路系统都是在平均成本最低点左边的区域进行生产，也就是说，铁路的固定运输设施存在较严重的闲置。过大的铁路网使得平均固定成本过高，为了使美国铁路能够在成本最低的状况下经营，至少应该废弃10万英里铁路线。

二、公路运输

公路运输是继铁路运输和水路运输之后发展起来的运输方式，公路运输在20世纪60年代以后的发展使世界上一些经济发达国家改变了一个多世纪以铁路运输为中心的局面，公路运输在各种运输方式中的地位日益增强。公路运输的迅速发展，与其技术经济特性密不可分。

（一）公路运输的优缺点

1. 公路运输的优点

（1）运输速度快。公路运输在途中不需中转。据国外资料统计，运输距离在200 km以下时，公路运输的运送速度平均比铁路运输快4~6倍，比水路运输快10倍。汽车除了可以沿公路网运行之外，还可以深入工厂、矿山、车站、码头、农村、山区、城镇街道及居民区，空间活动领域大，在直达性上有明显的优势。

（2）灵活、方便。公路运输既可以成为其他运输方式的接运方式，又可以自成体系，机动灵活，可以满足多方面的运输需求。汽车的载重量适应范围很大，小的有0.25吨，大的有几十吨、上百吨，公路运输对客、货批量的大小具有很强的适应性。

（3）原始投资少，经济效益高。据国外资料介绍，一般公路运输的投资每年可以周转1~2次，而铁路运输3~4年才周转1次。尽管高速公路的造价高，原始投资要比普通公路高出十余倍，但由于其可以节省时间、燃料、维修等费用，高昂的造价可以在短时间内得到补偿。

（4）驾驶技术比较容易掌握。培训汽车驾驶员一般只需半年左右的时间，而培养火车、轮船及飞机驾驶员需要几年时间。相比较而言，汽车驾驶技术比较容易掌握。

2. 公路运输的缺点

公路运输也存在一些问题，主要是：单位运输成本较高，运行的持续性差；油耗大，环境污染比其他运输方式大；客运的舒适性较差，交通事故的发生率较高。

基于上述特点，公路运输主要是中、短途运输。由于高速公路的快速发展，公路运输从短途逐渐形成短、中、长途运输并举的局面。公路运输还可以用于补充和衔接其他运输方式，当其他运输方式担负主要运输任务时，由汽车担负起点和终点处的短途集散运输，完成其他运输方式达不到的地区的运输任务。

（二）公路运输的固定运输设施成本

公路拥有成本的三项主要内容，即资本支出、维护支出和安全费用，都与交通流量的变化及车辆混合程度有一定的关系。如果一条公路的交通流量不大，而且主要是供小汽车使用，那么该公路的设计与建设同交通流量大而且有重型载货卡车通行的公路相比差别就很大。美国公路运输协会曾经对公路路面铺设厚度、公路的预期使用寿命与汽车轴重等因素的关系进行过分析测定，结果有充分证据认定不同车种如小汽车、公共汽车、载重卡车和其他车辆的轴重对公路造成的影响有很大差别，结论是在一定的公路使用寿命要求下，车辆轴数越大，路面铺设厚度应该越大。该协会的研究认为，车辆轴重与路面损坏之间的关系是指数关系，因此通行重型载货卡车的公路比主要通行小汽车的公路需要铺设更厚的路面。路面的厚度则是随通行车辆的混合程度变化，为适应宽型车辆如载货卡车和公共汽车，公路路面均需要比较宽。根据美国运输部的结论，为适应载货卡车而加厚和加宽的公路路面的费用，约占到新铺设路面成本的50%。公路桥梁需要一个最低的结构强度以支撑其自身重量，当然，除此之外，桥梁还需要增加结构强度用以支撑像重型载货卡车等破坏路面结构强度较大的车辆。允许重型载货卡车和公共汽车通行桥梁的强度设计，无疑要大于允许小汽车通行的桥梁，而前者建筑费用显然也要高于后者。研究结果是，公路、桥梁建筑成本的40%是由于适应载货卡车通行而发生的。最后，公路的等级还与路上车辆的刹车特别是爬坡所需要的性能有关。为了保证车辆能够平稳行驶，公路的坡度不能过大，而坡度的设计又在很大程度上取决于车辆的马力与其自重与载重的关系，因此载货卡车在这方面又对公路的设计与建筑提出了更加昂贵的要求。美国运输部认为，公路在坡度方面成本的20%是为了适应载货卡车通行而发生的。由于公路的建筑成本是沉淀性的，一旦公路的建设和建筑考虑了重型载货卡车的使用标准，那么尽管后来的实际混合交通流量中可能并没有那样大比例的重型载货卡车，它也无法再对已经发生的设计和建筑成本产生节约作用。

公路路面是有使用寿命的，一般沥青路面的使用寿命是12年，而普通水泥路面的使用寿命可达25年。虽然有些路面的损坏与交通流量没有直接关系，如气候原因也会发生作用，但在大多数情况下，公路的交通流量和车辆结构对公路影响很大。一辆载重10万磅（约45.4吨）的卡车对路面的破坏是一辆载重8万磅（约为36.3吨）卡车的4倍，这同时又大约是5 000辆小汽车行驶所造成的影响，但与路面铺设的厚度显然有很大关系，路面越厚，车辆行驶所造成的影响越小。公路的维护和修整工作是十分重要的，费用当然也很昂贵。公路维修如果被推迟，一些成本就会转移到公路的其他使用者身上，因为路况较差的公路会造成车辆行驶速度降低、油耗增加，以及增加额外的车辆维修费用。因此，某些车辆对其他车辆的影响，在某种程度上也取决于公路部门对路面的维护水平和修复速度。美国运输部有结论说，尽管美国小汽车的数量大大多于其他车辆，但根据使用程度的差别，载货卡车应该承担更多的公路维修费用。

但并不是所有的道路费用与成本都受交通流量大小或结构的影响，如路面厚度有最低限度标准，有些公路维修工作是即使没有车辆通行也要进行的，桥梁有其自身的承重强度要求，公路上的信息指示标志也不随车辆的载重而变化等。这些大约占到全部公路费用开支的一半，从运输量的角度来看，这些费用是难以归依的，或者说只要保留这条公路，即使不允许任何车辆通过，这些费用也无法节省下来。一般而言，公路的费用开支与不同车辆的分类之间具有非线性和难以归依的关系，所有可以归到具体运输量上面的费用开支之和，肯定要小于公路部门的总成本。因此，运输领域中非常重要的经济问题就包括任何处理这些不可归依的费用。

很多铁路线与公路的走向及连接地点都是一致的，但铁路网一般只负责城市间的运输，它不能像公路那样可以通达到任何地点，公路网可以同时提供城市间运输和地方运输，公路网密度要大于铁路网。

（三）公路运输的移动载运工具成本

公路上的卡车运输是差异性非常大的运输形式。运货车种类的差异及其使用者的不同，使得定义卡车拥有成本变得十分困难。拥有一辆小型货车的成本显然小于拥有一辆重型卡车的。一些美国公路货运公司为了降低车辆的维修和使用成本，倾向于较快地淘汰车辆。例如 Yellow Frieght 零担货运公司，拖头只使用 3~5 年，挂车也只使用 6~8 年。尽管这些车辆在被淘汰时还可以在旧车市场上卖出，收回部分资金，但货车公司往往还是需要采用加快折旧的方法，在较短的时间内完成购车资本的价值循环。

在公路货运业内部又可以分为整车运输和零担运输两种服务类型，它们的运输成本也存在明显的差别。整车运输企业一般不需要自己的货场和中转设施，因此其车辆在全部财产和费用开支中占很大的比重。零担运输企业的情况正好相反，需要专用的场地设施以便集散及装配许多来源和去向都不同的小批量货物，因此其场站设施与人工费用的比重会大一些，而运输车辆开支的比重则相应小一些。表 4-5 是美国一家较典型的公路整车货运公司和一家典型零担货运公司的资产价值与运输成本的对比。

表 4-5 美国一家公路整车货运公司和一家零担货运公司的资产价值与运输成本对比

项目	J. B. Hunt 整车货运公司		Yellow Freight 零担货运公司	
	金额/美元	比重/%	金额/美元	比重/%
一、资产价值				
土地	17 313	1.5	141 134	7.6
建筑	50 962	4.3	613 530	32.9
运营车辆	1 050 986	88.7	897 426	48.1
其他运营资产	65 547	5.5	214 475	11.5
资产价值原值合计	1 184 808	100.0	1 866 565	100.0
已提折旧费	375 798		989 281	
净资产合计	809 010		877 284	
二、运输成本				
工资	457 567	35.7	1 918 406	67.2
运营费用	237 831	18.6	433 789	15.2
税收与执照费用	26 422	2.1	110 004	3.9
保险与事故损失费	50 707	4.0	76 953	2.7
通信及设施费	14 822	1.2	41 046	1.4
折旧费	130 265	10.2	133 970	4.7
其他运输成本	362 989	28.2	142 295	5.0
运输成本合计	1 280 603	100.0	2 856 463	100.0

注：J. B. Hunt 整车货运公司相关数据为 1995 年数据；Yellow Freight 零担货运公司相关数据为 1994 年数据。有些栏日百分比由于小数点后四舍五入导致加和不等于 100%。

从表 4-5 中的数据可以看出，J. B. Hunt 整车货运公司的资产中，运营车辆所占的比重为 88.7%，而 Yellow Freight 零担货运公司只占 48.1%；但土地、建筑和其他运营资产在 J. B. Hunt 整车货运公司的资产中仅占 11.3%，而在 Yellow Freight 零担货运公司的资产中却占到 50%以上。在运输成本中，Yellow Freight 零担货运公司的工资开支比重明显超过 J. B. Hunt 整车货运公司，但在运营费用、保险与事故损失费、折旧费和其他运输成本方面，J. B. Hunt 整车货运公司均超过 Yellow Freight 零担货运公司。平均来看，如果不包括折旧费，Yellow Freight 零担货运公司的车辆拥有成本占总成本的比例约为 5%，J. B. Hunt 整车货运公司的车辆拥有成本占总成本的比例约为 15%。而如果包括折旧费，该比例显然要更高一些。

（四）公路运输的运营成本

卡车的运输成本取决于卡车的类型和运输服务的类型，我们在前面已经介绍过公路货车中整车运输和零担运输的区别是十分重要的。整车承运人的运营成本主要由人工和燃油费组成，也包括一些车辆维护和保险费用。一般来说，整车公路货运的成本计算并不困难，唯有一些回程车费用处理麻烦。人们发现很少有完全回程空车的情形，原因是货运经纪人的存在，运货卡车可以事先得到信息以便安排三角形路径的行程，以最大可能地减少空驶的距离。此外，由于回程货运只增加很少的边际成本，因此车主可以比较灵活地确定收费的数量。而零担公路货运的运营却与铁路运输十分相似，网络结构在这里同样会导致幅员经济和密度经济的存在。在前面介绍了公路零担货运公司的人工成本约占总成本的 2/3，而整车货运公司的人工成本只约占总成本的 1/3，同样在那个例子中，整车货运公司的站场费用所占比例不到 5%，而该类费用在零担货运公司中占到 30%。

1995 年，美国某类公路货车的运营成本分类的统计可以作为分析的参考。货运卡车每英里总运营成本为 130. 2 美分：其中大约 30%属于固定成本，包括执照费、保险费、车辆购置费的利息、站场、车库及办公室的折旧和利息、管理费用等；其余 70%则属于变动成本。在变动成本中，最大的两项是司机人工费和燃料费，其中司机人工费为每车英里 37. 5 美分，大约占到车英里总运营成本的 28. 8%，燃料费为每车英里 19. 2 美分，大约占到车英里总运营成本的 14. 7%。美国长途汽车驾驶员的工资是比较高的，也许是因为长途驾驶非常辛苦，责任重大，而且远离正常的家庭生活，最终造成驾驶员短缺，结果提高驾驶员的工资和其他待遇成为吸引驾驶员的必要措施。燃油费在 20 世纪 80 年代曾经占到公路货运车辆总运营成本的 21. 2%。20 世纪 90 年代，该比例有所下降，但随着国际油价近年大幅攀升和波动，燃油费的比重仍有再次上升的趋势。

人们不大愿意在卡车运输成本的计算上花费太多精力，原因主要在于对于整车运输来说，每一趟出车的开支是明摆着的，而且整车运输市场的高度竞争性也使得运输价格水平不大可能大大高出其成本，而对于零担运输而言，成本计算又可能太过复杂，而且零担运输成本对零担运输价格的确定又不是决定性的。很多整车货运的价值较低，运输价格上升很小幅度，如 2~2. 5 美分/吨英里，都可能导致生产厂家所有的利润化为乌有。而零担货运由于一般自身价值较高，运输价格只在整个货物价格中占很小的一部分，其销售的市场范围又往往很大，因此运输价格的变化即使达到 20~25 美分/吨英里也不会对货主的生产与销售造成太大的影响。

（五）公路运输的规模经济

人们对于卡车业是否具有规模经济的兴趣似乎也不大，很可能是因为在传统上，一个行业是否存在规模经济往往是判断其是否具有自然垄断性，并进而是否应该由政府进行管制的主要原因。公路的整车货运看起来并不具备规模经济行业的典型特征，它的进入资本很低，一些很小的企业甚至个体车主都可以在其中生存很好。但零担运输情况就很不一样，零担运输企业有货场或中转场，要在发送与交付运量之间进行协调，还要对不同方向的运输进行平衡，因此零担运输企业必须设立市场营销部门，要做广告，必须使用昂贵的通信系统，以便有效地追踪货物和车位、进行必要的配载与到发协调。零担运输企业并不是一个单纯的点到点运输者，它靠的是一个网络，运输网络越大，整体的利用水平也就越高。大型零担运输企业可以为客户提供相对频次更高的服务，也可以在更大的地理范围内不经过其他承运人直接运达货物，因而可以减少企业之间的交易成本。

在美国，传统的运输管制把卡车货运分为完全免除管制的承运人（主要运输农产品等）、合同承运人（主要是为少数固定的货主服务，运输价格可以由双方协商）和公共承运人（被认为是属于公共服务）三个类别。公共承运人有义务按照公布的运输价格向全社会提供运输，而任何支付了公布的运输价格的客户都有权享受非歧视性的服务。但 20 世纪 80 年代以来，运输管制领域进行了较大的改革，这种类别之间的界限目前已经不那么分明了。在此之前，美国的公路货运被严格管制着，公路运输企业一般同时承担整车和零担运输，也就是说这两种业务之间没有明确的界限，但每个企业的经营线路却被严格限制。一些对当时资料的研究成果表明，那些所属车辆平均运距较长、平均载重较大而且实载率也较高的大型企业，具有平均运输成本明显降低的优势。但要根据这一点就断定公路货运具有规模经济，仍然过于笼统。一个大型公路运输企业，如果是由于其自身所具有的合并运量的能力导致了使用大型车辆和较高的实载率，那么它可以为所有客户提供低成本的服务，这显然就是规模经济的特征；但如果它的较高载重吨位和满载率主要是由于其所在地区正好拥有重质货物而且正好有大型发货人，那么它的低成本运输应该看作是偶然的现象。

三、水路运输

水路运输是指利用船舶在江河、湖泊、人工水道及海洋上运送旅客和货物的一种运输方式。水路运输按其航行的区域，大体可划分为海洋运输和内河运输两种类型。水路运输的发展历史十分悠久，产业革命以后发展迅速，在现代运输中发挥着重要作用。

（一）水路运输的优缺点

1. 水路运输的优点

（1）投资少。水路运输可以利用天然水道，基本建设投资少，其每公里投资仅相当于公路建设和管道铺设所需投资的 10%，仅相当于铁路建设投资的 4%。与其他运输方式相比，水路运输对货物的载运和装卸要求不高，因而占用土地较小。

（2）载运量大，航道通过能力强，发展潜力大。船舶的最大载运量为几十万吨。一艘万吨级的轮船载运量相当于 3~6 列火车的载运量。随着各种专用船、兼用船、多用途船、集装箱船和滚装船等新型船舶的出现和发展，水路运输的运输能力有新的提高。

海运航道的通过能力强是其最突出的特点，如马六甲海峡可供 20 万吨级的巨轮通过，内河航道的通过能力虽然不及海运航道，但也十分巨大。我国长江下游，运能几乎不受限制。

（3）运输成本低，节省能源。水路运输是各种运输方式中成本最低的一种，尤其是对于大宗货物的长距离运输，成本更低。水路运输消耗单位功率、单位燃料、材料、单位劳动力所获得的载运量高于铁路、公路和航空运输。水路运输在完成较大载运量的同时也节省了能源。

2. 水路运输的缺点

（1）船舶平均航行速度较低。

（2）水路运输受自然条件影响大，特别是受气候条件影响较大，因而呈现较大的波动性和不平衡性。

（3）直达性差，一般需要与其他运输方式配合才能完成运输全过程。

根据水路运输的上述特点，水路运输的功能主要是：承担大批量货物，特别是集装箱运输；承担原料、半成品等散货运输，如建材、石油、煤炭、矿石、粮食的国际贸易运输，是国际贸易的主要运输方式之一。

（二）水路运输的固定运输设施成本

水路运输涉及两种固定运输设施，即改善的航道与港口固定运输设施。海运业一般只使用港口设施，而内河运输与航道改善的关系也十分密切。水路运输是固定运输设施成本比例最高的运输方式之一，然而，由于政府在这方面的开支带有补贴性质，海运公司并不需要全部支付这些固定运输设施成本。因此实际情况是轮船公司的固定运输设施成本比航空公司还要低一些，当然固定运输设施成本的比例在不同水域及航线上是有差别的。

港口固定运输设施开支包括码头设施、装卸设备和存储场地的费用。在装卸船领域的技术进步，特别是杂件货向集装箱化转变，使得现代港口对港口仓房的需要下降，而同时对专用装卸设备和存储场地方面的需要增加，这又使得港口从过去地处城市中心地带逐渐迁往距离城市中心较远的地区。与航空业中机场与航空公司订立长期合同类似，港口当局也与各类轮船公司订立长期合同出租港口的码头和场地，并收取相应的费用。轮船公司要尽可能多地控制运输过程。相比之下，深吃水船舶对港口固定运输设施的要求多些，有资料表明港口费用约占远洋海运输成本的15%，约占沿海船舶运输总成本的12%。总体来看，水路运输的固定运输设施成本比例低于铁路运输，高于公路和航空运输。

（三）水路运输的船舶成本

在美国共有四种不同的水路运输形式，它们各自使用不同的船舶，也有各自的成本结构。这四种水路运输形式是：远洋海运、沿海海运、内河水路运输和大湖及圣劳伦斯水道航运，其中内河水路运输使用的是浅吃水船舶，而另外三种水路运输都基本上使用深吃水船舶。虽然各种水路运输的共同优势都是载重量大和能耗低，但每一种船舶的拥有成本还是有区别的。

远洋船舶一般都是为了特定航线和运输种类的船主专门建造的，每艘船的造价一般都在几千万美元以上，由于每一艘船都是专门建造的，因此轮船公司可以要求轮船的尺寸和用途都正好符合特定的运输需要。大型船只平均每吨位的建造和运营成本都低于小型船只。船舶建造成本的规模经济服从这样的原理，即载运能力由吨位决定，而造价则基本上取决于船的表面积大小。还有分析认为船舶的建造成本大体符合三分之二定律，即船的吨位每增加一倍，其建造费用只相应增加三分之二。虽然大型船只在单位造价方面具有优势，但大型船只在运营方面也存在一些问题，特别是特大船将会延长其在港所需的装卸时间及减少航行的频率。此外，新造船吨位还受当时燃油价格和设计船速等因素的影响。

船舶的使用寿命很长，而且有时难以预计，这一点与小汽车有很大差别。定造新船的时候一般都估计其使用期为 20 年，但很多船的实际使用寿命都大大超过了预估。远洋船舶的使用寿命长，市场有很大的不确定性，这使得所用的船舶和船队的价值经常发生变化，而且可能偏离起初的购买价值。例如，当某类国际货运海运需求旺盛时，对相应船舶的竞价就会提高，而当需求下降时，过多的运力又会使船舶使用的机会成本贬损，因此拥有远洋船舶的机会成本相对于船舶的折旧费更加重要，它是由对船舶的需求状况决定的。

表 4-6 列出了三种远洋干散货船的年费用计算。到目前为止，远洋船舶的最大开支是买船贷款还本付息的资本费用，从表中可以看到，这三种船的建造费占总成本的比例范围为 44%~69%。此外，还有些维护和保险费用也应该属于船舶拥有成本。因此，远洋干散货船在所有运输方式中是载运工具拥有成本比例最高的。

表 4-6　三种远洋干散货船的年费用计算表

船舶类型及费用和消耗			
船舶吨位/吨	25 000	65 000	120 000
船舶建造费/美元	1.7×10^7	3.17×10^7	5.9×10^7
载运货物	谷物	煤炭	铁矿石
起始地	北美	北美	巴西
终到地	日本	日本	鹿特丹
航行距离/英里	14 400	13 000	10 000
单程航行天数	44	41	31
单程在港天数	8	6	6
年航行次数	6.7	7.4	9.5
单程燃油消耗量/吨	960	1 220	1 480
成本费用计算			
人工费/美元	611 000	592 000	633 000
保养与维修/美元	465 000	592 000	745 000
保险费/美元	247 000	288 000	390 000
管理费/美元	131 000	128 000	150 000
燃油费/美元	1 140 675	1 576 200	2 382 125
年均资本费用/美元	2 100 000	4 438 000	9 436 000
年费用合计/美元	4 694 675	7 614 200	13 736 125

（四）水路运输的运营成本

根据 20 世纪 80 年代数据，国际航运公司的燃料和船舶运行成本占总成本的 34%~

39%，集装箱轮的港口成本占总成本的30%～35%，散货船的港口成本占总成本的比例则在20%以下。海洋运输的分类很像公路货运：游轮类似那些直驶目的地的大型专用卡车，不定期多港挂靠货轮像公路整车运输，而定期航线则与零担货运差不多。同样，对海运业规模经济的关注，也大多集中在定期航线上，它的规模经济主要来自相对频繁的航班能够吸引更多货流，也来自于能够提供足够大的运力。在北大西洋航线上，货主一般希望能够得到至少每周一班的服务，而要想提供这种频率的服务，轮船公司在该航线上至少要有3艘船舶投入运转。在20世纪70年代末期，要想进入美国—远东货运航线的市场，至少需要3.73亿美元，以购置5艘集装箱轮和必要的港口设备。这种规模经济的存在是近年在重要国际航线上逐渐形成寡头垄断市场结构的主要原因。

内河运输的规模经济受关注程度较小。有项研究表明，内河船队的规模经济不明显，也许是由于运输业规模经济主要体现在网络的定期服务上，内河运输比较类似于公路的合同运输，因此其规模经济确实不明显。

四、航空运输

（一）航空运输的优缺点

1. 航空运输的优点

（1）速度快。速度快是航空运输最突出的特点，喷气式飞机的速度可以达到600～900 km/h。由于飞机在空中较少受到自然地理条件的限制，因而飞机可以按直线飞行，达到运输距离最短。

（2）舒适性好。航空运输的舒适性表现在两个方面：一是航空运输时间短，旅途时间的缩短可给旅客带来舒适性；二是飞机的飞行高度较高，一般在10 000 m左右，不受低空气流的影响，飞行平稳。新型客机客舱宽敞，噪声小，并配有娱乐设备，舒适程度大大提高。

（3）安全性高。航空运输诞生初期，安全性较低，随着技术的进步，航空运输的安全性已大幅度提高。虽然航空运输发生安全事故的严重性最大，但按单位客运周转量或单位飞机时间死亡率来衡量，航空运输的安全性是很高的。

2. 航空运输的缺点

（1）成本、运输价格高。从经济方面来讲，航空运输的成本及运输价格均高于铁路运输、公路运输和水路运输，是一种价值较高的运输方式，因而在各种运输方式中占有的市场份额相对较小。

（2）受气候条件的限制。因为在保证安全的前提下，航空运输对飞行条件的要求很高，在一定程度上受到气候条件的限制，从而影响运输的准时性和正常性。

（3）可达性差。在通常情况下，航空运输难以实现客户的“门到门”运输，必须借助其他运输方式转运。

航空运输由于其特点，主要承担以下运输任务：①中、长途旅客运输，目前国际客运联系基本上依赖于航空运输，这对于对外开放、促进国际技术、经济合作与文化交流具有重要作用；②鲜活易腐等特种货物及价值较高或紧急物资的运输；③邮政运输；④多式联运。

（二）航空运输的固定运输设施成本

从理论上说，飞机可以在起讫地点之间做直线飞行，并不像铁路列车或公路车辆那样必须依赖固定线路，但实际上商用民航飞机是被限制在政府规定的空中通道中的，空中交通管制系统就像是为航空业建起了一个有规则的路网。因此，空中交通管制系统和用于飞机起降及登机转运服务的机场设施加在一起，就使得航空业在对固定运输设施的依赖方面比原先人们所预料的要大。但由于这些固定运输设施大多是由政府提供的，所以航空公司的固定运输设施成本比例并不算很高。

在美国，机场管理当局是非营利性机构，因此他们是根据自己的费用开支确定服务收费标准。大型机场在其航站服务楼方面的开支比例较大，而跑道的维护费用相对其建设费用来说却较小。根据近年来的数据，机场开支中28%被用于跑道和停机坪建设，航站楼包括停车场建设的开支占机场开支的57%，其余开支被用于飞机维修棚和其他场地建设。机场的总收入则分别来自飞机的起降费用、出租登机手续办理柜台、登机门和停车位的收入，而停车场收费、餐饮和其他特许经营的收费也是机场收入的重要来源。如果总收入不够弥补总开支，机场当局就可能提高飞机的起降收费标准以增加收入。

机场建设的债务合同一般都会在25~30年付清，这之后机场当局就不需要继续为其土地和建筑物付费，这样，机场所使用的土地价值不能正确地计算到机场的经济成本中去。如果考虑到通货膨胀等因素，土地和建筑物的成本实际上是在上升的，因此老机场显然会比新机场享有更低的成本优势。目前尚没有对机场经济成本实际低估程度的研究成果，但由于机场一般占用的都是区位很好的地点，这些土地如果转作工业或商业用地均能取得丰厚的收益，因此，机场土地的机会成本应该是远远高于其在会计账户上的价值。

航空业由于其比较低的固定运输设施成本和机场公营，应该是一个比较容易进入的行业，但实际上其进入难度比预想的要大，这其中的重要原因就是在机场建设租用方面，航空公司与机场之间的长期合同关系。航空公司与机场之间的关系不是零星和即时的市场交易，航空公司要与机场当局签订长期契约，以便固定地租用机场的登机手续办理柜台、登机门和候机场地。已有的航空公司无疑希望占有机场中最好的位置，并且希望在机场的扩建计划中为其航班取得更有力的竞争优势。而在一些能力比较紧张的机场，高峰期会出现跑道和登机门拥挤的状况，已有的航空公司在某种程度上也不希望扩大机场能力，以避免出现新的竞争者，现有航空公司在占据有利地位和影响机场当局的决策等方面，都使得新航空公司进入的难度增加了。

（三）航空运输的飞机成本

飞机可以根据发动机类型、座位数量或航程等不同标准进行分类。目前，美国航空公司的运营资产中飞机价值约占79%，其余是地面设备与建筑物价值。飞机的设备寿命一般为20~30年，但有不少型号较老的飞机在超过该期限之后仍在使用。由于安全方面的原因，飞机的超期使用是有争议的，欧洲国家在这方面的限制比较严格一些。表4-7是1996年若干商用飞机的价值与飞行成本。现代大型飞机的折旧和利息成本占飞机飞行总成本的1/3，而小型飞机由于相对燃油和人工成本更高，所以飞机拥有成本占总成本的比例要低一些。从表 4-7 中还可以看出小型飞机每年的飞行时间要少于大型飞机。

表 4-7　1996 年若干商用飞机的价值与飞行成本

飞机型号与制造年份	飞机价值/百万美元	年飞行小时	每飞行小时摊到的折旧与利息成本/美元	每飞行小时的直接运营成本/美元	飞机拥有成本占总成本的比例/%
767-300（1991）	55.3	4 655	1 396	3 083	31
MD-11（1995）	90.1	4 635	2 071	4 397	32
747-400（1992）	105.0	4 950	2 267	6 603	34
737-300（1990）	23.9	3 895	916	1 830	33
727-200A（1978）	2.5	3 155	123	2 231	5
A320-200（1992）	33.1	4 012	399	1 900	17
Brasilia（1991）	4.7	3 181	185	514	26
MetroIIIA（1986）	1.0	2 812	43	531	8
Dash8-100（1992）	6.0	3 032	283	851	25

（四）航空运输的运营成本

根据表 4-8 的数据，美国航空业的飞机飞行费占总成本的 28%。飞机飞行费包括飞机驾驶员的工资和燃油费，但不包括旅客空中服务费。

表 4-8　1994 年美国航空公司运营支出分类

支出分类	支出额/百万美元	占总成本的比例/%
飞机飞行费	17 701	28
飞机维护费	7 169	11
旅客空中服务费	5 307	8
飞机和其他地面服务费	10 362	17
市场营销费	9 782	16
折旧与银行还贷	3 750	6
管理费	8 902	14
总运营支出	62 974	100

飞机飞行费中占比最大的是燃油费。在过去 20 年间，燃油费的比例经历了巨大的变化：从起初的 12%上升到近 30%，然后又再次下降到 12%左右。虽然在这一过程中飞机已经变得越来越省油，但燃油价格的巨幅涨落使得飞机飞行费成为航空业总成本中最不确定的部分。

飞机驾驶员的工资在某种程度上取决于航空公司与工会谈判的结果，在整个 20 世纪 80 年代，飞机驾驶员的工资是下降的。飞机驾驶员工资和燃油费的同时下降，使得最近 10 年间飞机飞行费占总成本的比例从 39%降至 28%。飞机维护费大约占总成本的 11%。还有相当大比例的成本被飞机和其他地面服务费及管理费等占用了。

旅客空中服务是为了使旅客在飞行途中感到舒适、安全和方便。从表 4-9 中的数据可以看到，美国航空业的旅客空中服务开支占总成本的 8%，这主要是由空姐工资和旅客的空中饮食开支组成。这些费用与飞机飞行费的差别主要在于，如果飞机不载客飞行，旅客空中服务费就可以节省，机上旅客数量的多少也在一定程度上决定了开支的大小。直接的旅客空中服务费大约是每旅客英里 1.4 美分。还有一些费用也在一定程度上随旅客数量变化，例如机内清洁费、行李搬运费、登机口费、确认机票费和市场营销费等。飞机和其他地面服务费约占总成本的 17%，而市场营销费约占 16%，这两者加起来为 33%，把这些发生在地面的旅客服务费与旅客空中服务费加总在一起有 41%，大体上与飞机飞行成本持平。

以上是与公路货运中零担运输十分相似的民航固定航班成本结构，而航空业中与公路整车货运相近的是包机服务。包机由于较高的客座率和节省大量地面开支，因而可以提供比固定航班更廉价的飞行服务。表 4-9 是计划开通一次伦敦至新加坡包机飞行的成本结构。由于该飞机是长途飞行，因此燃油费所占比例较高。由于只需要很少的订票成本和其他地面服务，因此间接旅客服务费几乎可以忽略。此外，飞机是租赁的，因此支出中包括了飞机租赁费。在这次包机飞行中，飞机飞行费（包括燃油费、飞机驾驶员工资和其他飞行费用）占 51.5%，如果加上飞机维护费，则为 72.3%，旅客服务费用占 6.2%。与固定航班相比，显然包机的飞行成本比例更大，而直接或间接的旅客费用则低得多。

表 4-9 伦敦至新加坡包机飞行的计划支出比例

支出分类	百分比/%	支出分类	百分比/%
燃油费	42.8	工资	5.7
飞机租赁费	11.6	旅客服务费	6.2
保险费	4.2	管理费和其他	5.8
飞机维护费	20.8	总运营支出	100.0
其他飞行费用	3.0		

在实施放松管制以后，航空公司的航线结构都开始从过去两两城市之间直飞的城市对结构转变到通过地区枢纽中转的轴辐结构，以便通过网络经济提高飞行的客座率。包机飞行的旅客人英里成本比较低，原因就在于它可以直接根据准确的需求安排航班，如果需求不足，甚至可以取消飞行。这样，飞行的客座率往往可以接近 100%，大大高于固定航班的平均水平 65%。显然，较高的客座率和较低的订票成本确保了包机服务的低运营成本。

航空业在密度经济方面表现十分明显，而在幅员范围方面也有一定的经济性，这与铁路的情况很相似。有研究成果表明，民航航班飞行距离每增加 1%，可以导致运营成本下降 0.148%，而客座率每提高 1 个百分点，则会导致运营成本下降 2.64%。因此经济学家们认为，大型航空公司可能确实是通过提高客座率和延长航线距离实现了自己的规模经济。

然而在航空业中确实也存在小型航空公司的生存余地。小型航空公司的生存能力，似乎不在于其网络优势，有分析说二手飞机的低廉价格与合理航线的开拓是其成功的主要原因。

五、管道运输

管道运输是利用管道，通过一定的压力差完成液体或气体货物运输的一种运输方式。

（一）管道运输的优缺点

1. 管道运输的优点

（1）运量大。一条输油管线可以源源不断地完成输送任务。根据其管径大小的不同，其每年的运输量可达数百万吨到几千万吨，甚至超过亿吨。例如，一条直径为 720 mm 的输油管道，每年可输送石油 200 万吨以上，而一条直径为 1 220 mm 的输油管道，年输油量可达 1 亿吨以上。

（2）占地少。运输管道通常埋于地下，其占用的土地很少。运输系统的建设实践证明，运输管道埋藏于地下的部分占管道总长度的 95%以上，因而对土地的永久占用比例很小，相当于公路的 3%，铁路的 10%左右。

（3）建设周期短、费用低。国内外交通运输系统建设的大量实践表明，管道运输系统的建设周期与相同载运量的铁路建设周期相比，一般来说要短 1/3 以上。统计资料表明，管道建设费用比铁路建设费用低 40%左右。

（4）安全可靠、连续性强。由于石油天然气易爆、易燃、易挥发、易泄漏，采用管道运输方式，既安全，又可以大大减少挥发损耗。同时，由于泄漏导致的对空气、水和土壤的污染也可大大减少。由于管道埋藏在地下，管道运输过程受气候条件影响小，因此可以确保运输系统长期稳定运行。

（5）耗能少、成本低、效益好。管道运输在大量运输时的运输成本与水路运输接近，因此，在无水的条件下管道运输是一种最节能的运输方式。管道运输是一种连续工程，运输系统不存在空载，因而系统的运输效率高。理论分析和实践经验已证明，管道口径越大，运输距离越远，载运量越大，运输成本就越低。

2. 管道运输的缺点

管道运输不如其他运输方式灵活，承运的货物品类比较单一，不容易随便扩展管线，除了专用管线外，一般要与铁路运输、公路运输和水路运输配合才能完成全程运输任务。

管道运输的上述特点，使得管道运输主要承担单向、定点、量大的流体状货物运输。另外，在管道中利用容器包装运送固态货物（如粮食、砂石等）也具有良好的发展前景。

（二）管道运输的固定运输设施成本

管道是不需要移动载运设备的运输方式，它用固定运输设施直接提供货运服务，除了少数例外，管道主要用于运送三类货物：天然气、原油和成品油（主要是汽油和柴油）。运输经济学中很多有意义和重要的问题都与固定运输设施和移动载运设备之间的关系有关，因此管道运输这种不拥有移动载运设备，而且经常在油气生产、运输和市场销售几方面实现一体化的运输方式，往往没有引起运输经济学家们的更多关注。管道运输成本主要由建设费用组成，其建设费用大体可分为管道材料费用、相关设备费用及劳动力费用几大部分，土地费用在管道运输成本中只占很小的比例（约建设费用的3%），原因是管道一般埋在地下，管道铺设完毕后，其上面的土地还可以恢复原先的用途。管道的建设费用随管道口径、长度和沿线的坡度不同而定。一般大口径管道的造价要高一些，但造价增加的幅度不是成比例的，而是长距离管道的单位成本要低于短距离管道。在需求数量足够大的情况下，建设大口径管道的单位成本具有明显优势。

案例

铁路运输业的规模报酬

20世纪以后，铁路运输尽管碰到不少资金问题，但仍不断发展。规模对铁路运输业有无影响？为什么铁路仍很难与其他形式的运输进行竞争？我们可以从铁路运输的经济分析中来寻找这些问题的答案。

要研究是否存在规模经济效应，需要一系列的指标。可以用运输密度来度量投入，它指的是一条特定线路上每单位时间内铁路可以承运的货运吨数。产出以沿着该线路在特定时间内运输的货物总重量计。我们要问，产出与投入之间的规模报酬关系如何？起初，我们以为会有规模报酬递增的效应，因为在运输力度增加后，铁路管理部门可以统筹规划，制定出适宜的、富有效率的运输方案。但是，当运输密度的增加超过一定值后，会出现规模报酬递减，因为超负荷运输量已多得难以规划，运输速度也将有所下降。

大量研究表明，在运输密度值较小时，存在报酬递增，但超过某一值后（这一点成为有效密度），会出现报酬递减。这种现象只有在运输密度值很大时才会出现。例如，某一研究称，在一个线路上，在运输密度达到年运量8万~10万吨以前，都会呈现出报酬递增。为了说明这些数据的实际重要性，在表4-10中列出美国主要铁路干线的运输密度，一些干线，如科罗拉多南线和联合太平洋已经达到或超过最佳效率规模（在这点上规模报酬递增现象消失了），还有很多铁路上的运输密度要低于此值。

表4-10　美国主要铁路干线的运输密度

线路	AT与SF	巴尔的摩与俄亥俄	伯灵顿北线	芝加哥和西北线	科罗拉多南线	福德华斯与丹佛	堪萨斯南线	密苏里太平洋	南太平洋	联合太平洋	西太平洋
密度	6.03	4.46	6.11	3.10	10.66	6.55	5.96	5.01	5.35	7.87	3.20

既然大多数公司都没有达到规模最佳，说明其进一步增长还是有优势的。确实，与密度相关的规模经济已成为解释近年来北伯灵顿铁路公司与艾奇森、托派克与圣德菲铁路公司及联合太平洋铁路公司收购芝加哥-西北铁路公司的重要的效率依据。

（来源：平狄克，鲁宾费尔德．微观经济学［M］．4版，北京：中国人民大学出版社，2000：174-175.）

服务的集群

我们经常看到公路上有一连串的公交车，或者飞往同一目的地的飞机在同一时间集中起飞。在公交车的例子中，这种现象可能是由于交通状况不允许公交车按照理论上间隔固定的时间表来运行造成的（由于需要经常停靠并且相对缺乏灵活性）。但在很多情况下，集群及类似的服务特征，却是由于服务提供者的故意行为造成的，这可能是因为需求在这一天的某些时段达到高峰，在高峰期消费者愿意为这种运输工具的集群付费。这一结论也可以用来解释为什么在某些时间机场、火车站及其他的场站会有大量的出租车等待。但是，供给的本质及提供的产品的本质也可能在某些情况下，集群不受欢迎。

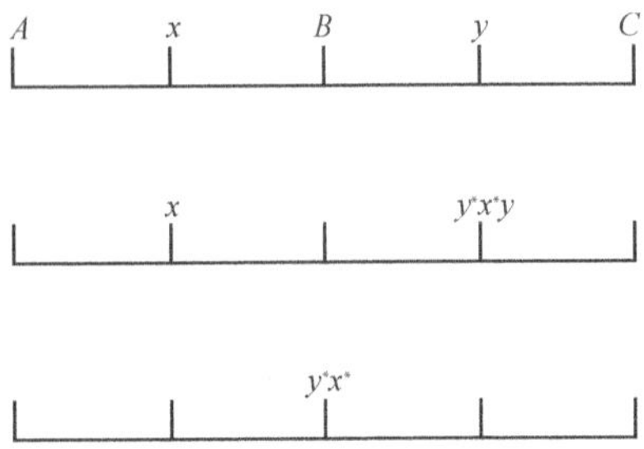

图 4-11 运输服务的集群

对这种现象及所产生的成本的解释，可以追溯到75年前的研究。虽然当时的分析主要用于解释公司的区别选择及为什么在生产者数量有限的市场中（今天称其为垄断），制造商倾向于生产相似的产品。但这一研究与运输服务的集群有相关性。具体的分析解释请参考图 4-11。

图 4-11 中，$A-B-C$ 之间的距离代表 10 分钟的间隔。如果潜在的乘客连续并且均衡地到达，这种客流就可以用 A，B，C 之间的直线表示。引入两家公交车公司 x 和 y，它们的票价完全相同并且都有无限的载客能力。因此，乘坐哪家公司的公交车对乘客来说都没有差别的。起初，两家公交公司的发车间隔都是 20 分钟，每家公交公司都是按照时间先后在中途提供座位。因此，乘客的平均等待时间是 5 分钟。如果有人恰好错过了 x 公司的车而不得不等待 y 公司的车，那么他的等待时间为 10 分钟，但有人正好赶上了 y 公司的车，那么他就无须等待。这虽然是一种理想的情形，但却不是一种均衡状态，因为两家公交公司会受到激励而重新制定发车时间表。例如，x 公司可能安排其发车时间正好在 y 公司之前，假设在 x^* 点，这就会使 x 公司抢走几乎所有等待 y 公司车辆的乘客。y 公司为了继续营业，将会调整其发车时间到 y^* 点，从而抢走几乎所有等待 x^* 这班车的乘客。直到两家公交公司的发车时间一致——在 x^* 和 y^*，这种调整才会结束。

这是一种均衡状态，因为两家公交公司都没有动机去调整自身的服务，改变将意味着自身乘客数量的减少。然而，从乘客的角度来看，这却不是最优的，因为现在乘客的平均等待时间是 10 分钟——错过 x 公司的公交车意味着再过 20 分钟才能等到 x 公司和 y 公司的车，而那些刚好赶上车的人则无须等待。

两家服务供给者之间存在共同成本及他们之间竞争的本质给潜在的公交车使用者带来的外部成本。有记录显示，20 世纪早期，有的公交车公司就是按照类似的方式运营的。例如，有的公交车在某些站点会漏掉一些乘客，以便赶在另一家公司的公交车的前面，从而在之后的路段上获得更多的乘客。实际中，由于乘客不是按照相等的时间间隔到达的，并且乘客会与公交车公司展开博弈使自己的等待时间最小，所以较长的等待时间引起的福利损失程度有可能会被消除。此外，当有两家以上的公交车公司在复杂的服务网络上运营时，这种均衡状态也会被打破。

第五章 运输定价

第一节 运输定价的基本原理

经济学中，不同的市场类型（如完全竞争、垄断竞争、寡头垄断、完全垄断），适用不同的定价方法，根据预期目标制定最优的定价策略。定价很大程度上取决于市场上供需双方市场势力的对比，供需双方的市场势力受市场结构的影响。当供给者处在高度竞争的市场中时，该运输市场是不能控制价格的，价格由市场决定；反之，在另一种极端情况下，即市场上只有一个垄断的供给者和大量消费者时，该运输企业可以在很大程度上操控价格，但如果它要设立过高的价格，必须考虑到交易量和净收益的损失。在这两种极端情况之间的市场中，市场的参与方相互博弈，以消费者剩余或利润的方式努力为自己争得最大的利润。

一、边际成本定价和次优定价

经济学中基本的定价方法为边际成本定价，在运输活动中，边际成本定价也是最为有效的定价方法。边际成本定价的本质是指运输服务的边际收益（以需求曲线表示）等于边际成本。但在运输业中，采用边际成本定价很难收回固定成本，由于运输业固定成本所占比例很高，因此，边际成本定价不能完全适用于运输业，运输业中还需要用到其他的定价方法。

由于边际成本定价无法完全弥补固定成本，因此次优定价的基本原理是定价偏离边际成本的程度相同。假设经济系统中只有公路运输和铁路运输两种运输方式，并且公路运输是垄断性的，两种运输的运费高于提供服务的边际成本，且高于边际成本的程度相同，其实就是一种次优的选择。次优困境的公式为

$$(p_1 - \mathrm{mc}_1)/\mathrm{mc}_1 = (p_2 - \mathrm{mc}_2)/\mathrm{mc}_2$$

其中，p_1和p_2分别代表两种运输方式的定价，而mc_1和mc_2代表两种运输方式的边际成本。

上式的原理是，它使两种运输方式的吸引力相等。现实中的情况会更复杂。次优定价可以确保运输组合的最优，但经济系统中的其他价格仍存在问题。

“次优理论”是1956年由经济学家R. G. Lipsey和K. Lancaster创立的。“次优理论”是指在一般均衡体系中，如果存在某些情况，使得帕累托最优的某个条件遭到破坏，那么剩余的所有条件所能达到的最优结果即为次优。西方经济学者认为受公共物品（如公路）、

外部效应（如污染）及垄断等因素的影响，最优的资源配置很难达到，可以通过运用合适的经济政策使其接近最优状态。

二、联合成本定价：返程定价

返程定价是运输活动中极具特色的定价方法。我们可以分两种情形：返程运量充足和返程运量不足。

（一）返程运量充足时的情形

在这里以甲、乙两个港口之间的集装箱海运为例，假定甲港口到乙港口是主要运输方向，货物是计算机零部件，而乙港口到甲港口的返程货物主要是废旧纸，分析过程可以见图 5-1。图中横坐标轴表示两港口之间的集装箱航班数，纵坐标轴是每个航程的运输价格。D_{main}和D_{back}分别是主要运输方向和返程方向的运输需求曲线，由于返程方向的货物可以利用主要运输方向货物卸空后的集装箱和轮船舱位，因此可以把这两条需求曲线在纵方向上叠加成为对集装箱轮循环往返的总运输需求曲线D_{total}。图 5-1 中表明一个循环周期船舶租金加运费的水平直线，这条船舶的使用机会成本曲线，水平直线是甲、乙两港口之间的运输供给曲线。形成载运工具一次循环的两个运程是联合产品，因为满载方向的运输不可避免会引起船舶回程的需要。图中总运输需求曲线上有一个拐点，该点对应着回程方向运输价格为零时的运输需求量，即q^*；当航班数小于q^*，两个运输方向都有为正值的运输价格水平。而船舶租用费水平由船舶租赁市场上的需求与供给状况决定。

在图 5-1 中，航班数的均衡数量是x^*，它是由甲港口到乙港口主要运输方向上的运输价格水平P_{main}和乙港口到甲港口返程方向上的运输价格水平P_{back}共同决定的。在这一均衡水平的运输价格与航班数使有关各方的利益都得到满足，即主要运输方向的客户需求在他们愿意接受的运输价格上得到满足，回程方向的客户需求也在他们可以接受的运输价格上得到满足，市场力量会自动地使主要运输方向的运输价格水平高于返程方向，这是有效率的运输价格。因为如果返程方向上的运输价格水平被拉到与主要运输方向相同，就会出现空返增加、运力浪费的情况。

（二）返程运量不足时的情形

当然在现实中，返程运量不足的情况也是很常见的，我们用图 5-2 继续进行分析。该图与图 5-1 的区别是返程运量很少，该方向上的运输需求小到回程方向上的运输价格为零时，其运输需求量q^*仍小于均衡数量x^*。在图 5-2 中我们看到运量不平衡，返程船只多数不能满载，有些甚至只能空返。这种情况一旦出现，那么船只一个循环的全程成本就需要由主要运输方向来承担，而不管回程方向是否搭载了部分货物。这种定价方法被称作“重载方向定价”。由于多个承运人会竞相压低运输价格以承揽那些数量有限的回程货物，因此回程方向上的运输价格只能定得很低，这时候对航运公司来说，运输价格再低也比空载更合算。人们还可以举出城市轨道交通每天都会有两次运输高峰期的例子，其运量在方向上已明显地出现不平衡，早上是从市郊住宅区到市中心工作的客流，下午则是从市中心返回市郊住宅区的客流，一些城市的轨道客运公司就自然地让重车方向的乘客票价能够同时抵偿重空车两方向的成本。又如，计程出租车对某些前往偏远地区的乘客也会加收回程车费。

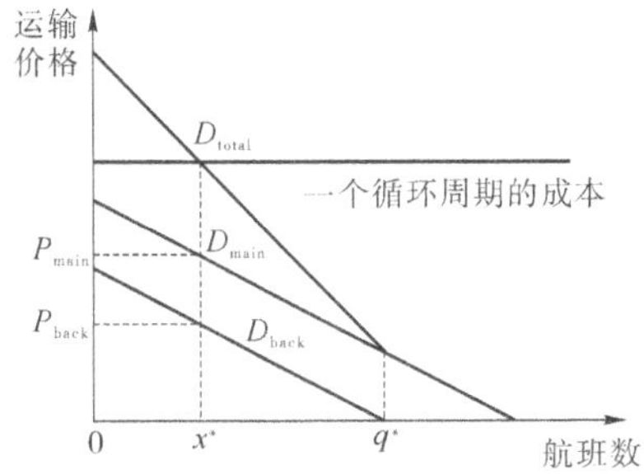

图 5-1 返程运量充足的运输价格

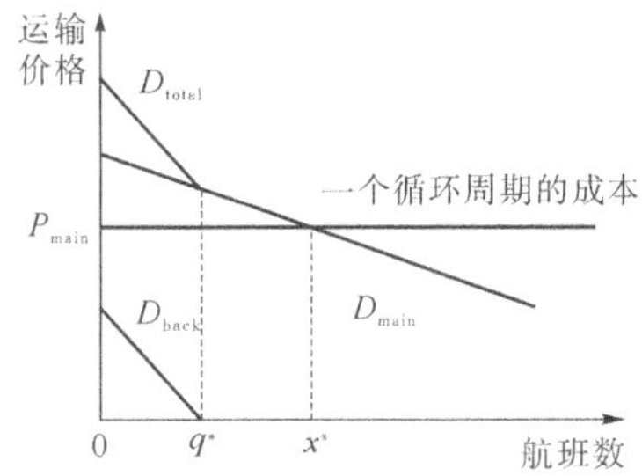

图 5-2 返程运量不足的运输价格

三、均衡里程运价

均衡里程运价是指对同一货种而言，不论其运输距离的长短，每吨公里运价均为一不变值。

公路货物运价常采用均衡里程运价形式，主要是因为公路货物运输成本的变化与距离的变化有内在的联系，即其运输成本的增加（或减少）与运输距离的增加（或减少）基本成正比。因此，均衡里程运价能较好地反映运输成本的变化。

公路货物的运营成本由三部分组成：始发地作业成本、途中行驶成本和终到地作业成本。由于汽车的装载量一般都比较小，始发地作业成本占全部运输成本的比例很小，在长途运输中尤其如此。而在全部运输成本中占绝大部分的途中行驶成本，诸如燃料消耗、折旧费、人员工资、管理费用、保险费、税费等与运输时间的长短基本成正比关系。而同一辆汽车的运输速度是基本固定的。这样，运输距离的长短与运输时间的多少基本成正比关系。当然，在实际制定运价时，应考虑到短途运输中始发地、终到地作业成本的实际支出，另加一项“吨次费”作为公路货物运价的组成部分，它在基本运价中所占的比重很小。因此，公路货物运价基本上采用均衡里程运价形式。

四、递远递减运价

递远递减运价是指对同一货种而言，每吨公里货物运价随运输距离的增加而逐渐降低。所谓“递远递减”，是针对每吨公里运价随运输距离增加而相应减少而言的。

递远递减运价被广泛使用于我国水路运输（包括沿海和内河）和铁路运输中，这是由于水路、铁路运输方式的运营成本与运输距离之间的变化关系同公路相比有较大的差别。

在公路运输中，货物在始发地、终到地的作业成本占全部运输成本的比重很小，因此每吨公里运输成本基本上不随运输距离的变化而改变。而在水路和铁路运输中，由于运输工具的载重量比汽车大得多，在始发地、终到地发生的作业成本也较大。例如，同样在港（站）停留 1 h，船舶和火车发生的成本比卡车大得多。因此，在分析单位运输成本因运输距离的变化而发生变化时，这部分费用不能忽略，在短途运输中尤其如此。由于无论在长距离或短距离运输中，若港（站）的作业条件一样，同一运输工具在始发地、终到地的作业成本没有改变，因此，随着运输距离的增加，每吨公里的停泊成本（发生在水路运输）或停驶成本（发生在铁路运输）会相应下降，最终也会使每吨公里运输成本下降。这就是通常所说的单位运输成本的“递远递减”。为使运价能适应运输成本随运输距离的变化关系，在水路和铁路运输中采用递远递减运价。

五、拥挤收费

（一）拥挤收费的原理和图形

在前面已经讨论过公路上小汽车数量过多，导致车速下降的情况。车的数量不应超过合理水平，否则车越多，车速越慢，成本上升也越快。有效率运输价格要求每一位道路的使用者都支付由其引起的边际成本。这意味着除了支付燃油费、维护费、车辆折旧和自己驾车时间的成本，新加入的驾驶人还应该承担他所引起的其他驾驶人的时间损失。这种损失并不是公路当局的实际花费，而是由于车速降低给社会带来的。拥挤收费可以抑制对道路的需求，因此能够减少车流量，提高车速，节约驾驶人的时间。

图 5-3 是在拥挤道路上征收拥挤费用的示意图。图中平均变动成本曲线（AVC）是根据汇总所有汽车的直接运行成本和时间成本，再除以车辆总数得出的。当发生拥挤时，车速放慢，平均变动成本开始上升，但平均变动成本曲线的位置低于上升更快的边际成本曲线（MC）。在不考虑拥挤收费的情况下，对每位驾驶人而言，价格就是图中需求曲线（D）与平均变动成本曲线（AVC）的交点 E 所决定的 p'，该价格对应的行车数量是 q'。最优的交通量 q^* 是由需求曲线（D）和边际成本曲线（MC）的交点决定的。q' 大于最优的交通量 q^*，这说明由于驾驶人没有按照边际成本支付价格，产生了无效率，导致过多资源投入而引起拥挤。拥挤费用是 MC 曲线与 AVC 曲线之间的差距。在交通量较少时，上述两曲线之间没有差距。但是当 MC 曲线在 AVC 曲线上方时，表明存在拥挤。如果用 D 曲线与 AVC 曲线相交来决定价格，就是没有考虑拥挤时的定价，确定的行车数量为 q'。考虑拥挤时的定价是用 D 曲线与 MC 曲线相交确定的价格，显然这时确定的行车数量 q^* 小于 q'。因此可以看出，采用拥挤费用可以减少行车数量。这时候的价格等于平均运行成本与拥挤费用之和，在这种交通量水平下，车速可以大大加快。图 5-4 为没有拥挤时的收费情形。

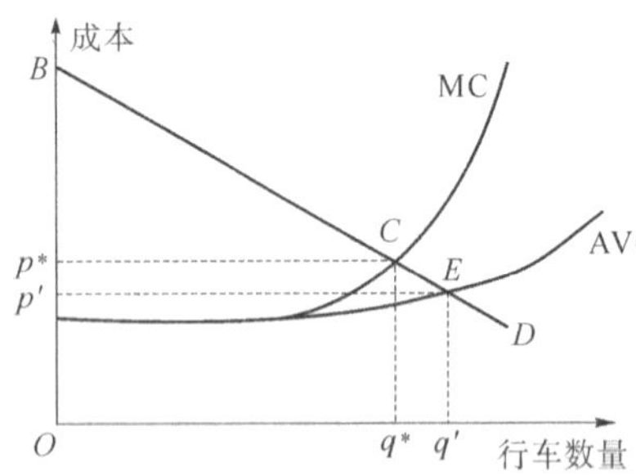

图 5-3　拥挤收费

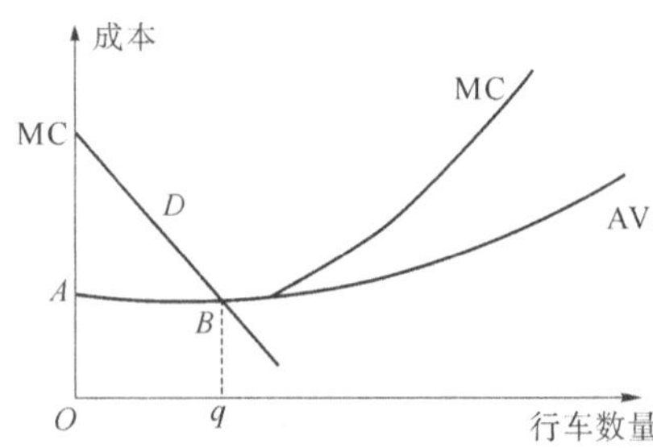

图 5-4　没有拥挤的收费

（二）拥挤收费的实际应用

在所有驾驶人中，那些对自己的时间价值估计最低的人，对交通拥挤的损失估计也最低，也最不愿意支付拥挤费用；而在不征收拥挤费用的情况下，这些人实际上又是最不怕堵在拥挤道路上的那些人。一旦开始征收拥挤费用，对时间价值估计较低的人就会因选择不交费而放弃在道路上占据空间，留下那些认为快速行驶十分重要的人，从而使该道路得到有效利用。

实行拥挤收费对机场也具有同样的作用，因为那样机场的跑道就可以由那些愿意多支付费用的飞机使用，以达到提高效率的目的。由于小型飞机特别是私人飞机一般不会像大型飞机那样有能力支付额外的跑道使用费，因此大型飞机就容易拥有在大型机场的每天最优时段起降的优先权，而机场不必非要修建新跑道才能达到提高旅客吞吐能力的目的。那些载客较少的商用飞机和私人飞机则会自动选择在非高峰期或其他非主要机场起降。

公路的拥挤收费比机场要复杂，需要设计能够准确衡量拥挤收费的系统，以便让驾驶人进行思考和选择，同时还要有方便收费的专门设施。对于不同时间和路段，拥挤收费应该根据拥挤状况的变化随时调整，所以传统的公路收费站难以适用于实行拥挤收费的目的，而且这些收费站自身往往占地，其用人和维护成本很大，其导致的排队交费常常就是增加道路拥挤的一个原因。因此有必要发展先进的电子系统，以便随时高效率地识别、记录现有车辆的情况，实现高效率收费并能普遍告知交通状况和价格信息。有了这样的系统，任何车辆只需要安装一个接收装置和一个专用电子标牌，就可以和道路上方或旁侧的设备共同实现车辆正常行驶中的各种信息传递，包括拥挤费用的核收。这样的系统在过去很难设计和实施，但在目前电子信息技术越来越发达的情况下，则已经有了实现的可能。新加坡对市区道路高峰期实行的一些拥挤收费措施已经取得部分成功，但也没能够做到根据不同时间、不同路段和不同方向的拥挤状况随时调整收费标准，因此这些拥挤收费措施仍然需要改进。此外，道路电子收费系统的使用有可能引起关于个人自由或隐私权的问题。在有些国家或地区，人们对电子收费系统可以全面记录车辆的时空位置而侵犯驾驶人的隐私权而表示抗议，因此这种系统可能还需要进行这方面的设计和调整。

关于道路拥挤收费可能恰恰损害了低收入者（最没有能力支付这种费用的人群）这一问题，有学者提出这并不难解决。一个最简单的办法是，每月向每一位有执照的驾驶人发放一张价值 100 美元的道路通行卡，这样，需要在拥挤时段使用道路的低收入者就没有增加支出，而道路通行卡又允许出售，那些收入低同时又愿意放弃在拥挤时段使用道路的人还可以出售该卡，结果是增加了他们的收入。

第二节 固定运输设施成本的分摊

一、均摊法

均摊法是一种最简单的平均计算方法，主要用在公路成本的分摊上，即把全年用于公路的所有开支总额除以上路的车辆总数。有人认为这种方法简单明了，也容易理解，但是不同的人在使用均摊法的时候，可能得出不同的结论。例如，有些人用上面说的车辆总数作除数，但有些人认为将轴数作除数更合理些，因为轴数多的大型车辆应该承担更多的道路成本，于是五轴的卡车就需要承担相当于小汽车 2.5 倍的道路成本，还有些人则认为车轮数最具代表性，于是 18 个车轮的重型卡车就需要承担相当于小汽车 4.5 倍的道路成本。另外，还有些人认为车的吨位应该更能说明问题，那么总重 80 000 磅的卡车应该承担相当于 4 000 磅的小汽车 20 倍的道路成本。

下面通过英国公路成本的分摊方法介绍均摊法的应用。从 1281 年开始，英国就对通过伦敦桥的车辆、行人和船只收费。1706 年，英国收费站信托机构开始建立，负责收费公路的筹资、建设维护与经营。英国的工业革命使得收费制得到较快的发展。到 1820 年为止，英国已拥有 32 000 公里的收费公路，年收入超过 125 万英镑。在美国，第一条由私人建造的收费公路于 1794 年在宾夕法尼亚建成并投入使用，公路全长 100 公里，建造成本 46 500 美元。19 世纪的澳大利亚具有与英国相类似的公路收费制度，到 1870 年，维多利亚州共建成收费亭 123 座，年收入 90 680 英镑。

公路建设资金的相对短缺是导致公路收费制度在 20 世纪又得以重新发展的根本原因。据国际路联统计，到 1995 年底，全世界高速公路共有 19.3 万公里，其中收费高速公路约占 25%。

欧盟认为，虽然并没有充分的理由认为支出与收入应当在总体上保持平衡，但是，每一类公路车辆或多或少承担起应承担的公路成本仍然是必要的。因此，把公路成本分摊给各种车辆仍然是很重要的。困难在于公路为多种交通工具（自行车、汽车、小型货车、重型货车及公共汽车等）提供公共服务，所以，准确地分摊边际成本绝非易事。英国交通部采用的分摊方法是对《公路成本研究》中提出方法的改进，这一方法试图将长期边际成本在不同的使用者之间进行大致的分配。美国从 20 世纪 80 年代以后才使用与此类似的方法。

英国公路成本的分摊方法是对高速公路、干线、主干线及其他线路四种标准道路进行了相关计算。总支出资本（由上一年度支出、本年度支出及下一年度的预计支出的平均值组成）的 15%直接按照车辆的最大重量和行驶距离的乘积在重型货车中进行了分配，理由是重型货车要求公路具备更高的工程设计标准。剩下的 85%按照汽车交通量单位公里进行分配，理由是资本支出是由运输网络运输能力需求的变化所决定的。

维护成本是根据一系列的特别计算方法来进行分配的，这些计算方法试图将各种成本项目（如重铺路面、修剪草坪、照明、路标、交通信号及排水等）与不同的车辆特性诸如质量大小、标准车轴数及车辆对道路的使用情况联系起来。成本受车辆特性影响程度的评价标准是根据交通工程师及从事相关研究的科学家的专家意见制定的，但治安维护及停车费等特殊项目单独加以考虑。

表 5-1 对 1989—1990 年英国不同种类的道路使用者应分摊的成本与其所支付的税收进行比较。每一种公路使用者所支付的税收都足以支付其应分摊的成本，这种情况在许多其他的工业国家中也很常见。不同的车辆类型亦是如此。例如，虽然所有的重型货车所支付的税收都超过了其应承担的公路道路成本，但其税收/成本值却差别很大，车轴数少的大型车辆的税收/成本值最低。如果这些大型车辆也产生较高的外部成本，那么这种税收/成本值显然是不合理的。

表 5-1　英国根据车辆类别分摊的税收/成本值（1989—1990 年）

车辆类型	税收/成本值	车辆类型	税收/成本值
汽车/轻型货车/出租车	3.4 : 1	车辆总重超过 3.5 t 的货车	1.3 : 1
摩托车	2.3 : 1	其他车辆	2.4 : 1
公共汽车与长途客车	1.1 : 1	全部车辆	2.6 : 1
车辆总重不足 3.5 t 的货车	3.1 : 1		

英国交通部的成本分摊方法受到了一些批判。巴顿从某种层面上提出，20 世纪 70 年代英国交通部的详细分摊标准对重型货车不利，因为：

（1）在资本成本分摊中过分强调车辆重量，而运输网络设计更多地取决于车辆速度；

（2）在计算中，默认公路网的规模是最佳的；

（3）用来衡量道路通车容量的“汽车交通量单位”可信性受到质疑；

（4）用“标准车轴”法来计算每个车辆对道路造成的损坏，这种方法认为车辆对道路的损坏程度之间是四次方的关系。

有证据表明，如果道路施工标准是按照重型货车行驶设计的，那么重型货车多分摊成本才是合理的。如果道路上不行驶重型货车，就没有必要采用更高的道路施工标准，也就是重型货车承担较高的成本。道路设计的标准可以只适用于汽车，同样由汽车承担施工成本。

二、互不补贴定价原理

互不补贴定价原理是指，运输设施的使用者群体应该补偿运输设施的全部成本。这里将某一运输活动的使用者作为一个群体来分析，而不是基于某一运输活动的使用个体。也就是说，不同种运输活动的群体共同分摊了全部运输设施成本。如果做不到这一点，那么肯定就会出现由其他人对他们提供补贴的情况。因此，从道理上讲，所有公路的使用者都应该支付公路的机会成本，而所有铁路的使用者也都应该支付铁路的机会成本。

但当一个使用者的整体恰好支付了运输实施的全部机会成本时，在该群体内部也会存在一部分人比另一部分人支付的多一些的情况，也就是说，在群体内部存在一部分人补贴另一部分人的现象。但是在这里，我们只把注意力集中在使用者的类别或群体上。一种价格结构如果做到了使任何一个使用者群体都不能通过取消其他使用者而使自己对运输系统的利用状况变得更好，那么就可以被叫作互不补贴定价。换一个说法则是，如果一个使用者群体需要支付的固定运输设施成本可以由于取消其他使用者群体而降低，那么前者就对后者实施了交叉补贴。也就是说，互不补贴的价格结构可以做到使每一个使用者群体至少要支付由他们引起的运输系统的增量成本。

可以举一个例子来说明互不补贴定价如何在运输设施的不同使用者之间分配有关的固定成本。图 5-5 所示的运输系统中包含 A、B、C 和 D 四个城镇，分别通过公路由 A 向 B 运送大米，由 B 向 D 运送小麦，由 A 向 D 运送玉米，由 A 向 C 运送小米，由 C 向 D 运送大麦。假设运量都是一个单位，运输距离和运输成本信息均见表 5-2。由图 5-5 可见，从 A 到 D 可以分别经由 B 和 C，但经由 B 的路途较短，因此运输成本也较低。还假定，目前道路上的运量适中，道路承载能力充足，即维护成本不随着运量的变化而变化。表 5-2 中 A 至 D 的玉米运输没有固定运输设施成本，因为这部分运输是后来才有的，它所使用的道路设施已经由于其他运输需要而事先存在并维护了。

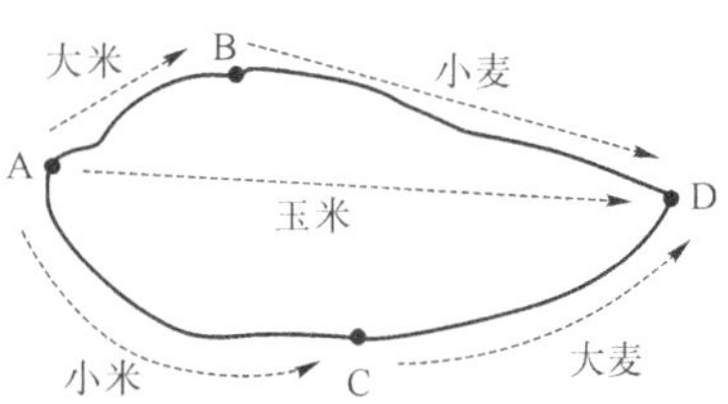

图 5-5　互不补贴定价的例子

表 5-2 运输距离和运输成本信息

运输方向	货物种类	运输距离/公里	可变运输成本/万美元	固定运输设施成本（分摊前）/万美元	固定运输设施成本（分摊后）/万美元
A 至 B	大米	3	3	3	—
B 至 D	小麦	12	12	12	$7+a$
A 至 D（经 B）	玉米	15	15	—	$1+b$
A 至 C	小米	10	10	10	10
C 至 D	大麦	10	10	10	10

注：$a+b=4$。

为了有效地分摊固定运输设施成本，互不补贴定价原理要求找出引起成本的运输使用者。该原理不注意那些如果被取消却并不会导致固定运输设施成本减少了的运输，但如果某项运输的取消会导致有关运输设施被废弃，那么该设施的费用就可判定是由这项运输的使用者所引起的。根据这种标准，南线由 A 到 C 和 C 到 D 的道路固定成本应该分别归属小米和大麦的运输。

然而，北线道路的情况就复杂得多了，因为 A 到 C 部分由大米和玉米共同使用，C 到 D 部分由小麦和玉米共同使用。按照互不补贴定价的标准，每个或每组使用者应该负担自己所引起的成本，我们可以考虑几种情况：

（1）现在假设把小麦的运输从系统中取消，那么把由 B 到 D 的道路废弃掉在经济上是合理的，因为这会导致由 A 运至 D 的玉米改成南线运输，其可变运输成本虽然从原来的 15 万美元上升到 20 万美元，增加了 5 万美元，但系统的固定运输设施成本却可以因此减少 12 万美元。换句话说，有 7 万美元的成本可以断定是由小麦运输引起的，所以小麦运输至少应该承担 7 万美元的固定运输设施成本。

（2）如果取消大米的运输，A 到 B 的道路仍旧应该维持，因为玉米在这种情况下还是经由北线运输合理，不能产生节约，因此玉米运输应该承担这部分固定运输设施成本。

（3）如果把玉米运输从系统中取消，A 到 B 的道路仍旧应该维持，因为大米在这种情况下还是经由北线运输合理，因此大米运输应该承担这部分固定运输设施成本。这样，A 到 B 的道路成本可以由玉米和大米共同分摊。

（4）如果把玉米运输从系统中取消，将 B 到 D 的道路废弃在经济上是合理的，因为小麦从 B 到 D 的运输可以改为由 A 和 C 到 D，由于运输距离延长而增加的可变运输成本 11 万美元（3+10+10−12）仍然小于维持道路 B 至 D 的成本 12 万美元，结果有 1 万美元的成本可以断定是由玉米运输引起的，所以玉米运输至少应该承担 1 万美元的固定运输设施成本。显然，道路 B 至 D 的维护成本应该是由小麦和玉米共同分摊的。

但是有一点必须明确，即每一种运输所分摊到的固定运输设施成本不应该超过其单独使用该设施所应该承担的数量，即大米运输不超过 3 万美元，小麦运输不超过 12 万美元，玉米运输不超过 15 万美元。

互不补贴定价原理所决定的固定运输设施成本分摊方法，大大减少了由于多个使用者共同使用基础设施所导致的成本计算的不确定性和任意性。在上例中总共 35 万美元的固定运输设施成本中至少已经有 28 万美元得到了合理的分配，剩下的 7 万美元也可以通过在共同使用者之间进行分摊，因而最大限度地减少了交叉补贴。

互不补贴定价是有效率定价原则的扩大。与边际成本定价相比，互不补贴定价原理的使用条件放宽了一些，但它还是只能适合长期运输成本与短期运输成本的区别不是很清晰、固定成本与沉没成本的区别也不是很清晰的情况，并且它要求运输价格能随时根据交通量与基础设施能力的变化而调整，这种要求比较严格。所以，互不补贴定价仍然不能完全解决固定运输设施成本回收问题。此外，由于对运量的预测往往不能十分准确，运输能力对运量反应也往往显得迟钝，因此互不补贴定价原理的使用会有偏差。

三、价格歧视

运输行业初始投资大，固定资产投资大，平均固定成本远远大于平均可变成本，运营相当一段时间内，边际成本呈递减趋势。若企业采用边际成本定价，虽然可获得最大社会福利，但是会使自身利益受到损失。在图 5-6 中，假设某客运企业具有垄断性质，在建成初期，如果采用利润最大化的定价方法，即边际收益（MR）等于边际成本（MC），均衡价格为 P_{MR}；但如果采用边际成本定价（MC）与需求曲线（D）相交定价，均衡价格为 P_{MC}，该企业将会亏损，因为价格低于平均成本；如果采用平均成本曲线（AC）和需求曲线（D）相交定价，均衡价格为 P_{AC}，可做到收支平衡，但是，与边际成本定价相比，消费者的均衡数量减少了，也就是有 $q_{MC}-q_{AC}$ 数量的旅客因价格高于他们的支付意愿而不得不放弃乘车，社会福利被削弱了。

在这种情况下，采用边际成本定价的确有财务亏损，因此在全世界许多国家包括铁路、公路、地铁等公共交通部门都能够得到一定数量的政府补贴。如果想减少或避免政府补贴，较常用的方法就是政府允许他们采用价格歧视方法定价。

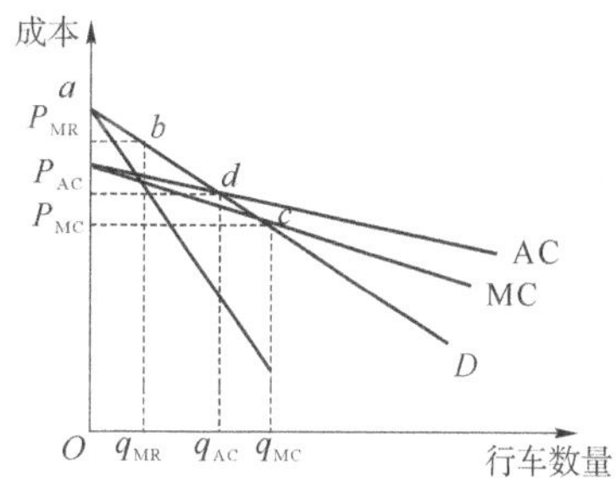

图 5-6 垄断条件下的定价分析

运输业历来因其具有自然垄断特点在定价上受到各国政府不同程度的管制。因此，运输业发展早期，价格歧视在一些国家是被禁止的。如 1887 年美国商务管理条例第二节中明确规定，任何公用承运人，直接或间接用任何特别运价、回扣、退款或者其他方法向自己的旅客或货运托运人收取报酬比其他做同样时间与业务的旅客或货运委托人较多或较少，将被认为犯有不公平差别待遇罪。随着各国对运输管制的放松，价格歧视的定价方法已逐渐被人们接受，但是只要在管制范围内，单纯追求企业利润最大化的商品行为依然受到各方面的限制。

从本质上来说，价格歧视就是收取“使用者愿意负担的费用”，即按支付意愿收费。现实运输业中，一级价格歧视往往是不可能做到的，常见的是二级价格歧视或三级价格歧视。前者是对用户分类分组定价，最常见的是按消费数量分类分别定价；后者是对各分市场分别定价，如航空公司对缺乏价格弹性的商务人员和富有价格弹性的闲适游客收取不同的费用。国际航运业对不同货物收取不等价的运费，同样也是价格歧视。

采用较高价格实现利润目标，以保证运输项目有投资来源（仅靠政府投资来推动运输业的发展是远远不够的)，但这样会导致实际社会福利减少。如能采用比较科学和有节制的价格歧视方法，不仅会有助于使供应商收回成本，同时还能留住享受这种服务的旅客或托运人。为了使这种方法得以实施并为人们所接受，供应商在收取差别运输价格的同时，应有意提供不同质量或多样化的服务。目前，市场细分已得到人们的认可，而供应商更是把“反对同质”当作更好为消费者服务的口号。市场细分导致高端服务的质量不断提升，激发了消费者的消费欲望。

四、拉姆齐定价法

拉姆齐定价法是拉姆齐于1927年提出来的，又称次优定价法，即在最优定价（边际成本定价）无法实行的情况下，采用次优方式分摊固定运输设施成本，具体地说，就是利用不同使用者群体的需求价格弹性差别作为分摊固定运输设施成本的基础。

根据拉姆齐定价法，每一个使用者群体都要支付一部分固定成本，其中需求弹性最小（也就是其他选择可能最少）的使用者群体承担的比例相对最大。拉姆齐指出，价格差（价格与边际费用的背离）应当与需求价格弹性成反比，即对需求价格弹性大的需求制定与边际费用背离幅度小的价格，对需求价格弹性小的需求制定与边际费用背离幅度大的价格。这样做的好处是对需求价格弹性大的需求缩小价格差，可以相对地减少需求量下降；对需求价格弹性小的需求加大价格差，又不至于引起需求量的大幅度减少。拉姆齐定价法的计算公式是

$$\frac{(P_1 - \mathrm{MC}) / P_1}{(P_2 - \mathrm{MC}) / P_2} = \frac{\varepsilon_2}{\varepsilon_1}$$

有观点认为拉姆齐定价法只能用于剩余固定运输设施成本的分担，即应该先利用互不补贴定价原理将固定运输设施成本的主要部分在不同使用者群体之间进行分摊，分摊不完的部分再使用拉姆齐定价法。如同市场细分一样，运输业在提供服务时，通常针对不同对象提供不同类型的服务（如航空运输中的头等舱和经济舱，铁路运输中的软卧和硬座）。与平均成本定价相比，拉姆齐定价是一种帕累托改进。

用效率定价、互不补贴定价和次优定价在不同使用者之间分摊固定运输设施成本的原理实际上也可以应用在更多的领域。例如，这些提供给多个使用者共用又会产生不可归依成本的飞机、船只或车辆，也不可避免地存在成本分摊的问题。成本的不可归依性问题在运输业的正常经营中常常发生在边际成本还处在小于平均成本的阶段上。例如，从甲地至乙地的100座客机在起飞之前的10 min仅仅乘坐了50位旅客，那么增加1位新旅客的边际成本应该是很小的：燃油成本几乎不会变化，装运行李可能多花一点时间，旅客登机和离机的时间会稍长一点，空姐的服务量会增加一点，空中用餐的人多了1位，仅此而已。如果按照效率定价的原理让价格等于边际成本，这最后一位旅客的票价均应该特别便宜。但如果继续增加旅客，每一位这样增加的旅客都只支付边际成本，航空公司还能通过航班的经营赚钱吗？对于这一问题，其产生的原因实际与前面分析的运输供给的不可分割性是相同的。如果飞机机座可以一个一个地增加，那航空公司就基本上可以通过合理安排飞机坐到没有空位，而每一位旅客所引起的边际成本也会比较接近，但这很难做到。

一般认为，飞机上旅客边际成本的变化存在一个关键点，在该点之前的边际成本相当

小；一旦超过该点，边际成本就会迅速上升，即边际成本快速上升发生在出现拥挤的时候。如果这时投入一架飞机，就会使边际成本立即下降。于是，如果按照边际成本的效率定价法售票，那么第101、201、301位旅客就非常倒霉，因为他们在前1位旅客只需要付10美元票价的时候，他们却可能要支付1万美元。实际上，这种分析并不完全正确。在航班的客座率接近百分之百的时候，首先，越来越拥挤的基础机舱使人开始感觉不舒服，不但上下飞机所需要的时间越来越长，使用机上卫生设施所需等待的时间也越来越长。其次，载客率越接近百分之百，旅客买不到自己最满意时间航班的机票的可能性越大，因而只能修改旅行计划，改乘其他时间的飞机，这也被称为时机延误。因此，航空公司需要估计每个时段的客流量，计划并公布航班时间，尽管航班数越密集，其客座率就可能越低，航空公司也不敢按照百分之百的客座率安排航班，因为这可能使较多旅客感到自己最满意的时间无法满足，更可能导致作为竞争者的其他公司趁机利用市场机会。

在客座率达到100%之前（大约在75%），边际成本开始上升，接近满员时，边际成本曲线上升很快，这是因为机内拥挤会造成机内旅客服务质量下降。在第一架飞机达到满员之前，航空公司投入了第二架飞机，边际成本也出现下降，反映了由于多航班带来的机内服务质量改善和实际延误损失的减少。

五、高峰定价法

高峰定价法是另一种用于不同使用者共同利用基础设施的成本分摊方法。高峰定价粗略地说就是对一天的不同时段制定不同的价格，它的基础是由于道路交通量在不同时段存在很大的差别，拥挤时段要根据明显上升的边际成本收取拥挤费用。在不拥挤时段，驾车的边际成本与平均变动成本相等，因此不收费。在拥挤时段，需求曲线与边际成本和平均变动成本有不同的交点，就应该开始收费了。

拥挤收费的一个典型例子就是高峰定价。大多数运输形式中，无论是客运还是货运，对其服务的需求都有高峰，而且这种高峰是有规律的。面对这种情况，困难的是如何确定一种价格模式，以同时满足保证运输基础设施得到最优的利用、为未来的投资政策提供指导、保证所有的相关成本得到补偿这三个条件。在短时间内会出现有规律的运输需求变化，而在这段时间里来不及对资本设备进行调节以保证价格一直等于长期边际成本。由于运输产品不能储存，为了使库存适应需求的变化，只能通过价格来调节需求。

其实，前面的联合成本也是一种高峰定价的情形。在一条运输线路上，当两个方向上的运输需求不平衡时，需求大的方向，边际成本较小；需求小的方向，边际成本较大，在两个方向上的运输需求一定的条件下，两个方向的运输价格必须能够补偿运输供应者的全部成本。同样，非高峰和高峰时段的运输价格，也必须能够补偿公共运输公司的全部成本。

高峰定价法的一个早期应用例子是英国在1970年夏季到1975年夏季在曼彻斯特萨福德区域实行的公交定价机制。高峰定价法的应用十分广泛，如1972年，英国希思罗机场在高峰时段征收跑道使用费。美国华盛顿等城市的地铁票价也采用了高峰定价法。20世纪90年代，欧洲租赁航空公司在定价中尝试了高峰定价法，应用于旅行需求模型中的季节性变动。

高峰问题最明显的是城市公共运输，大多数城市公共汽车车队的规模，取决于每天早晨和傍晚上下班的繁忙时刻对公共运输服务的需求。一般来说，在主要的高峰时段运送的乘客占全天运送乘客的一半以上。由于公共汽车的工作人员的数目取决于高峰时段的需要，不可能用一班人员应付每天出现两次的高峰，因此需要有两个班次或者采用间隔班，而后者给员工带来不便。通常要按照高峰时段的员工数量支付工资，上路员工的工资不随需求的变化而变化，因此可以是计算高峰和非高峰时段服务的联合成本。

其实高峰定价也可以理解为利用价格歧视来解决运输中的“高峰问题”。大多数运输形式，无论是货运还是客运，都存在服务需求的高峰问题，而且这种高峰存在一定的规律性。这是运输需求与供给的不平衡性特征。

高峰定价问题，首先会涉及供应方的成本分析。以经济学上讨论最多的城市公共客运为例，大多数城市公交公司车队的服务规模取决于每天早晚上下班的繁忙时刻对公共运输服务的需求。通常，在主要的高峰时段运送的乘客，占全天运送量的一半以上，这时用车数量是平时（不包括夜间）的 3~5 倍。例如，美国曼彻斯特为满足高峰时段需求，投入使用的公共汽车数是 1 090 辆，而中午时段只用 400 辆。由于公共汽车的工作人员数目取决于高峰时段的需要，所以应该认为这是一种联合成本。在英国的大多数公共汽车公司的总成本中，上路员工的工资约占 50%，他们的工资是不随需求而变动的，相对于高峰时段及非高峰时段的成本，两者保持固定的比例，因此可以是提供高峰时段和非高峰时段的联合成本，把高峰时段与非高峰时段的成本看成是同一个成本曲线 AC 和 MC。

此外，高峰定价问题还会涉及需求方的一些特征。假设非高峰时段的乘客需求为 D_F，高峰时段的乘客需求为 D_G，并且后者的价格弹性小于前者。这是因为高峰时段客流中以上下班乘客人群为主，他们对目的地和时间具有很高的要求，因此弹性较小；而平时的客流中有相当一部分是闲散购物观光者，乘什么车、到哪里、何时到达等弹性要大得多。为便于分析，暂且不考虑它们的交叉价格弹性。

1. 统一定价法

图 5-7 为统一定价的图形，均衡价格用 P_0表示。与非高峰时段的需求曲线（D_F）相交而决定的均衡数量为 Q_{F0}，与高峰时段的需求曲线（D_G）相交而决定的均衡数量为 Q_{G0}。非高峰时段，统一价格比平均成本曲线（AC）要低，因此，企业有亏损；高峰时段，统一价格比平均成本曲线（AC）要高，企业有盈利，如果高峰时段的盈利可以弥补非高峰时段的亏损，企业会实现盈亏平衡。但是，高峰时段运输量 Q_{G0}与非高峰时段运输量 Q_{F0}的差距大，会导致运输企业的驾驶人员数量和运输工具数量之间的差距增大，使用效率低下。因此这种方案导致了社会效率的浪费和社会福利的损失。

2. 高峰定价法

根据拉姆齐定价法则，高峰时段需求弹性小，可以采用较高的定价，即将运输价格从 P_0提高到 P_G（图 5-8）；非高峰时段需求弹性大，采用接近（略大）于 MC 的值为定价，即将运输价格从 P_0下降至 P_F。这样，非高峰时段运输量从 Q_{F0}增加的 Q_F，高峰时段运输量从 Q_{G0}下降到 Q_G，它们之间的差额从原来的 $Q_{G0}-Q_{F0}$缩小到 Q_G-Q_F。与平均定价相似，在收支平衡约束的条件下，因 P_F的下降造成非高峰时段更多的亏损，可通过高峰时段提价增加的利润来弥补。但是，由于高峰时段运输量 Q_G与非高峰时段运输量 Q_F的差距减少，运输企业的驾驶人员与运输工具匹配减少，社会经济效率大大提高。同时由于降低了高弹性市场的价格，在收支平衡的情况下，作为社会福利主要尺度的消费者剩余得以增加，社会福利也得到改善。

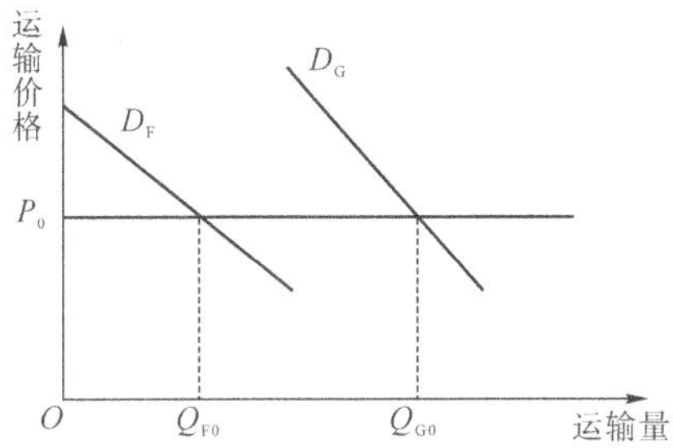

图 5-7 统一定价

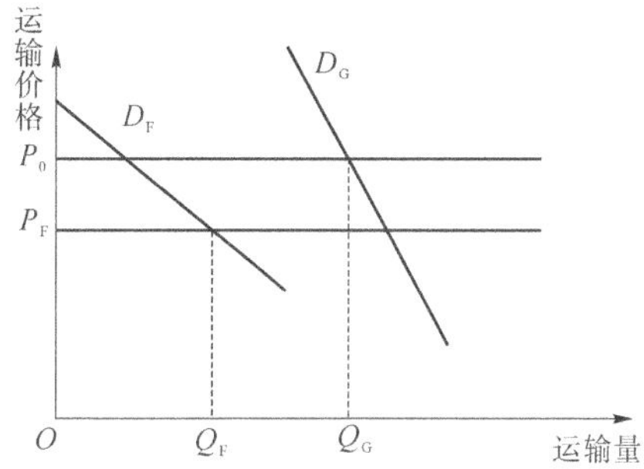

图 5-8 高峰定价

利用拉姆齐定价法则的高峰定价作为调节客流的一种杠杆，既能有效地控制高峰时段的运输需求，又有利于刺激非高峰时段的客运业务，这在欧洲许多国家都得到了较好的应用。我国目前普遍在春运等高峰时段采用价格上浮策略，也属高峰定价范畴。当前，我国运输基础设施建设中开始采用向社会和民间融资建造，建成后利用项目效益还贷的投融资建设方案。随着这种方法的推进，相信在城市公共交通中，包括公交客运、地铁、轻轨等会越来越多地采用高峰定价法定价。

第三节 不同运输方式定价的实际应用

一、铁路运价管理

铁路成本的分摊通常在略微不同的背景下进行，因为铁路与公路不同，在大多数国家，铁路服务一直以来既包括提供轨道，又包括提供全部车辆。在美国，铁路运输服务虽然近期受到严格管制，但仍然可以由私人提供。直到现在，其他国家还不可以像美国那样实行铁路私有化。在一些欧洲国家，这种情况有些变化，因为一些国家（如英国）实现了轨道建设与铁路运营的分离，欧盟规定成员国开放其铁路网络，这就使各国在估算铁路成本时必须以收费为目的。我们把研究重点放在现在比较普遍的国家拥有并经营铁路这种情况。

英国成本计算方法的改进，一方面是因为 1968 年运输法案的颁布，另一方面则得益于特定线路社会服务补贴制度的引入，这一制度要求对那些由社会适当承担或资助的服务和设施进行成本识别和计算。英国铁路的共同成本是按照一家叫作“库珀兄弟会计师事务所”的咨询公司研究出的公式进行分摊。应当指出的是，这一公式的原理是基于平均成本的分摊方法，而非边际成本的分摊方法。这一公式按照总吨数英里数来分摊轨道成本，按照列车行驶英里数来分摊信号灯成本。如果交通量相同且均匀分布，那么这种计算方法是合理的；但如果交通量不同且存在高峰运输，则这种成本分析方法就不可能将成本按照其产生的原因进行分配。

20世纪70年代，英国铁路采用了“分担会计”制，将收入和成本细分成大约700个主要的子部门（又称利润中心）。这些由单一交通流量、交通量组合和特定的旅客服务组成的利润中心被进行了明确的定义，以便于对分配给它们的资源以最小的冲突进行明确识别。但即使这样，也不能够分摊所有的共同成本，因此，英国铁路公司的账目上出现了所有直接分摊费用的收入盈余，这一部分收入盈余用来分摊间接成本。然而，收回的所有可避免成本可能不足以支付所有的经营成本，交通基础设施成本很可能就得不到弥补。不过，英国铁路公司认为，倘若间接成本的比例很高，这种方法能够“确保利润评估具有高度的确定性”。

（一）美国铁路货物运价管理

美国铁路货运市场占整个货运市场90%的份额，主要是由于铁路企业对货运市场的准确定位、灵活运价机制等策略。美国铁路企业可以对“客户-产品-服务”组合做到精准细分，精准匹配，将客户分为不同类型，并根据客户的货运需求来匹配相应的产品和服务，可以细化到线路、车次、运价等。美国铁路企业会根据自身的货运市场情况，实行一些灵活的运价策略。对一些货运量较大的忠实客户，往往实行低价及优惠策略。美国铁路企业对运价拥有绝对的自主权，铁路企业可以完全根据市场变化情况合理制定货物运价上下线，美国规定上浮比例不超过18.5%，下线主要依据成本来制定。但是铁路企业也可以根据自身的情况制定超过上下限的运价，且无须向政府报备。

（二）德国高速铁路定价策略

德国高速铁路票价由铁路部门制定，不受政府干预，其定价方法与传统的依据运营里程计算票价的方式不同。其不需要政府部门审批，而是按照市场条件由铁路公司制定票价，但期间受政府部门监管。主要是按照旅行时间、服务质量及市场供需等因素制定票价。

德国高速铁路公司充分考虑了影响定价的多种因素，包括高速铁路快速、舒适的特点，还兼顾了与其他运输方式的竞争关系，通过与其他相关行业的合作吸引旅客，并制定相应的优惠措施。①发售铁路优惠卡。铁路优惠卡是根据所缴年费多少给予相应的折扣。②定制通票优惠。在德国境内乘坐铁路可以预订3~10天的试用期，购买针对不同地域的通票。③针对预订时间的折扣策略。如果乘客能够提前确定乘车时间并进行预约，可以购买到价格低廉的车票。

（三）法国高速铁路定价策略

法国高速铁路票价由政府制定基本价格，铁路公司在此基础上按照市场需求状况适当进行优惠。票价组成包括基本票价和附加票价。基本票价由基本票价率和运输里程共同决定，根据递远递减的原则计算，伴随着物价水平不断调整；附加票部分受运行速度、服务质量、旅客不同需求等因素的影响而变化，基于服务质量与市场供需制定。法国高速铁路注重对客运市场调研，获得消费人群的出行特征和需求，通过数据分析对客运市场进行细分，从而制定不同种类的优惠形式。①针对旅客出行频率和车票预订时间进行折扣定价。法国铁路公司将所有旅客进行划分，区分出经常性旅客、偶尔性旅客和新旅客，并给予不同的优惠价格，吸引更多的客流从而实现收益最大化。②发售交通优惠卡。主要有两种形式的交通优惠卡，一种是旅客根据自己的年龄购买相应折扣的优惠卡；另一种是旅客可根据自己家庭成员的情况、出行时间等因素选择适合的优惠车票。③针对特殊人群的优惠措施，法国铁路公司针对老人、学生、军人等特殊的群体制定相应的优惠措施，提供公益性的优惠票价。

而我国2002年，春运火车票实行硬座上浮15%，软座和软卧上浮20%；2007年不再实行票价上浮。

二、我国公路基础设施的收费管理

我国的公路通行收费制度是在不断深化公路管理体制改革的新形势下产生与发展起来的。为解决公路交通设施严重滞后于交通需求的问题，广东省顺德区容奇镇公路桥等一批基础设施建设，突破了公路建设靠国家投资的传统体制，率先进行贷款建桥、收费还贷的改革尝试，并于1984年开始对过往车辆实行收费制度。国家充分肯定了这一改革尝试，并于1984年12月在国务院第54次常务委员会上将“贷款修路、收费还贷”作为促进公路事业发展的四项优惠政策之一。1984年12月，国务院出台的收费公路政策打破了公路建设单纯依靠财政投资的体制束缚，形成了“国家投资、地方筹资、社会融资、利用外资”的多元化投融资机制，对我国公路交通的快速发展起到了至关重要的作用。

1987年10月13日国务院发布的《中华人民共和国公路管理条例》第一次明确规定，公路主管部门对利用集资、贷款修建的高速公路、一级公路、二级公路和大型的公路、桥梁、隧道、轮渡码头，可以向过往车辆收取通行费，用于偿还集资和贷款。1994年7月18日交通部、国家计委、财政部联合发布的《关于在公路上设置通行费收费站（点）的规定》和1997年7月3日公布的《中华人民共和国公路法》进一步规定了公路的收费条件：①封闭（包括部分封闭）型的汽车专用公路；②平原微丘区超过40 km和山岭重丘区超过20 km的一般二级公路；③长度超过300 m的公路桥梁；④长度超过500 m的公路隧道；⑤上述公路、桥梁和隧道必须是由县级以上地方政府、人民政府、交通主管部门利用贷款及向企业、个人集资建成的公路；或是国内外经济组织依法受让收费还贷公路收费权的公路；或是国内外经济组织依法投资建设成的公路。实行公路收费制度扩大了公路建设的资金来源，调动了全国各地建路筑桥的积极性，加快了公路设施的发展步伐。

到2001年，全世界二十多个建有公路收费的国家和地区共有收费公路14万km，其中约80%接近11万km在我国。我国公路收费站已多达3 299个。2009年随着交纳燃油费的实施，我国将逐步取消政府还贷二级公路收费后，全国收费公路里程将减少一半以上。

截至2020年末，全国公路通车总里程达到519.81万公里，是1984年末的5.6倍。其中，高速公路达到16.10万公里。公路基础设施的快速发展，大幅提高了公路通行能力和运输效率，促进了经济社会持续健康发展。2020年，全国公路旅客周转量为4 641.01亿人公里（受疫情影响较上年下降47.6%），是1984年的3.5倍；公路货物周转量为60 171.85亿吨公里，是1984年的114.1倍。

（一）我国收费公路的总体里程规模

2020年末，全国收费公路里程17.92万公里，占公路总里程519.81万公里的3.45%。其中，高速公路15.29万公里，一级公路1.74万公里，二级公路0.79万公里，独立桥梁及隧道 1 068 公里，占比分别为 85. 3%、9. 7%、4. 4%和 0. 6%，如图 5-9 所示。

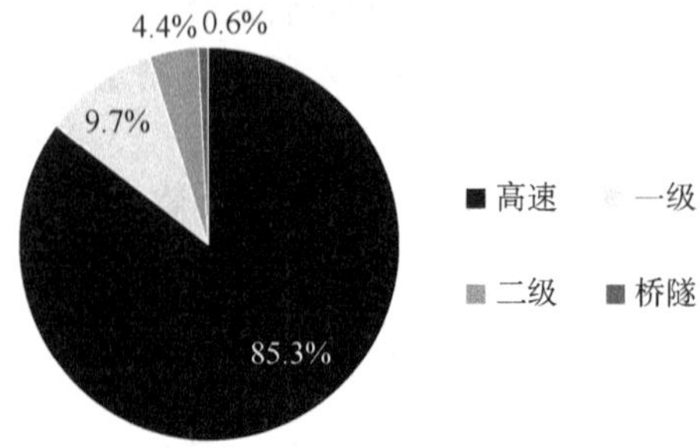

图 5-9　收费公路技术等级构成（2020 年）

与上年末相比，全国收费公路总里程由 171 093 公里增加到 179 242 公里，净增加 8 149公里，增长 4. 8%。其中，由于 2020 年是“十三五”收官之年，建成通车项目较多，高速公路里程由 142 831 公里增加到 152 911 公里，净增 10 079 公里，增长 7. 1%，增幅明显高于往年平均水平，且主要集中在西部地区。与此同时，随着普通公路逐步收费期满，一级公路由 18 578 公里减少到 17 364 公里，净减 1 214 公里，下降 6. 5%；二级公路里程由 8 659 公里减少到 7 899 公里，净减 760 公里，下降 8. 8%；独立桥梁及隧道里程由1 024 公里增加到 1 068 公里，净增 44 公里，增长 4. 3%，如图 5-10 所示。随着高速公路里程不断增长和普通收费公路逐步到期停止收费，全国收费公路结构进一步优化。北京、天津、辽宁等地已经全面取消普通公路收费，全国公路“两个体系”建设加快推进，公众出行更加便捷。

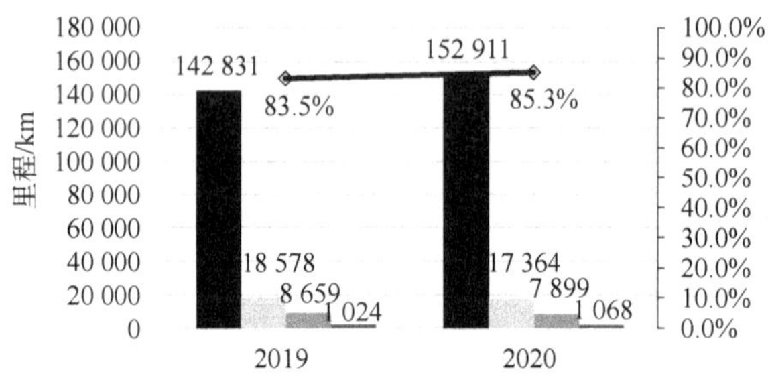

图 5-10　收费公路里程（2019—2020 年）

（二）主线收费站

2020 年末，全国收费公路共有主线收费站 965 个，比上年末净减少 302 个。其中，高速公路 484 个，一级公路 300 个，二级公路 122 个，独立桥梁及隧道 59 个，占比分别为 50. 2%、31. 1%、12. 6%和 6. 1%。

与上年末相比，全国收费公路主线收费站由 1 267 个减少至 965 个，净减 302 个，下降 23. 8%。其中，高速公路主线收费站由 753. 5 个减少至 484 个，净减 269. 5 个，下降 35. 8%，主要是由于 2020 年 1 月 1 日取消了全国高速公路省界收费站；同时，随着部分普通公路到期取消收费，一级公路收费站由 323 个减少至 300 个，净减 23 个，下降 7. 1%；

二级公路收费站由 132 个减少至 122 个，净减 10 个，下降 7.6%；独立桥梁及隧道收费站由 58.5 个增加至 59 个，净增 0.5 个，上升 0.9%。

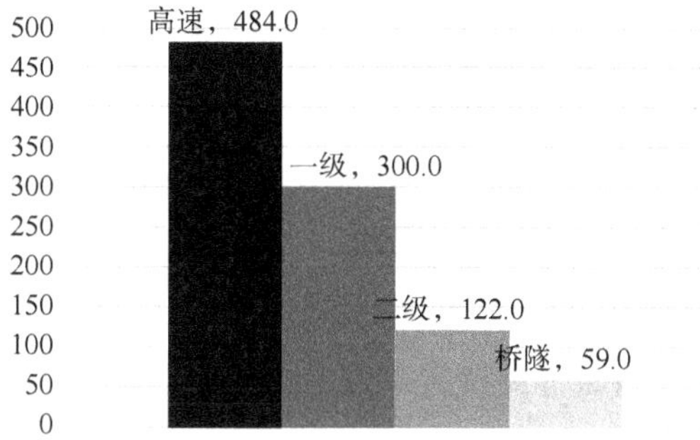

图 5-11　主线收费站数量（2020 年）

随着高速公路省界收费站取消及 ETC 大力推行，高速公路收费站拥堵缓行现象大幅减少，车辆通行效率明显提升，节能减排作用日益明显。据统计测算，2020 年日均拥堵缓行收费站数量减少 66.8%，车辆平均通行速度提高 16.4%，日均节约燃油 730.4 吨，减少一氧化碳排放 217.2 吨、氮氧化物排放 1.7 吨、碳氢化合物排放 5.8 吨。

（三）收费公路建设投资、收入支出

由于新通车高速公路里程规模较大，2020 年末，全国收费公路累计建设投资总额达到 108 075.1 亿元，比上年末净增 12 979.0 亿元，增长 13.6%。其中，累计资本金投入 34 432.5 亿元，占比 31.9%；累计债务性资金投入 73 642.5 亿元，占比 68.1%。

1. 通行费收入

2020 年度，全国收费公路车辆通行费总收入 4 868.2 亿元。其中，高速公路 4 566.2 亿元，一级公路 85.0 亿元，二级公路 22.0 亿元，独立桥梁及隧道 194.8 亿元，占比分别为 93.8%、1.7%、0.5%和 4.0%。与往年车辆通行费随收费公路里程增加而稳步上升不同，2020 年度全国收费公路车辆通行费总收入比上年净减 1 069.7 亿元（其中，高速公路净减 984.8 亿元，一级公路净减 29.1 亿元，二级公路净减 19.1 亿元，独立桥梁及隧道净减 36.7 亿元），下降 18.0%，主要原因是两次延长春节假期小型客车免费通行政策，共免收通行费 19.8 亿元，2020 年 2 月 17 日至 5 月 5 日期间又免收车辆通行费 1 593 亿元。

2. 支出情况

2020 年度，全国收费公路支出总额 12 346.4 亿元。其中，偿还债务本金 7 180.1 亿元，偿还债务利息 3 061.3 亿元，养护支出 744.1 亿元，公路及附属设施改扩建工程支出 312.0 亿元，运营管理支出 755.4 亿元，税费支出 293.6 亿元，占比分别为 58.2%、24.8%、6.0%、2.5%、6.1%和 2.4%。

全国收费公路支出总额比上年净增 1 558.7 亿元，增长 14.4%，主要原因是随着债务规模持续扩大，还本付息支出不断增加。其中，偿还债务本金支出净增 1 587.5 亿元，偿还利息支出净增 244.3 亿元，养护支出净减 81.9 亿元，公路及附属设施改扩建工程支出净减 51.8 亿元，运营管理支出净减 2.6 亿元，税费支出净减 126.7 亿元。在高速公路里程明显增长的大背景下，运营管理等支出不增反降，主要是得益于取消高速公路省界收费站，大力发展电子不停车快捷收费和全面实施高速公路入口称重检测后，运营成本下降，路况保护水平提升，促进了降本增效。

3. 收支对比

2020年度，全国收费公路收支平衡结果为-7 478.2亿元。其中，高速公路收支缺口7 177.4亿元，一级公路收支缺口208.3亿元，二级公路收支缺口15.2亿元，独立桥梁及隧道收支缺口77.3亿元。受收入减少、支出增加两方面因素的影响，2020年度全国收费公路通行费收支缺口比上年增加2 628.4亿元，增长54.2%。

（四）我国公路车辆通行费收费方式

目前我国采取的公路车辆通行费收费方式主要有以下两种。

1. 开放收费方式

开放收费方式是指，根据需要在收费公路上的不同位置设多处主线收费站，而不是在各个立交匝道的出口、入口处设收费站。这样，车辆可以不受控制地自由出入收费公路，收费公路对外呈“开放”状态。采用开放收费方式，一般分车型确定每次收费标准；车辆每经过一次主线收费站交一次费。我国有些高速公路（如新疆吐乌大高速公路）通过设置若干主线收费站实行开放式收费。

2. 封闭收费方式

封闭收费方式是指，在收费公路主线起止点及所有的立交匝道出入口设置收费站，除收费公路主线起止点以外的主线上不再设置任何收费站，这样可控制所有收费公路的进出口，使收费公路对外呈现“封闭”状态。车辆则可以在收费公路内部自由通行，使用收费公路只需交一次费。采用封闭收费方式，一般分车型确定车公里收费标准。目前，我国绝大多数高速公路均采用封闭收费方式，即在入口处领取通行券，在出口处交款。

三、航空业的收益管理

收益管理又称效益管理或实时定价，其核心是价格歧视，就是根据客户不同的需求特征和价格弹性向客户执行不同的价格标准，在正确的时间以正确的价格将正确的座位销售给正确的旅客。收益管理诞生于20世纪80年代，最早由民航开发，后被广泛用于酒店管理中，并在铁路等其他运输定价管理和物流管理中得到推广应用。

实质上，它是一种在既定运力下，从预订的活动（如定期的航班或海运班次）中获得超过成本的收益管理能力。举例来说，可能有部分旅客希望在较晚的时间预订机票，但剩余的座位是有限的。因此，航空公司会提高价格以将这些座位卖给出价最高的旅客。收益管理曾经在航空业取得了辉煌的成绩，主要是通过建立实时预测模型和以市场细分为基础进行需求行为分析，确定最佳的价格。据美利坚航空公司的统计，1989—1991年期间，收益管理系统的运用给该公司增加了14亿美元的收入，同期的税后利润增加了8.92亿美元。曾名噪一时的美国人民捷运航空公司的前首席执行官唐纳德博尔在公司1996年破产后总结原因时说：“1981—1985年期间，我们是一个充满活力和盈利的公司。随后我们开始从顶峰跌到每月亏损5 000万美元的地步。我们公司没有任何变化，可是美国航空公司却将他们的收益管理渗透到我们的每一个市场，因为他们定价总能够比我们的价格或者即将公布的价格要低。”

航空公司使用的电脑订票系统使其能够调整指定航班的票价、各种票价的座位数和各票价预订的先决条件。这些先决条件（加上飞机头等舱、商务舱和经济舱在内的一些相对较小的质量差异）把产品差异化引入管理中，向许多方面非常相似的服务收取不同的票价，体现了价格歧视。航空公司提供的多种服务组合及在起飞前进行的调整，都是确保从预订航班中收回成本并有效分配座位的手段。

这种手段和传统经济学的价格歧视模型是有所不同的。对同一产品，后者通过向不同的顾客群（以他们的价格弹性区分）收取不同的价格以获得最大的收益。在经典模型中，服务每个顾客的成本是完全一样的。但在收益管理中，产品质量和其他方面通常存在差异，使提供服务时存在成本差异——航空公司提供头等舱服务的成本的确比较低票价服务的成本高。但是由于规模经济的存在，提供多种服务的供给者会使单位成本低于专业化的供给者。所以，就资源的综合利用而言，收益管理能促进市场结构的效率优化。

要进行成功的收益管理，企业需要进行的决策常常是复杂的。价格水平、价格结构、约束及运力分配间的内在关系及可以采用的选择是多种多样的，并且它们需要被同时决定下来。这使得收益管理产生了深层次的共同特征，即顺序决策，其表现形式在行业间和行业内的公司间各不相同，但大多数航空公司在考虑某一航班服务时采用的决策顺序大致如图 5-12 所示。

收益管理是一种资源分配机制，而价格歧视是一种销售收益最大化的手段，经验性地将两者进行区分在现实中是非常困难的。但是，可以通过对某项服务的定价差异来源进行分析，让人们加深对两者区别的理解。

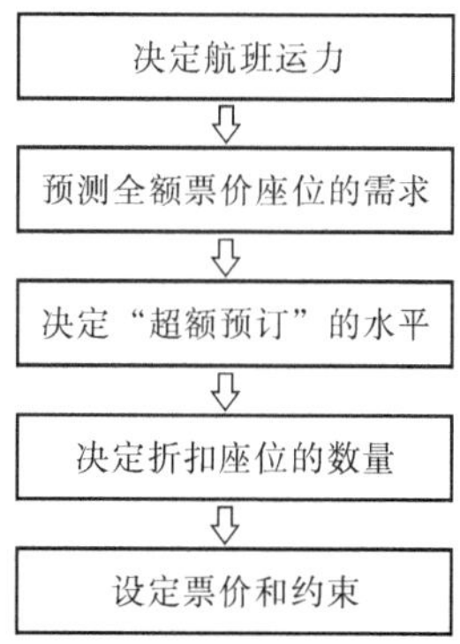

图 5-12　收益最大化的决策过程

现实中收益管理的内涵可以由图 5-13 中的例子展示，该图记录了不同时点上航空公司网页上的票价，以观察它是如何随着起飞时间的临近而变化的。它是一个垄断性的票价曲线，展示了可能的价格浮动。其中，价格浮动水平取决于剩余座位、竞争者票价和旅客在起飞前的需求。票价随着起飞时间的临近而上升，一方面是因为要对愈加稀缺的座位资源进行分配，另一方面是因为航空公司想区分休闲旅客和商务旅客——前者了解自己的旅行计划，寻求廉价旅行；后者常常在最后一刻需要搭乘飞机，愿意支付更高的价格。

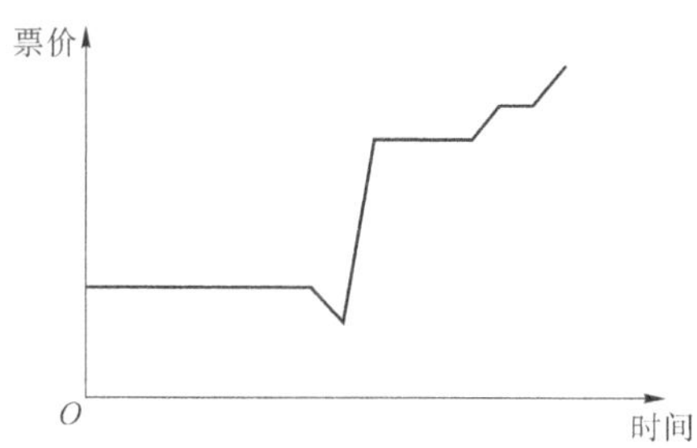

图 5-13　菲尼克斯—得梅因往返机票价格曲线

（2005 年 8 月 1 日出发，8 月 5 日返回）

在航空货运运输市场上还存在另一种基于购买时间的价格歧视，它包含了二级价格歧视（大宗采购的必要折扣）和三级价格歧视。航空货运代理与航空公司会根据货运量和航空运力进行平衡，然后航空公司会在航班起飞前6~12个月开始以拍卖的方式向代理出售运力。货运代理基于对货主需求的预测提供“报价”，剩余的运力将在航班起飞前1个月内出售。

（一）基于时间分段的定价策略

下面从折扣票价、限量售票和过量售票三种销售方式介绍航空公司收益管理中基于时间分段的定价和销售策略。

1. 折扣票价

收益管理定价的最基本特征就是有一个分时段的折扣票价系统，它希望通过各种折扣，让票价刚好满足各类旅行者的接受底线，从而将消费者剩余转化成公司的利润。例如，表5-3所示的美国联合航空公司的班机从洛杉矶飞纽约的往返票价，实行的就是典型的基于收益管理的折扣票价策略。对提前购票者有巨大折扣优惠，购票越早优惠越大，但同时要求承担承诺成本（退票罚金）。那么，为何出售低价预售票反而能获得更大的收益呢?

表5-3 洛杉矶飞纽约的往返票价表

价格/美元	提前购票天数	最短驻留时间	退票罚金
418	14	周六晚上	100%
683	3~14	周六晚上	100%
1 900	不需要	不需要	无

在本例中，航空公司要求旅客承担的承诺成本并非旅客实际承受的成本，如果旅客认为自己肯定不会退票，那么他根本不会在乎约定的退款罚金，即对他来说承诺成本等于零。因此旅客承诺成本等于公布承诺成本乘以违约概率。

假设采用两个时段折扣票价，预订机票有较大优惠，这将导致对价格敏感的休闲旅客总设法事先购票，而且他们不太忙，不会轻易改变行程计划，即承诺成本较小，旅行期望也较小。而对于临时购票者，他们往往是商务和行政人员等缺乏弹性的旅客，他们对价格不敏感且很忙，往往公务缠身，即承诺成本较高，并且晚购票者更希望及时赶到，因此旅行期望较大。这和购物的情况正好相反，新款手机、时尚服饰、高档汽车购买较早的旅客对价格不敏感，后来购买才是价格敏感型旅客。为了便于理解并简化叙述过程，我们尝试用表格来描述以下推论，表5-4中时段2的承诺成本均等于零，这是因为临时购票旅客退票和改签的概率接近于零。

表5-4 两时段折扣机票定价分析法

旅客	购票时段	旅客代号	旅客规模	旅行期望/元	承诺成本/元	机票价格/元	消费者剩余/元	推算的票价/元
休闲旅客	时段1	l	Q_l	V_l	C_l	P_1	$S_{l1}=V_l-C_l-P_1$	$P_{l1}=V_l-C_l$
	时段2				0	P_2	$S_{l2}=V_l-P_2$	$P_{l2}=V_l$
商务旅客	时段1	h	Q_h	V_h	C_h	P_1	$S_{h1}=V_h-C_h-P_1$	$P_{h1}=V_h-C_h$
	时段2					P_2	$S_{h2}=V_h-P_2$	$P_{h2}=V_h$
相互关系及说明				$V_h>V_l$	$C_h>C_l$	$P_2>P_1$	令消费者剩余等于零，可推算最优定价	

以上结论说明，当引入时间元素后，希望赚取消费者剩余的差别定价不仅与旅客的旅行期望有关，还与其承诺成本有关。假设旅客的旅行期望为 1 000 元，票价为 500 元，承诺成本为 300 元，那么在时段 1 和时段 2 购票，该旅客的消费者剩余分别是 200 元和 500 元。因此，只要有可能（有充分的客源，且无竞争），航空公司会毫不犹豫地按时段 1 票价 700 元、时段 2 票价 1 000 元来定价。

由于时段 1 的服务目标群是休闲旅客，时段 2 的服务目标群是商务旅客，因此定价：

$$P_1 = V_1 - C_1,\ P_2 = V_h$$

由于 V_h远大于 V_1，而且 P_1中还需减去 C_1，因此，P_2与 P_1的价差有时会非常大，就像表 5-3 中那样相差 3~4 倍。

2. 限量售票

限量售票是指对折扣机票的销售实行限量至于供应，这种策略在航空竞争中经常出现。对于表 5-4 中的两时段折扣票，如时段 1 的休闲旅客过多地购买了折扣票，以至于部分时段 2 商务旅客反而订不到高票价，将造成航空公司收益损失。因此必须对时段 1 的折扣机票采用限量销售。利用座位的期望边际收益最大的优化策略，可以求出各等级票价的限售量。

实际上，限量售票是根据系统的实时信息进行判断，基于最大收益计算出最佳销售方案。以至于现实生活中会产生这种现象：星期二一位旅客被告知某航班的优惠折扣票已售完，但星期三另一位旅客通过同样的电话却买到了同一航班的优惠票。

3. 过量售票

过量售票即超售，是指航空公司出售的机票数量大于班机的总乘坐数量，这种策略在航空竞争中经常出现。航空客运实践中常常发生预订机票的旅客临时取消订座的情况，对此航空公司除了约定对退票者收取罚金外，还可通过超售策略达到收益最大化。通常航空公司根据历史记录预测反悔旅客的比例，然后制定超售方案。一般认为，当反悔旅客的数量 C 在区间呈平均分布，则使销量数量为 $C_{max}/2$ 可以使收益最大化。例如，某航班经常有 0~10 名旅客登机前取消行程，则超额售票 5 张是推荐的方案。

与限量售票相比，超量售票有一定的风险。2006 年 7 月 21 日，一名从北京飞广州的旅客在持票登机时被告知飞机已满员，无法上机。一怒之下，该旅客将航空公司告上法庭，他认为出售无效机票是欺诈消费者的行为，这成为我国第一个因超售而产生的司法案例。同年 12 月，深圳航空、海南航空、四川航空等多家航空公司公布“机票超售”的补偿方案，凡持超售机票被拒登机的旅客可获得 200 元至 100%票价的赔偿。这里应该注意的是，前述的效益最大化并未考虑旅客的承受能力，如果旅客具有很排斥被强行改变行程的心理，则他会对采用过量售票策略的航空公司产生不信任感，从而对该航空公司不利。

（二）基于空间（质量）分级的分别定价策略

除了分时段折扣定价外，细分舱位空间服务等级形成服务质量的差别定价也是收益管理不可分割的组成部分。

空间优化的主要任务是通过与精细化服务相结合，将机舱分级分别定价。例如，可以将机舱分为经济舱、商务舱和头等舱，它们的座椅宽度、座椅间距、靠背的调节角度都有所区别。此外还可以结合各种优惠策略，如学生票价、军人票价、老人票价、淡季票价、团体票价、旅游票价等。如果将舱位分成不同的等级，假设边际成本定价时机舱座位的机票正好全部售出，那么通过分级差异化定价，理想的情况是尽可能将消费者剩余转化成企业收益。

（三）用收益管理实现收益最大化

收益管理采用差别定价实现收益最大化。区分时间与空间是为了更有利于理解差别定价内涵，航空公司实际定价时将分舱定价、折扣优惠和预订时间限制合并起来考虑，不会做刻意分离。

效益管理使得企业获得时空组合上收益的双重优化，从而达到超额的收益。无论是空间分级还是时间分段，这种划分标准的基本出发点都是要通过价格藩篱将那些愿意并且能够消费得起的旅客和为了使价格低点而愿意改变自己消费方式的旅客区分开，最大限度地开发市场潜在需求，提高效益。此外，收益管理定价策略还必须兼顾与同行的竞争及与可替代运输方式的竞争的各种策略。更深入来说，还必须兼顾与企业本身其他产品（如折扣商务舱与经济舱、本公司可替代航班等）的协调及与策略型消费者的周旋等。有关收益管理理论研究大致可分为三个部分：一是基于数量的管理方法，包括存量控制和超额策略；二是基于价格的方法，包括订单动态定价策略和拍卖机制；三是需求模型和预测方法。

航空公司采取收益管理进行定价和销售时需要一个有巨大数据库支撑的决策系统，这是一个非常庞大的工程，其开发、运作和管理的成本也相当可观。近年来，我国一些航空公司也相继引入收益管理系统。2005 年 4 月，国内民航企业中首个收益管理系统在深圳航空有限责任公司投入使用，这将使深圳航空有限责任公司的整体经营效益提升 2%~6%，基本达到国际航空企业的先进水平。

美国运输专家 Feldman 曾评论说："现在想简化航空公司运输价格收费，但并不能保证新运输价格办法比收益管理更有效。"而美国铁路与公路客运公司正力图采用一种既吸引收益管理的长处又尽量使运输价格表更为简单的定价方法，美国铁路收费表由 1 300 多页缩短到 300 多页就体现了这种趋势。现在一些客运航空公司也跃跃欲试，希望有一种比收益管理更简化的办法。

第六章 运输市场结构

第一节 运输市场的分类和竞争结构

一、运输市场的分类

运输市场按照不同的标准，可以划分为不同类别。按照运输过程涉及的运输方式，运输市场可分为包括两种或两种以上运输方式的多式联运市场和包括单一运输方式的运输市场。按照运输方式划分，运输市场主要分为公路运输市场、铁路运输市场、航空运输市场、水路运输市场和管道运输市场。按照空间划分，运输市场可分为国际运输市场、国内运输市场、区域运输市场、市内运输市场、跨区运输市场和城际运输市场。按照时间要求划分，运输市场可分为定期运输市场、不定期运输市场和快捷运输市场。按照运输市场客体划分，运输市场分为客运市场和货运市场。

西方经济学通常按照市场竞争程度这一标准，从厂商数目、产品差别程度、厂商对产量和价格的控制程度及厂商进入市场的难易程度这些特点，将运输市场划分为四类：完全竞争的运输市场、完全垄断的运输市场、垄断竞争的运输市场、寡头垄断的运输市场。

二、运输市场的竞争结构

假设运输企业以利润最大化为目标，那么它实现利润最大化的产量选择，不仅取决于它的成本条件，而且还取决于它的收益状况，或者说取决于它所面临的市场需求状况。但是运输企业所面临的市场需求曲线依不同的市场类型而存在一定的差别，同样，运输企业的供给曲线不仅取决于生产函数和成本函数，也与它所处的市场环境有关。不同的市场结构，供需曲线特征和均衡条件不同。下面将具体分析不同的市场条件下运输企业实现最大利润的均衡产量和均衡价格。

（一）完全竞争的运输市场

完全竞争的运输市场又称纯粹竞争市场，是指运输企业和货主对运输市场价格均不能产生任何影响，双方只能接受市场价格，市场价格的高低完全取决于供求关系的市场。近似具备这种市场条件的是发达国家的跨州（省）公路货运市场及海运中的不定期船市场。

在公路长途货运和不定期船市场中，运输供给者和运输需求者为数众多，他们无力左右市场中的运输价格走势。运输供给者只要具备一定的经营条件和运力，即可投入市场，并且退出市场的伸缩性较大。另外，这种市场模式没有政府的干涉，任凭市场自由发展，竞争公平、合法，由此确定的运输价格是供求均衡的结果。

显然，完全竞争的运输市场是一种理论上的理想市场，现实生活中并不存在。完全竞争模型在说明和预测现实的经济行为方面非常有用，有助于对资源配置的效率做出比较准确的判断。可以用完全竞争的运输市场理论对假定做出修改补充，使之更接近于现实，从而对更复杂的运输市场结构中的运输产品价格和产量决策做出更具体的描述。

（二）完全垄断的运输市场

这种市场又称独占运输市场，它是指某运输市场完全被一个或少数几个运输企业所控制，是一种不存在任何竞争的市场结构。在这种市场上，需求者众多，垄断企业有完全自由的定价权力，其通过制定垄断价格以获取高额垄断利润。垄断的目的是追求超额垄断利润。

（三）垄断竞争的运输市场

垄断竞争的运输市场又称不完全竞争市场，是一种垄断与竞争并存的市场结构，其条件和特点为：市场上买、卖者数量较多，每个生产者行为独立，没有占明显优势的供给者，市场竞争激烈，不同运输企业提供的运输产品质量上差异较大，而某些运输企业由于某种优势而产生了一定范围的垄断性。这是由于产品在质量上存在差异，某些运输企业在一部分需求者中形成垄断，占据垄断地位，而运输产品的技术可替代性又引起了运输企业间的竞争。这种垄断和竞争并存的市场模式在运输市场中普遍存在。

（四）寡头垄断的运输市场

这种模式的特点是少数几家规模较大的运输企业垄断着市场，他们对市场运输价格和供求状况有明显的影响，通常通过协议或者某种契约规定市场运输价格。

大多运输市场更接近寡头垄断的运输市场，国有铁路经营者归根结底是一个与其他运输方式相竞争的竞争者。虽然运输公司云集的公路货运市场接近完全竞争的运输市场，但是在局部的运输线路上，若干规模相对较小的公路运输公司也常常会利用其他企业无法超越的地域和人脉优势，获得特定客户的优先交易能力，从而形成垄断竞争甚至寡头垄断的运输市场格局。

第二节　上下一体化的运输方式

上下一体化的运输方式指既拥有基础设施，又拥有移动载运工具的运输活动。垄断是市场经济中经常会发生的供给者形态。在自由竞争的市场中，人们对垄断始终抱警惕的态度，各国政府都有相应的法律政策规定，以防止垄断的过度发生，但由于自然的、市场内在的原因，甚至是一些政府行为导致的原因，垄断又在一定程度上不可避免。在交通运输市场，垄断也有自己的表现形式。

运输供给的特殊性之一是基础设施（固定运输设施）和移动载运工具（移动设施）

共同作用，构成有效的运输供给能力。而那些同时拥有基础设施和移动设施的运输供给者极有可能成为这种运输方式市场的垄断者，铁路运输和管道运输就是垄断市场的范例。

管道运输是基础设施和移动设施合二为一的特殊情况，具有高度垄断性。不过管道运输对象产品比较特殊，只局限在石油、天然气等有限品种的货物种类上，人们对其垄断性的关注远远不及对铁路运输垄断性的关注。

如果不考虑管道运输的特殊情况，传统管理体制下的铁路运输是唯一实行上下一体化经营的运输方式，铁路公司拥有线路等基础设施，又拥有移动的机车车辆，还负责提供直接的客货运输方式，这就使铁路运输比任何其他运输方式在收取运输价格方面具有更大的自主决断权力。铁路运输是被政府管制得最为严格的运输方式。正是这种权力使得铁路运输到现在可能还是受管制最多的运输方式，但是也很奇怪：在人们抱怨铁路垄断经营的同时，在这个行业的投资却得不到正常回报。

铁路对它的一部分使用者应该是具有市场支配力量的，这些使用者有可能被收取高于有效水平的价格，如果铁路运输成本的计算和分摊方法可以做到准确可靠，那么就可以明确地判断铁路公司是否真的滥用了这种市场力量，因此铁路成本分析，无论对于铁路使用者，还是对于铁路公司，都成了至关重要的问题，但运输经济学家恰恰在这个问题上很不自信，原因就在于计算难度很大。

一、铁路为何很难获取超额垄断利润

铁路运输是垄断性很强的运输方式，铁路运输市场也是一个垄断性市场，但是在这个行业的投资却很难获得超额垄断利润，甚至有时得不到正常的回报。这也说明，并不是所有拥有固定基础设施的经营者都具有拥有消费者剩余的能力。

1. 铁路运输受到来自其他运输方式的竞争压力

虽然铁路运输市场是一个垄断性市场，但如果放在更大的运输市场中，铁路运输会受到来自公路运输、水路运输、航空运输甚至管道运输的竞争压力。在这个意义上，铁路运输企业并非绝对的垄断者，市场上还有可以提供相同位移服务的其他运输企业。

在旅客运输市场中，传统的中短途铁路客运受到来自公路尤其是高速公路运输的竞争压力，这种情形直到高速铁路的出现才得到扭转。长距离范围铁路客运又受到航空运输的竞争压力。在货物运输市场中，公路集装箱运输分流了铁路的大部分杂货运输。在这种大市场竞争的格局下，铁路运输并非市场的价格制定者，因而很难获得超额垄断利润。

2. 铁路运输受到政府的严格管制

由于铁路运输市场的垄断性，同时，铁路运输货物大多是批量大的基础性原材料、能源产品和生活必需品，比如矿石、煤炭、粮食、建材等大宗货物，这些产品作为工业和生活的基础性产品，其价格和运输量的波动会给社会带来不稳定因素，因此铁路运输可能是历史上被政府管制得最为严格的运输方式。

3. 铁路货物运输价格较低，对运输价格变动敏感

铁路所运输的货物中有一大部分属于本身价格较低的产品，它们承受运输价格的能力也不强，对运输价格的变动比较敏感。例如，印刷用纸、煤炭等就是常由铁路运输的货物，由于这些产品的市场竞争性很强，加之政府的价格管制，因此这些产品的供应商无法自己决定产品的市场价格，而只能作为价格的接受者。这样，如果铁路提高对印刷用纸和煤炭等产品的运输价格，供应商就可能无法用市场上的收入弥补运输价格的上涨。航空货运的对象多为较高价格的货物，公路货运的对象也多比铁路货运的对象价格高，这些运输方式的运输价格在运输货物本身价格中仅占很小比例。铁路用户对运输价格的敏感性更大，一旦铁路运输价格的上调威胁到铁路用户的利益，他们就会转而求助于管制机构，要求对铁路运输价格进行限制。但由于铁路运输价格计算与分摊的复杂性，管制机构也无法判断铁路公司的运输价格是否真的不合理，而只能大致根据粗略的总体水平或其他类似的方法估计，这样裁定出来的铁路运输价格往往既给铁路公司造成损害，也使更多的铁路用户深受其苦。

4. 铁路运输成本计算复杂，铁路价格调整不灵活

在铁路提供运输服务过程中每一位使用者所承担的成本，把列车成本分摊到其中的每一节车厢上与把飞机的飞行成本分摊到每一位旅客身上有些类似，即均需要把使用者成本计算进去。以货运为例，列车上多一节或少一节车厢的运营成本是不同的，如果多一节车厢，列车的牵引能耗就要增加，列车编解所需要的时间也要增加，这些都会影响到列车内所有的其他车厢。列车越长，由新增车厢所引起的增量成本也会越大，理论上这种增加到其他使用者身上的增量成本应该由新增的托运人承担，但实际上，要精确地划分这种增量成本是非常困难的。铁路线路在大多数情况下是客货共同使用的，因此铁路成本的分摊应该尽量精确到每一批货和每一位旅客身上。由于成本的不可归一性，实际上又很难将铁路成本具体地分摊到每一批货物和每一位旅客身上，此时可以采用基于群体定价的互不补贴定价或拥挤收费等方法。

二、我国铁路货物运价改革

我国铁路货物运价改革经历了三个阶段：运价集中管制阶段、运价管制放松阶段和运价市场化发展阶段（见图 6-1），运价主要由高度管控到适度放松，再到市场化阶段，铁路部门拥有了更自主的定价权，可以更加充分地发挥自身货运资源的配置，使货运市场更加灵活。

2013 年，政府首次提出铁路货物运价动态调整机制，铁路部门可以根据公路的运价变化制定运价策略。2014 年国家逐渐放开了铁路货运定价权，将政府定价改为政府指导价，允许铁路运输企业根据所掌握的货运市场的供求情况，自主确定运价水平。2017 年，国家发展改革委发布《关于深化铁路货运价格市场化改革等有关问题的通知》，对铁路货物运价的市场化调节细化到货物品类，12 个货物品类运输价格实行市场调节，铁路运输企业依法自主制定，其余整车运输价格不变，上浮空间提高至 15%，并且规定将不再单独收取铁路货运市场的电气附加费而是将此项费用归入运价中。2020 年，国家发展改革委公布了新版《中央定价目录》，价格主管部门对国铁货物运输的定价范围包括整车运输的煤、石油、粮食、化肥等货物。与 2017 年发布的通知相比，扩大了铁路货运市场化定价的货物品类范围，意味着铁路货运价格的市场化整体水平进一步提高。

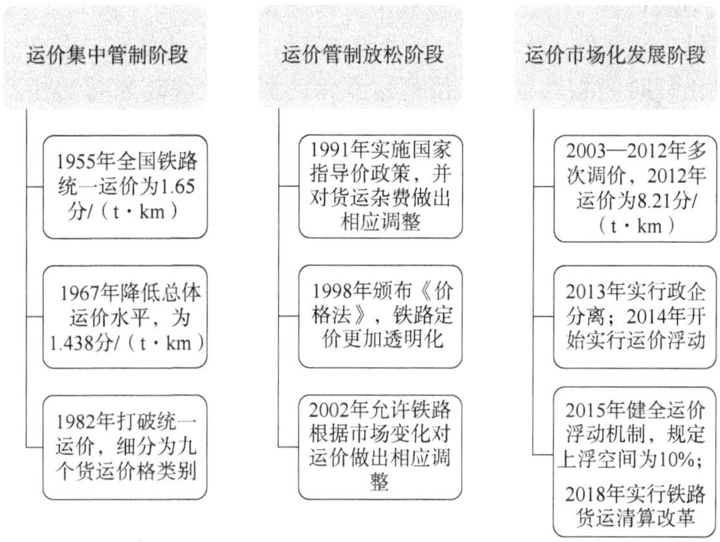

图 6-1　我国铁路货物运价改革历程

铁路货物运价主要包括统一运价、铁路货运杂费等。统一运价又分为运营价格、铁路建设资金、新路新价均摊运费和电气附加费（2018 年 1 月开始，将电气附加费纳入统一运价，不再单独收取）。铁路货运杂费项目主要包括集装箱使用费、接取送达费、押运人乘车费、货物保价费、仓储费、车辆使用服务费等共 26 项费用，具体可参照铁路杂费收费项目和标准。

三、高铁和民航的竞争

不同运输方式在一定距离范围内是竞争关系，如在 1 200 km 以上，民航主导；800 至 1 200 km 之间，民航和高速铁路竞争；150 至 800 km 之间，高速铁路主导；150 km 以下，高速公路主导。因此，不能认为铁路是完全垄断的运输方式，在分析高铁和民航这两种客运的竞争关系时，可以从两种运输方式各自的特点入手。

1. 民航

民航竞争优势区间在 1 200 km 以上，在长距离运输中，民航的技术速度使其旅行时间小于高速铁路，并且运输距离越长，民航节约的旅行时间越多，竞争力也越显著。但是，由于一般机场距离市中心较远，部分机场换乘衔接的市政公交尚不完善，旅客从出发地至登机，再从机场至目的地，两端出行时间往往较长，导致民航旅客旅行时间优势受到影响。各航空公司可根据运输市场变化对其票价进行灵活变动，针对不同航线、不同距离、不同季节推出打折票、特价票等形式。影响民航正点率的因素较多，一般有运输组织不合理或遇到突发事件或受气象因素影响等。民航易受恶劣天气的影响而导致航班推迟，并且推迟时间往往较长，从而影响旅客后续行程。在覆盖范围上，民航近年也通过新建机场、增设新航线等方式扩大覆盖地域范围，特别是在长距离航线上竞争优势明显。

2. 高速铁路

在旅行时间上，当高速铁路旅行时间小于或者与民航相当时，高速铁路往往占据优势，在 3~4 h 的旅行时间中，高速铁路基本能够保证旅客一天内往返，对旅客吸引力较强。而且，高铁站一般在城市中心周边，大部分车站换乘衔接的市政公交、城市轨道交通较为完善，两端出行时间相对较短，使高速铁路的竞争优势越来越明显。在车票价格方面，目前高速铁路票价制定较为刚性，票价起伏相对较小，在中长距离服务区间上，通常情况下高速铁路票价低于民航，但在长距离服务区间上，民航票价优势往往大于高速铁路。高速铁路与其他运输方式相比受气象因素影响较小，正点率相对比较容易保证。高速铁路路网不断完善，使其覆盖范围不断增加，由于高速铁路实现多站停靠，不仅可覆盖大中型城市，还可覆盖至中小型城市，增加了城市间可达性，城际间中短距离旅客运输竞争力凸显。

四、铁路运输方式的变革

从 20 世纪六七十年代开始，铁路运输方式开始出现变革，这种变革主要体现在技术和管理体制两方面。

1. 技术变革

在技术方面，高速铁路的出现极大地提高了铁路旅客运输服务的竞争力。1964 年 10 月 1 日正式通车的日本北海道新干线从东京起始，途经名古屋、京都等地终至大阪，全长 515.4 km，运营速度高达 210 km/h。它的建成通车标志着世界高速铁路新纪元的到来。随后，法国、意大利、德国纷纷修建高速铁路，到了 20 世纪 90 年代，欧洲大部分发达国家大规模修建国内或跨国高速铁路，逐步形成了欧洲高速铁路网。中国从 20 世纪末开始修建高速铁路，到 2018 年，全国高速铁路总里程已经超过 2.9 万 km，居世界第一。

另外，铁路技术变革使得重载货物列车运输大宗货物的效率更高，成本更低。

2. 管理体制变革

在 20 世纪的最后 10 年，世界上很多国家开始实行把铁路基础设施与客货运输服务分开进行管理的新模式，这种类型的管理模式在不同国家有不同的具体表现形式。有些国家把铁路基础设施仍留给国家建设和维护，客货运输服务则采取商业化经营的形式；有些国家进一步把客货运输服务进行分割，形成若干个能够开展一定内部竞争的运营公司；还有些国家甚至对铁路基础设施也采取了商业化经营改革。铁路行业的组织结构目前已经发生了很大变化，在很多国家，至少它已经不再是那种传统意义上的一体化运输经营者的典型了。

第三节　基本上不拥有固定运输设施的运输方式

同时拥有基础设施和移动设施的铁路公司具备对使用者进行市场操纵的能力，有垄断市场的行为。但是在交通运输市场中，也存在竞争比较激烈的自由竞争市场行为。

一、可竞争性市场

与铁路运输企业不同，公路运输企业不拥有自己的基础设施。公路作为一种公共的交通基础设施，一般由政府提供并拥有。公路运输企业只需拥有移动设施，即载货汽车或客运汽车，就可提供运输服务。对于只利用移动载运工具从事客货运输的运输业经营者，他们显然不具有垄断市场的力量。

由于公路运输的移动运载工具一次性投资成本较低，进入市场基本没有门槛限制，因此市场中有足够多的供给者。而且人们可以为移动运载工具找到比较规范的二手交易市场，经营者可以很方便地将这些移动运载工具转移到有市场需求的地方中去，退出市场也比较容易。同时，公路运输业者在一个地区或一条线路上经营不善时，可以以较低的价格转移到另一个地区或另一条线路上去。这种沉没成本较低且市场比较容易进入的行业，在经济学中被称为可竞争性行业。

可竞争性市场是指市场内可能只有一家或者少数几家供给者，但这些供给者却很难利用垄断地位获取垄断利润，因为市场以外的竞争者随时可能进入以分享这种利润。根据这种理论，原本市场结构由规模经济与范围经济决定的原则在可竞争性市场中已经不那么重要，而且在这里，市场价格就等于机会成本。因此，这些上下分离且只由移动载运工具经营者组成供给方的运输市场，应该属于可竞争性市场，运输业者不具有垄断市场的力量，其市场价格就等于他们的运营机会成本。

二、过度竞争问题

尽管这一类运输市场不具有垄断性，但通常它们也受到管制，原因是可能存在过度竞争（又称毁灭性竞争）。其原理是这种市场中的运输厂商有可能在价格战中把运输价格压得过低，结果导致或者市场上只剩下一家最强的垄断者，或者市场供给力量遭到重创而无法满足正常的需求数量。但实际上，公路运输中出现的一些问题能否简单地归结到过度竞争的原因还存在疑问。

在由移动载运工具经营者供给的运输市场上，运输价格决定于经营者的机会成本，载运量在方向上可能是不平衡的，因此这也会影响到运输价格。如果出现运输需求在方向上的不平衡，那么在回程方向上就会有运输能力过剩。任何希望揽到回城载运量的经营者都可能接受较低的运输价格，只要该运输价格高于移动运载工具空返的成本加上少量增加的燃料费和保险费等，否则空返成本就全部加在重载方向上的成本上了。

但如果运输需求在两个方向上比较平衡，那么两个方向的运输价格水平就会相差不多，分别与本方向的运输成本相对应。另外，经营移动载运工具的机会成本与运输总需求及其他一些因素显然有很密切的关系。在经济衰退期间，由于运输总需求下降，所有车、船和飞机的运输能力可能都过剩了，因此使用这些移动载运工具的机会成本也下降，结果必然导致运输价格水平降低。这说明，移动载运工具市场上的供求是否平衡对正在分析的这类运输市场具有重要性。

在移动载运工具经营者生存的运输市场上，运输价格却有可能是不稳定的。在运输能力过剩的时期，经营者虽然可以使运输价格的收入等于其经营的机会成本，但可能保证不了通过经营收入偿还其债务。例如一位自营公路集装箱拖车车主为偿还当时购车所欠下的债务，平均每天需要向银行支付 50 美元，但到了经济衰退时期，使用该车辆的机会成本只有 25 美元，结果这位车主就赔钱了，他如果不从过去的积蓄中拿出钱来还贷，往往就要破产并需要把车子作为抵押物交给银行。当然收回抵押物的银行也只能按照当前收入计算的折现值卖车，这就使银行可能要承担比拖车车主更大的损失。因此，银行在这种情况下可能会选择与负债人重新谈判还贷期限，而不是立即全部承担负债人的破产损失。移动载运工具的所有者是这类运输市场财务风险的主要承担人，而被雇来驾驶这些占用工具的人员虽然在经营不利时期也会有工资降低甚至失业的可能，但他们只是市场价格波动风险的间接承担者，他们没有更多的金钱损失，而一旦市场情况好转，由于运输价格攀升带来的利润也首先应该归移动载运工具的所有人，而不是归驾驶人员。当然，由于使用移动载运工具的机会成本又再次上升了，所以这些刚刚赚到的钱很可能又被用于投资购买新的设备去了。从经济学上看，对于这些不拥有固定运输设施的运输服务经营者，不必担心他们具有过大的市场价格操纵力量。

第四节　拥有部分固定运输设施的运输方式

在垄断市场和自由竞争市场之间，还存在兼有两者特征的垄断竞争市场。运输市场也是如此，在同时拥有基础设施与移动设施的运输经营者与不拥有基础设施的运输经营者之间，还有一些运输经营者处在这两个极端之间，即拥有部分基础设施，如零担公路货运、航空定期航班和海运集装箱定期航线等，他们的行为符合垄断竞争或寡头垄断市场的行为特征。

对于完全上下分离的运输经营者，由于他们并不拥有固定运输设施，因此他们可以很方便地将他们的移动载运工具转移到任何有市场需求的地方去，但对于那些拥有一定但并不是全部固定运输设施的运输经营者来说，就不那么方便了。例如，零担公路货运公司必须要有自己的货站或运转中心，以便集散配载和中转货物，因此他们在固定运输设施上的投资是比较大的，这些固定运输设施不能移动，有较大的沉没性，把他们在一定程度上拴在了某些地区。在候机登机和飞机固定维护设施等方面投资较多的航空公司，以及在集装箱专用码头及设施方面投资较多的海运公司也有类似的情况，尽管这些运输经营者也不需要同时拥有机场的跑道和空中指挥系统或整个港口，但他们也必须面对典型的与固定运输设施有关的财务或经营问题：投资的沉没性、能力增长的突变性、服务对象的普遍性，以及为有效利用固定运输设施而制定价格等。

固定运输设施能力扩张的突变性产生了一种需要，即这些设施最好由多种客流或货流同时利用，否则设施的利用效率在大多数时间就可能会很低，除非存在某一种数量很大的客流和货流，大到足以支持在某一个运输通道上实现直接的点点直达运输。这种由多种交通流共用固定运输设施所产生的经济性，与大型移动载运设备所具有的经济性相结合，是运输业网络经济存在的基础。能够把多个运输市场，即把多种客流和货流在其运营网络上较好地结合在一起的运输企业，往往可以比单纯提供点点直达运输服务的运输企业效率更高、成本更低。一般来说，只要其中转枢纽的处理能力足够，具有较大运营网络的运输企业就可以较高的频率为客户提供服务，也可以实现较高的运输设备实载率，而这些常常是运输经营低成本高效率的必要条件。因此，这一类运输经营者可以较明显地利用运输业的规模经济和范围经济，如通过扩大服务网络的幅员来提高自己的运输密度和设备利用率。

在20世纪70年代关于航空业管制与放松管制的争论中，航空公司的定期客运航班被认为与公路整车货运等具有类似的可竞争性，因为这种运输似乎比较容易实现按照飞行的边际运营成本制定价格，如果某航线的票价过高，潜在的竞争者就会立即进入市场分享超额利润，然而航空业放松管制的实践证明这种估计错了。原因在于，固定航班市场上的任何新进入者都需要在地面设施及服务上有所投入，而这些数量可观的投入中有相当一部分属于沉没成本，与完全可竞争市场理论所要求的条件不相符合。此外，由于航空业旅客中也存在消费惯性，因此市场的新进入者发现他们必须投入巨额广告费，并且要靠低票价才可能为自己的新航班揽到客源，这些也不是任何一个小公司随意就可以做到的。总之，固定航班的航空客运市场并不是想象中那样简单的可竞争性市场。由于这类运输市场的供给者数量不多，进入又不容易，因此这里运输价格的变化不会很大，而且经营者在价格制定上似乎是有默契的。华盛顿与纽约之间的客运航班就提供了一个很好的例子。1990年前后，在该航线上展开竞争性经营的只有两家公司，航班密集度达到每半小时一班，两家公司所提供的硬件与软件服务几乎没有区别，结果这两家公司的票价也完全一样：周一至周五119美元，周末89美元。更有趣的是，当1990年国际石油价格猛涨时，两家公司都把自己的票价提高了10美元，而且不仅提价的幅度相同，提价的日期和时间也完全一样。这就是寡头垄断市场结构中十分典型的价格机制，不需要势均力敌的竞争对手进行事先谈判或价格串谋，只需要一家公司先公布将要实行的价格调整计划，另一家公司就会跟上来。

虽然大多数航空公司都不会只经营唯一的线路，但它们经常是在某些航线上具有很强的竞争实力。航空公司在不同航线或运输市场上面对的运输需求千差万别，航线之间的运营成本结构也不一样，因此航空公司往往发现需要制定不同的价格战略以便去获取最大的收益，上述两家公司在华盛顿与纽约之间高密度航班上的竞争只是这类市场结构的一个例子。一般来说，一家公司与其他公司的竞争与勾结程度，取决于同一运输市场上运输经营者的数量、它们之间盈利水平的差别、对市场信息的掌握程度及排除新进入者的能力等。参与竞争者越多，成本结构和需求结构差别越大，对信息掌握得越不充分及进入或退出容易的市场，运输业者之间的竞争就会越激烈。由于现在航空客运服务早已是面对普通大众，绝大多数机票都是通过计算机联网出售，很多机票还有多种代销渠道，因此尽管打折优惠名目繁多，但航空公司要想保守自己的价格秘密已经十分困难，这和另外一些运输市场，特别是货运市场有较大的区别，因为货运公司可能并不准确地了解竞争对手的实际运输价格。

相对而言，拥有部分固定运输设施的运输企业的市场操纵力应被给予更多的关注。

第五节　定期运输服务的市场势力

对于那些拥有部分固定运输设施的运输经营者而言，他们提供的一般都是定期运输服务，而定期运输服务是最典型的公共运输服务，因为它的服务对象具有普遍性，包括各种类别的使用者。由于不同类别的使用者所引起的机会成本不一样，因此在制定价格时也有可能通过这些机会成本的差异去制定，或者采用互不补贴定价的原理。

一、市场细分与定价

1. 航空运输市场的细分与定价

航空旅客之间的差别之一在于对航班时间的要求上：公务出行者往往对他们的出行时间安排得很严格，甚至很多是临时的需要，因而宁愿付出较高票价以满足他们在时间上的需要；而旅游者相对比较闲散，对时间的要求也不那么严格。从理论上说，如果所有的旅客都对起飞时间不是那么苛求，能够调整到大家都接受的时间上，那么航空公司就可以取消定期航班，所有的航班都可以改成包机飞行，并且做到百分之百的实载率。很显然，这种全部包机飞行的运营成本肯定会大大低于目前固定航班的运营方式，而且实际上我们前面所主张的具有最适当频率、最合适机型和较高客座率的轴辐式航线系统，对全部是包机飞行的运营根本没有意义，因为这时候我们所有的旅客根本不需要中转，所有的飞行也都可以使用最大和最有效率的机型。

运营成本较高的定期航班是为满足那些具有严格时间要求的旅客而设计出来的，而这些旅客主要是公务人员，他们愿意支付较高的票价。在这种情况下，如果定期航班所有旅客的票价相同，旅游者就会认为价格过高而放弃旅行或选择其他运输方式，这会使得客座率不理想，定期航班也无法维持。让定期航班能够实现的办法就是对这两种旅客实行不同的票价，公务出行者持高价票使用公务舱，一般旅客则持低价票使用经济舱，于是互不补贴原理在这里就有效施行了。这种定价方法使经济舱在提高飞行客座率的同时，又不致让公务出行者买不到所需航班的机票，因为定期航班毕竟首先是要为这些时间价值较高的旅客提供方便的。

航空客运业可能是把市场细分得最细的行业。例如，除了飞机上的舱位等级及旺季与淡季差别导致的票价差别外，航空公司还根据旅客购票所提前的时间制定了不同的优惠比例，一般是购票越早，优惠越多；根据旅客是否有更改乘机时间的要求也制定不同的票价，给予不准备更改的客户更大的优惠；可以服从航空公司中转安排的旅客与不希望中转而直飞的旅客相比，前者的票价较低；选择把回程日期放在周末的旅客也可以获得较大的优惠。所有这些看起来十分复杂的票价结构，都是为了使固定航班的飞行具有更大的吸引力，以使航班上的载客率能够达到最高。

当然，为了使任何时候的运营收入都能实现最大化，航空公司还会根据季节或其他情况对每一种票价所对应的机票数量进行及时调整，这样当每架飞机起飞时，飞机上面旅客的消费者剩余应该已经是最小化了。定期航班票价的复杂性是以不同旅客对时间要求的严格与否和他们旅行机会成本为基础的，但由于航空业并不属于可竞争程度大的市场结构，因此不排除航空公司利用其拥有的市场操纵力使票价高于相应机会成本的实际水平，以增加运营所得。

2. 公路零担货运市场的细分与定价

公路零担货运公司与大多数航空公司很相似，也提供定期服务，一般是地区性的业务，保证第二天送到，长途货运则保证隔天或三天内送到。为了提供这种定期服务，公路零担货运公司显然每天必须派出足够的车辆上路，而不论任何一条线路上是否满载。显然对于业务量较大的公路零担货运公司，车辆的实载率就会较高，运营成本就可能较低，它们甚至有可能把服务延伸到比较偏远的地区，以便于为自己的经营网络收集到更多的货源。而对于规模较小的公路零担货运公司，它们在车辆实载率较低的地区维持经营就很困难。公路零担货运公司之间这种基于运营网络经济性的竞争，使得小公司较难以生存。于是在20世纪80年代实行放松管制以后，由于小公司所受到的保护被取消，结果很快出现了以兼并为特征的企业重组。目前，在西方国家地区性市场上一般只有数量不多的公司在经营，能够提供全国或跨国性服务的公路零担货运公司更是只有少数几家。但现在还不清楚的是，公路零担货运的网络经济规模到底能有多大。

零担货运的客户不像航空客运那样可以分为公务出行者和旅游者，然而，由于货主托运批量大小的差异，零担货运公司可以通过公布运输价格表与折扣谈判相结合的方式对运输价格加以区别，主要是给托运量大的货主提供优惠。但零担货运公司很难把一辆载货汽车的全程成本都转移到其中某一件或少数几件货物的运费中去。因此互不补贴定价在这里的使用受到很大的限制。

可以认为，公路零担货运公司主导市场的能力是比较小的，原因是货主往往有比较多的选择的可能性，有些货主可以把货物累积到足以雇用整车服务，更多的货主选择购买自备车辆自我运输。此外，运输市场上还有很多货运代理商或经纪人可以为货主提供帮助，所以托运人被运输公司彻底俘获的机会不多。这样，尽管公路零担货运正处在不断集中化的过程中，但由于存在外部竞争，似乎并没有特别多要求政府严格控制的社会压力。

二、市场操纵力的判断

从前面的分析我们知道，对不同使用者收取不同水平的运输价格，不能作为判别是否垄断或是否具有市场操纵能力的依据，那只不过是根据不同机会成本定价的结果。那么如何才能确认运输业者滥用了市场操纵力呢？

在定期运输服务市场中，做出这种判断的最简单标准是经营者减少服务频率。例如，提供定期航班的航空公司要求靠提高飞机的客座率和机票价格来获取最大收益，如果它拥有市场操纵力，它只要减少航班的次数就可以同时达到既提高客座率又抬高价格的目的。服务频率同时也是运输质量的一个重要指标，服务频率高，旅客选择航班的余地就大，等候时间也短。把服务频率降低就会使旅客失去这些方便，买不到机票或误机会给旅客带来更多不便，因此旅客旅行的机会成本提高，而且前面也分析过飞机客座率过高给旅客带来的不便和不适。如果市场上是有竞争的，航空公司一般不敢使用这样的手段，因为这会给竞争者创造机会，导致失去自己的市场份额。所以在大多数情况下，判断航空客运市场是否存在市场操纵行为的标志就是：高的票价、高的飞机客座率和低的航班频率。在其他定期运输服务市场上，人们也很容易发现类似的现象。

三、常旅客计划

1. 航空的常旅客计划

除了降低服务频率，航空公司还会采取其他一些操纵需求的策略来增加自己的盈利。

例如，航空公司都很注意建立自己的品牌，为此它们要花更多钱做广告，广告的作用是有利于培养一批品牌忠诚度较高的旅客，使公司的需求曲线向右移动。培养忠诚旅客的另一个策略是实行所谓的常旅客计划（里程累计）。常旅客计划作为提高客户忠诚度、增强企业竞争力的有效手段，已成为国内外各行业开展客户关系管理的重要组成部分。早在 20 世纪 80 年代初，航空公司就开始引入常旅客计划，那时作为一种客户忠诚度计划，的确取得了一定的效果。随后世界上几乎所有的航空公司都有了自己的常旅客计划。航空公司的常旅客计划被认为是民航史上最成功的市场创新活动。

1994 年，中国国际航空公司在国内最早推出了常旅客计划和相应的知音卡。中国东方航空公司 1998 年 7 月正式推出了常旅客计划。随后，厦航、南航、北航等也相继推出了自己的常旅客计划。航空公司为实施常旅客计划均成立了俱乐部。符合各航空公司常旅客计划要求的旅客均可申请加入相应航空公司俱乐部，并得到一张会员卡。会员通过乘坐该航空公司的航班而得到里程，也可通过在该航空公司的合作伙伴，如酒店处消费而得到里程。当里程达到一定标准时，会员可用所得里程换取免费机票、免费升舱或其他指定的奖励。

而为了获得这种奖励，旅客就需要不断地选择同一家公司的航班。由于小的航空公司和新进入的航空公司在提供常旅客计划上没有优势，因此这实际上也增加了其他竞争者进入市场的难度。

2. 铁路的常旅客计划

随着我国铁路运输能力持续快速扩充，与航空、公路竞争也日益激烈，铁路面临以旅客为中心的理念转变，提升客运服务质量和营销水平。早在 2012 年，铁路部门借鉴 Oracle 公司成熟的客户关系软件，开始了我国铁路常旅客计划理论体系和系统架构的设计研究工作，2012 年 10 月初步尝试对参与铁路调查问卷活动并获得奖励积分的旅客，开通 12306 网站注册成为铁路常旅客会员，并使用奖励积分线上兑换所有列车车票活动；之后在渝万线刷中铁银通卡，享受票价 9 折优惠活动；持京津城际优惠卡旅客，刷卡乘车享受最低 8.5 折优惠活动。在针对部分旅客、部分特殊线路开展研究的基础上，运用大数据技术、虚拟化技术、内存计算等技术，结合铁路客票实名制、互联网售票、铁路延伸服务等业务的逐步推广应用，研究设计了具有自主知识产权的、独立的、开放的、安全的中国铁路特色的常旅客积分系统。该系统独立于铁路客票系统，并与 12306 注册用户相互融合，为广大出行旅客提供“线上线下”统一的互联互通的用户体验，提升旅客的满意度、忠诚度，提升铁路客运服务能力、营销水平和竞争力。

铁路常旅客积分系统在中国国家铁路集团有限公司的客票网统一集中部署，搭建统一的海量数据处理平台、统一的会员服务平台、统一的积分管理和交易平台。系统面向出行旅客和铁路常旅客运营管理人员分别提供不同的系统功能，实现旅客自助办理会员业务和运维管理人员辅助办理会员业务。

当会员不同类型的累积积分总分值达到兑换铁路产品的额度时，在铁路提供的线上或线下兑换渠道上使用积分单一支付方式或积分+现金的混合支付方式兑换铁路产品。兑换的铁路客运运输产品，主要包括火车票、列车席位升舱、车站休息厅服务、车站快捷通道服务、车站接送服务、列车服务等。随着铁路积分应用场景的逐步扩大，铁路积分兑换产品也将变得更加丰富，更加符合旅客的意愿，从而能更好地回馈旅客。

铁路常旅客积分系统根据会员在连续12个月内的购买火车票的总金额，判断会员的等级。铁路常旅客会员的等级分为三星、四星、五星3个级别，系统每日进行会员升级的评定，每月进行会员保级的评定。铁路常旅客会员等级的有效期为1年，在等级有效期内可以享受铁路提供的相应等级的会员服务。

铁路常旅客积分系统会员在旅客购票、出行、进站、候车、检票、乘车、出站、乘后、客服等每一个服务接触点上都尊享铁路的优质服务、惠享铁路的出行体验。通过微信公众号、微信、短信、邮件方式向会员发送乘车提醒、列车正晚点信息、到达目的地天气、会员优惠活动及会员特殊纪念日祝福等信息；购票时提示新加开列车信息、购票成功信息等；到达车站时，提供进站、安检、检票、乘车等专用通道、专用休息厅行李搬运服务等；列车上提供主动问候、到站提醒、列车饮品等；到站乘车后，客服提供专席服务、会员回访等温馨服务。

案例

为什么纽约出租车牌照的售价高达25万美元

因为颁发的出租车经营牌照数量太少，所以出租车对乘客收取的费用明显高于出租车的直接运营成本。假设2004年全日制从事出租车驾驶工作的成本为4万美元（包括购车、燃油、维护、折旧和司机花费的时间机会成本，但不包括经营牌照的购买费用），而出租车每年的运营收入为6万美元。

如果出租车经营牌照的数量不能增加，那么出租车及其牌照所有者每年能获得的2万美元的经济利润（6万美元收入与4万美元运营成本的差额）就会吸引外部人员购买现有的牌照加入经营。假设银行储蓄的年利率为8%，那么出租车牌照可以值多少钱？出价10万美元是高还是低？

由于10万美元每年在银行中只能带来8 000美元的利息收入，而如果用于购买出租车牌照却能带来2万美元利润，显然10万美元的价格被低估了。事实上，当年利率为8%，理性买主对这笔每年2万美元经济利润所持的保留价格，应该等于他存入银行每年能获得同等利息收入的存款数——在这里应该是25万美元。

由此可以清楚地看到，出租车牌照的所有者事实上拥有一项价值25万美元的有价资产，持有它经营出租车每年的机会成本等于因此而失去的利息收入2万美元。因此，牌照所有者获得6万美元运营收入，实际上只够抵消用于经营出租车的所有资源的机会成本。从牌照所有者的角度看，它的运营收入与其显性成本之间的差额2万美元，应该是经济租金。

第七章 运输业的投资与评价

第一节 投资评价的方法

一、经济学的投资评价方法

经济学原理为投资决策提供了有效的理论指导。在图 7-1 中，假定车船供求市场是一个完全竞争市场，因此代表价格 P 的水平线也就是市场需求曲线，它不受移动载运工具拥有者提供车船服务数量的影响。图中 AFC 为平均固定成本曲线，AVC 为平均变动成本曲线，ATC 为平均总成本曲线，MC 为边际成本曲线。根据微观经济学的原理，移动运载工具拥有者提供车船服务的最优数量是由价格曲线与边际成本曲线的交点（A）决定的，即在价格 P 水平上最优的车辆使用天数为 n^*。在 n^* 数量上，价格水平高于平均总成本的部分（直线段 AB）是边际利润，而四边形 $PABC$ 的面积表示获得的经济利润。有利可图的拥有者如果判断这种情况会继续下去，就会投资扩大车船队，以便于增加盈利。

但如果车船供求市场上的需求减少导致价格较低，如图 7-2 所示，在 P 的位置，移动载运工具拥有者就不能获得经济利润。尽管其收入可以弥补平均变动成本，但却不能补偿购置设备的资本成本，四边形 $PABC$ 的面积表示的就是其亏损的数额。在这种情况下，拥有者一般不再考虑如何扩大其车船队，而是要报废旧车船或者出售一部分现有的移动载运工具以平衡收支。但也有可能的是，移动载运工具拥有者在少量亏损的局面中维持经营，因为其收入还可以弥补变动费用，也许在等待市场好转时再弥补损失。

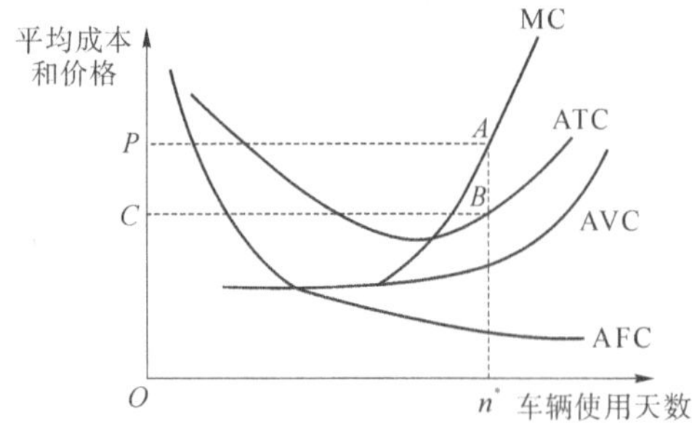

图 7-1 经济学投资评价（盈利）

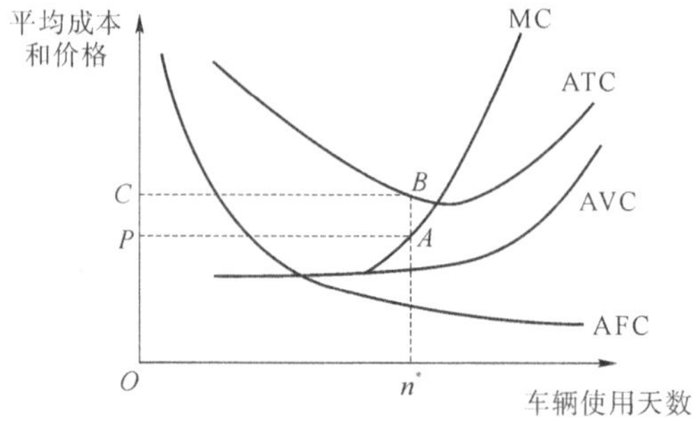

图 7-2 经济学投资评价（亏损）

二、净现值方法

进行投资评估的方法有多种，其中最常用的一种是将投资项目在日后所获得的收益折算成目前的价值，并与投资额进行比较，当折现值在计算期限内的总和大于投资额时，决策便可以接受。在移动载运工具中，汽车的使用寿命是最短的，一般是 5~10 年，而飞机的使用寿命有些竟达到了 50 年，固定运输设施的寿命则更长。除非移动载运工具拥有者愿意或者能够经常通过二手市场购入和卖出移动载运工具，否则购置决策通常都会根据设备的预期使用寿命而做出。

下面通过一个运输投资的例子来说明。1986 年美国联合太平洋铁路公司花费 12 亿美元兼并了一家大型公路货运公司，但这一投资决策受到后来接任该铁路公司总裁刘易斯的批评。根据他的观点，在银行利率为 10%的情况下，收购一家每年盈利仅有 6 000 万美元的公司根本不需要 12 亿美元，因此美国联合太平洋铁路公司的这笔投资是不成功的。美国联合太平洋铁路公司投资收益折现值计算见表 7-1。在银行利率为 10%的情况下，它 30 年的收益折现值合计仅为 5. 656 3 亿美元，不足 6 亿美元。可以假定，这是一笔只涉及移动载运工具的投资，因为分析原理是一样的。

表 7-1　美国联合太平洋铁路公司投资收益折现值计算

年份	年收益/百万美元	折现率为 10%时的折现系数	折现值/百万美元	折现率为 5%时的折现系数	折现值/百万美元
1987	60	0. 909	54. 55	0. 952	57. 14
1988	60	0. 826	49. 59	0. 909	54. 42
1989	60	0. 752	45. 08	0. 862	51. 83
1990	60	0. 685	40. 98	0. 820	49. 36
1991	60	0. 621	37. 26	0. 781	47. 01
1992	60	0. 565	33. 87	0. 746	44. 77
1993	60	0. 513	30. 79	0. 709	42. 64
1994	60	0. 467	27. 99	0. 676	40. 61
1995	60	0. 424	25. 45	0. 645	38. 68
1996	60	0. 386	23. 13	0. 613	36. 83
1997	60	0. 351	21. 03	0. 585	35. 08
1998	60	0. 318	19. 12	0. 556	33. 41
1999	60	0. 290	17. 38	0. 529	31. 82
2000	60	0. 263	15. 80	0. 505	30. 30
2001	60	0. 239	14. 36	0. 481	28. 86

续表

年份	年收益/百万美元	折现率为 10%时的折现系数	折现值/百万美元	折现率为 5%时的折现系数	折现值/百万美元
2002	60	0. 218	13. 06	0. 459	27. 49
2003	60	0. 198	11. 87	0. 437	26. 18
2004	60	0. 180	10. 79	0. 414	24. 93
2005	60	0. 163	9. 81	0. 395	23. 74
2006	60	0. 149	8. 92	0. 377	22. 61
2007	60	0. 135	8. 11	0. 358	21. 54
2008	60	0. 123	7. 37	0. 341	20. 51
2009	60	0. 112	6. 70	0. 326	19. 53
2010	60	0. 102	6. 09	0. 310	18. 60
2011	60	0. 092	5. 54	0. 295	17. 72
2012	60	0. 084	5. 03	0. 281	16. 87
2013	60	0. 076	4. 58	0. 268	16. 07
2014	60	0. 069	4. 16	0. 255	15. 31
2015	60	0. 063	3. 78	0. 243	14. 58
2016	60	0. 057	3. 44	0. 231	13. 88
合计	—	—	594. 89	—	1 095. 36

除了折现这种比较简易同时相对可靠的方法以外，对投资项目的评价还可以使用“内部收益率”的方法。在使用寿命无限长的前提下，一项投资的年平均收益额与投资总额的比值，在数量上等于该项投资的内部收益率。还以美国联合太平洋铁路公司为例，当投资的年均盈利是 6 000 万美元，投资总额为 12 亿美元时，其相应的内部收益率仅为 5%。将计算得到的内部收益率与银行利率对比，就可以得到对投资效益的评价。在本例中，投资的内部收益率仅与 5%的银行利率持平，而 10%的银行利率明显高于内部收益率，这说明投资是不成功的，这笔钱还不如存入银行。

当私人投资固定运输设施的时候，使用的评价方法同样是把未来收益的折现值与投资的机会成本进行比较。但是投资固定运输设施要比投资移动载运工具更需要小心和谨慎，因为固定运输设施的投资数额更大，沉没成本更大，而且固定运输设施的建设周期和使用周期都较长，因此未来的成本和项目收益也都具有更多的不确定性。

固定运输设施投资的沉淀成本特征有两个：一是这种投资的风险很大，银行一般不愿向建设固定运输设施贷款，更愿意向购买移动载运工具贷款，原因当然是那些移动载运工具可以根据需要转移到其他需要的地方去，即便投资项目失败，资金也不至于完全沉没；二是使用固定运输设施的机会成本很小。因此，即使很多铁路公司的定价长期低于平均总成本，但只要定价高于平均可变成本，这些公司依旧可以生存下来。

第二节 固定运输设施投资的评价方法

运输政策的重点之一是运输业投资，世界上所有国家在这方面都会面临投资哪些运输设施的问题，也包括谁来对这些设施投资，以及是否应该和如何在这一领域吸引私人资本。不像移动载运工具可以比较容易地从一个运输市场转移到另外一个运输市场，以及可以比较容易地在二手市场上出售，固定运输设施投资沉没成本更大，投资周期更长，投资更具风险性和不确定性。企业投资决策一般都需要进行评估，其中最常用的一种方法是前面提到的净现值法。评价投资项目还可以使用内部收益率。私人资本如果在某一固定运输设施上投资失败，其财产就会缩水，但这并不意味着该固定运输设施本身也失去了存在的价值，因为从该设施使用的机会成本来看，只要运营收入可以弥补其运营成本，那么继续经营下去将会是合理的。由于私人投资运输项目的风险过大，因此基础运输设施在传统上大体都是由政府通过公共财政进行投资建设的。

一、私人投资与公共投资固定运输设施的准则

公共投资与私人投资的项目评价方法存在差别，由于公共投资主要应用在私人不愿意或不能进行投资的领域，因此私人投资的财务评价以盈利性为主要依据，公共投资的评价标准为社会净福利最大化，而且不一定要求得到全部效益的货币补偿。私人投资的财务评价是用收入减去成本，而公共投资的社会净福利的财务评价是用效益减去费用。

一个公共交通项目的效益通常也包括该项目所产生的消费者支付和消费者剩余，也就是说，公共交通项目的效益是消费者对该项目支付意愿的总和。但是这种效益很容易被夸大估计，原因是有些效益常被多次计算。

运输项目社会经济评价与企业财务评价不同的另一个问题是，有些竞争性运输方式的运输价格低于它的完全边际成本。例如，运输竞争者接受政府的运营补贴，或者并不为自己所引起的环境污染支付补偿，在这种情况下，对于没有得到补贴和没有造成环境污染的运输方式，实际上其社会效益更大，但其运输价格却可能不占优势。

如果不考虑税收，那么消费者的支付与运输企业的收益应该是一致的。运输企业的盈利计算与公共机构的费用效益计算存在的主要差别为：一是费用效益分析要考虑外部性；二是费用效益分析要考虑消费者剩余。此外，还有一点需要说明，即消费者的意愿支付如果实际上并没有真正发生，那么它在企业财务评价中是不能被算作收益的，而在费用效益分析中，无论意愿支付发生与否，都应该被算作效益。

社会净福利是投资项目的社会效益与社会成本之间的差额，或者更准确一些说，是社会效益的折现值与社会成本折现值之间的差额。在大多数运输项目中，社会成本的计算是固定运输设施的建设与维护费用，此外，还应该加上外部成本。显然，一个运输项目如果从社会角度看是合理的，那么它的社会净福利应该增加。

公共投资用于运输项目产生的一个问题是，那些使用该投资获得效益的用户可能并不

必须为此而支付全部成本，因此往往引起对项目或设施的需要过大，但公共财政的能力是有限的，结果就必须由政府根据费用效益分析做出兴建某些设施而不兴建另一些设施的决策。很多时候这种决策机制并不成功，于是就出现一些不必要的设施投资过量而一些必要的设施却未能及时兴建的现象。运输业基础设施领域引入私人资本并进行市场化运作是目前的一个趋势，但政府仍然需要承担自己在这方面的责任。为了避免地方政府盲目地在本地投资公共运输设施项目，美国政府在投资一些公共运输项目建设时，往往规定地方政府也必须配套一部分资金，如高速公路项目经过地区各州承担比例是10%。

二、由公共投资建设运输设施的案例

1. 货运案例

有一个例子可以用来说明在运输基础设施建设方面使用费用效益分析方法应该注意的问题。这个项目是连接美国田纳西河与汤比格比河的运河工程，该运河使原来必须由田纳西河绕道密西西比河才能到达墨西哥港湾的驳船，可以经由汤比格比河到达位于亚拉巴马州的莫比尔港，这样比原先必须到密西西比州新奥尔良港少走很多距离。该运河工程于1986年完工，但为了实施该工程，美国当局早在1977年就进行了项目的费用效益分析。根据分析报告，该运河建设投资的折现值为14.1亿美元，建成后每年的运营维护费为3 630万美元，而每年运河带来的效益为9 469万美元，其中的净效益有5 839万美元。该报告用3.25%的折现率，按照50年寿命期计算，运河净效益的折现值是14.8亿美元，由于折现值大于投资者现值，因此结论是项目可行。

但有些运输经济学家对该报告提出了批评，认为结论不可靠。他们的第一个理由是报告所用的3.25%的折现率太低，如果采用当时银行6.875%的利率计算，该项目的效益现值就会大大低于投资成本。权威机构曾建议在项目费用效益分析中使用的折现率是7%。第二个被质疑的问题是效益的计算。根据原报告，运河每年9 469万美元的效益由三部分组成，即就业效益1 565万美元、观光效益478万美元和航运效益7 426万美元，其中前两项分别来自运河工程直接或间接形成的就业机会，以及运河开通所促进的旅游业。但运河最主要的效益应该来自航运，因为报告预计运河将会使伊利诺斯、肯塔基和田纳西几个州运往墨西哥湾的煤炭运费下降，并促进对美国东南部地区的煤炭运输需求。航运效益的可信计算可以从图7-3中看出。由于运河的修建，煤炭运费下降，相当于图中供给曲线由MC_1移动至MC_2。据原分析报告估计，每吨煤炭运费可以下降2美元，而这可以使煤炭的运输需求从2 000万吨增加到2 500万吨。从图7-3可以看出，这样估计出来的航运效益是A、B、C、F、E所包围的区域，但该区域代表的数额不是7 426万美元，而是4 500万美元。而且即使是4 500万美元的航运效益，其是否正确还需取决于运往墨西哥湾的煤炭运输需求曲线是否估计准确，以及运费节约的估计是否准确。运输成本不但受运输距离的影响，也受驳船载运能力的影响，由于运河宽度难以满足大型船队的需要，因此运距上的成本节约也许不足以吸引货主和船公司放弃原

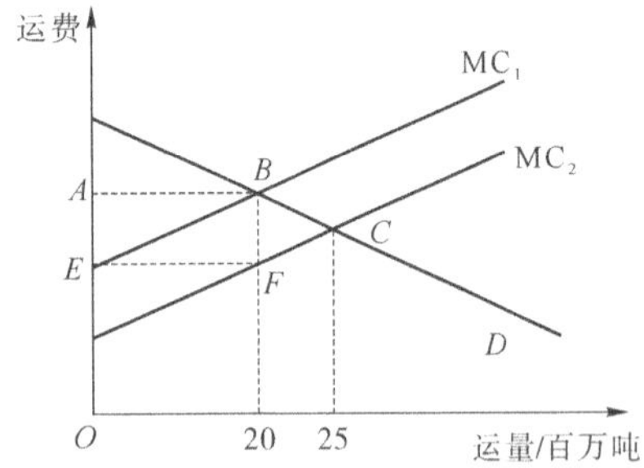

图7-3　汤比格比运河航运效益的计算

先使用的密西西比河航道。

不幸的是，事实被这些运输经学家言中。在运河开通的第一年只有 50 万吨煤炭的运量，后来一直没有超过 100 万吨，远远低于原来估计的 1 700 万吨，而运河的实际工程费用也超过了 20 亿美元。显然，如果当初能够按照实际或准确一点的数据进行费用效益分析，该运河项目是不应该建设的。但是在现实中像这样的决策错误往往很难避免，因为运输需求和其他重要参数的预测与把握难度非常大，不到最后实际情况已经发生的时候，往往无法判断谁的预见更准确。

航道的工程费用属于沉没成本，保持已有运河运营的机会成本仅仅是它的维护费用。如果运河使用者每年的效益大于已经变得相对很小的运营成本，那么运河就值得继续运营。

2. 客运案例

公共客运设施项目的费用效益分析原理与货运项目的是类似的，区别在于客运效益与货运效益计算方法不同，这里也可以举一个案例来说明。1993 年，纽约都市交通运输局计划要在该市北部新建一条跨越哈德逊河进入市中心区的城市轻轨铁路，共提出了包括 6 条供选择线路的 10 个方案（有些线路又分别有桥和隧道方案）。表 7-2 是对这些方案分别进行费用效益分析所得到的结果。从表中收益折现值的数据可知，在该铁路 70 年的寿命期内，每个方案都是亏损的，最少的要亏损 10 亿美元，最多的会亏损超过 20 亿美元，但该表最后一列数字又告诉我们，尽管 4、5、6 这 3 条线路的效益成本比例低于 1，但前 3 条线路在经济上确实可行，特别是 2 和 3 线路的桥方案，效益成本比例都达到了 1. 45，这说明效益很好。

表 7-2　跨哈德逊河轻轨铁路不同方案费用效益分析比较表

线路	跨河方案	收益折现值/亿美元	效益成本比例
1	隧道	-13	1. 23
2	桥	-10	1. 45
2	隧道	-12	1. 27
3	桥	-10	1. 45
3	隧道	-12	1. 27
4	桥	-15	0. 99
4	隧道	-17	0. 90
5	桥	-19	0. 82
5	隧道	-21	0. 75
6	桥	-11	0. 23

表 7-2 中的数据是如何计算得出的呢？为什么项目收益折现值为负但效益成本比例大于 1 说明项目可行呢？第一步，应该预测出来由该铁路服务的纽约北部地区与市中心区的客流总数，并估计铁路会占有的市场份额。据分析，目前铁路客流占总客流的 60%，新线建成以后铁路客流的比重将会上升并最终达到 87%，而这提高的 27 个百分点将主要是从

驾驶私人小汽车吸引过来的。第二步，计算新铁路为旅客所节约的时间及其价值。据计算，由于目前道路拥挤，每一位从北区到市中心曼哈顿的小汽车驾驶人都要承担12.90美元的额外时间和其他损失。于是可以认为，新铁路建成使得这样的小汽车乘客每减少一位都可以节约12.90美元。该市交通当局认为，还有一些效益难以量化，例如，减少小汽车行驶引起的空气污染、由于市中心交通便利而导致地价的上升、新轻轨车站附近地价的上升等。

还可以通过图7-4来进一步说明。图7-4中有一条从北区到市中心区的出行需求曲线，假定新轻轨铁路建成以后的效益主要体现在节约出行者的旅行时间上，可以认为出行价格因受其影响而下降，在图7-4中表示为出行价格从P_1降为P_2。这一时间节约而产生的新增消费者剩余应该是由现有铁路旅客所获得的效益加上新吸引旅客所获得的效益之和。这些效益并没有完全变成旅客的实际客票支付，因此轻轨铁路公司的财务核算可能会一直亏损，但社会的经济效益却超过了项目的投资和运营成本。

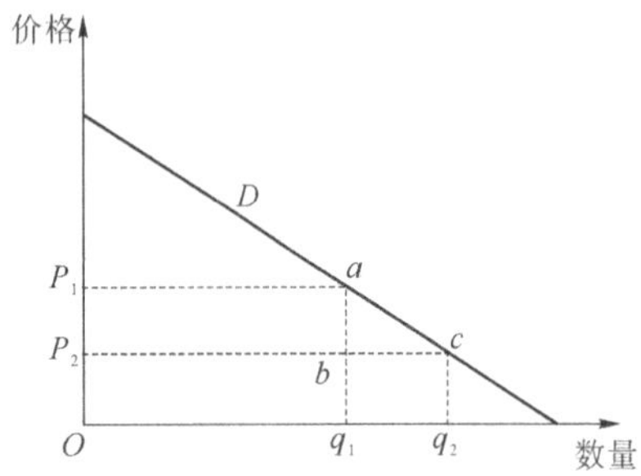

图7-4 纽约新建轻轨铁路项目的效益分析

如果新建轻轨铁路的是一家私营公司，而且它可以通过制定不同的价格和收费，把新建轻轨铁路所产生出来的效益都转化成自己的营业收入，那么这家私营公司在满足一定的假设条件下是可以收回自己的投资并取得利润的，这些假设包括：建设投资预测准确、运营成本预测准确、客流量预测准确、旅客的支付意愿估计准确、费用和效益的折现率估计准确及轻轨铁路公司具有把消费者剩余转化为利润的经营手段等。如果这些条件都能满足，那么该项目45%的投资回收率应该可以在资本市场上吸引必要的资本数量。世界上有不少地方目前确实有一些公路、铁路和港口等各类交通基础设施项目正在计划由私人资本进行建设，但根据一些学者对各国情况的分析，能够通过资本市场筹集到足够的私人资本以从事基础设施建设的情况并不常见。这中间的主要问题是社会往往不愿意把基础设施收费的政府定价权交给私营公司，因为公众既不希望公共设施领域出现垄断现象，也不愿意将所有消费者剩余全部转化成企业的利润。而且在公共设施收费被限制于一定水平的情况下，新建项目所产生的效益就往往不会完全转变成经营者收入，因此公共投资项目并不是由私人资本兴建而是由政府兴建，并且出现亏损或需要财政补贴是比较普遍的现象。然而，在包括运输业在内的基础设施领域引入市场化、商业化或私营化仍然是一个趋势，在这方面的一些动态包括在可能情况下实施政府和私营机构合作的模式（PPP模式）、采用BOT、BOO或BTO等特许经营模式等。

三、计划平衡表

计划平衡表（PBS），作为成本-收益分析（CBA）方法的一个分支，既保留了社会福利最大化的理念，又可以让非专业人士轻松地理解CBA所列出的评价内容。PBS最初通过一系列实际案例进行修正和改进。

20世纪60年代末期，法国就开始广泛使用PBS方法。总的来说，这种方法认为公共运输企业与大多数大型私有公司一样，对选择不同政策将带来的成本和收益现金流没有充足的信息，因此，此方法只是试图满足公众对社会服务的最低需求（社会最低水平），而不是净收益最大化。这就是满意度的概念，它符合大部分关注管理决策的成熟企业的态度。另外，PBS 方法完全放弃 CBA 方法中的社会福利最大化的理念，而采用一种满足社会更低需求水平的评价标准，但可能更有利于从运营和管理的方法来进行投资评价。

PBS 方法有两个主要优点：一是将分析的重点从总体净收益的评价转移到相关受影响群体的成本和收益的分配上来；二是规避了用货币形式表示所有的成本和收益所带来的诸多问题。

PBS 方法就是用表格的形式展现出所有备选投资方案的利与弊。社会经济学中所阐述的各项评价内容，只要有可能，就都用货币价值来表示，但这是不太可行的，重置价值却是可以使用的。另外，如果定量分析不可行的话，则可以使用顺序索引或顺序量表，即根据某标准将评价对象排序或分成等级。进一步细分各项内容后，就会展示出不同项目方案作用于受影响群体的效果，并对如何分配具有一定的指导作用。将各项内容产生的效果与预定的计划进行比较，这些目标的选择反映了一定的社会偏好。按照每个目标的要求将备选投资方案使用序号排序方法进行排序，然后将目标作为一个整体进行汇总排列，产生一个投资序列。尽管 PBS 方法很有吸引力，但还是有一些内在的局限性，尤其是 PBS 排序应用的是粗略的排序准则和等级划分方法，而且预先设定的基准目标也具有非常强的主观性。虽然基础目标可以使决策者在潜意识上对价值的判断清晰化，但也会导致利益相关方的矛盾冲突。面对 PBS 所列出的评价内容中的庞大数据量，基准目标的客观性和矛盾冲突的平衡问题常常被忽略。

PBS 方法被看作是 CBA 方法的延伸，同时也被视作是“多准则决策技术”的初级形式。

第三节　政府和社会资本合作模式（PPP）在运输业的应用

一、PPP 的定义

PPP 是 20 世纪 80 年代开始的一种政府市场合作发展模式。各国发展重点不同，发展阶段也不同，因此对 PPP 的定义也是多种多样，称谓不一。例如，几个主要国际机构对 PPP 的定义：

世界银行：PPP 是政府和社会资本就提供公共产品和服务签订的长期合同，其中社会资本承担实质风险和管理责任。

亚洲开发银行：PPP 是为开展基础设施建设和提供其他服务，政府和社会资本之间可能建立的一系列合作伙伴关系。

联合国培训研究院：PPP 包含两层含义，其一是为了满足公共产品需要而建立的政府和社会资本之间的各种合作关系，其二是为满足公共产品需要，政府和社会资本建立伙伴关系进行的大型公共项目的实施。

欧盟委员会：PPP 是政府和社会资本之间的一种合作关系，其目的是提供传统上由政府提供的公共产品或服务。

上述定义虽然不尽相同，但可把 PPP 的要素归结为：旨在提供公共产品和服务，包括基础设施；政府和社会资本通过契约形成平等的长期合作伙伴关系，实现项目全生命周期管理；在政府和社会资本之间优化风险分配，使提供的公共产品和服务比传统政府采购模式更物有所值，实现利益共享。物有所值，即少花钱、多办事、办好事，是 PPP 的核心理念，也是政府评估是否采用 PPP 替代传统采购模式提供基础设施及公共服务的一种技术手段。

因此，PPP 四个核心要义为：依法平等合作、风险分担利益共享、物有所值和全生命周期绩效管理等，绝不能片面地把 PPP 理解为政府的一种新的融资手段，简单粗放解决短期债务问题。

自 20 世纪 80 年代以来，政府和社会资本合作模式 PPP 就以建设—运营—移交等方式在我国开展，但其关注点主要在融资。2014 年 9 月 23 日，我国财政部发布《关于推广运用政府和社会资本合作模式有关问题的通知》（财金〔2014〕76 号），开篇指出："政府和社会资本合作模式是在基础设施及公共服务领域建立的一种长期合作关系。通常模式是由社会资本承担设计、建设、运营、维护基础设施的大部分工作，并通过'使用者付费'及必要的'政府付费'获得合理投资回报；政府部门负责基础设施及公共服务价格和质量监管，以保证公共利益最大化。"

二、PPP 项目的应用

PPP 项目服务于社会经济发展的方面不同，大致可分为经济、社会和政府三类。经济类包括交通运输、市政公用事业、园区开发、节能环保等领域；社会类包括保障性住房、教育、文化、卫生等领域；政府类主要服务于司法执法、行政、防务等领域。

在交通运输领域，PPP 项目约三分之二的项目在公路上，约 18%在铁路上，12%在机场，不到 7%在港口。各行业的平均项目规模也存在显著差异，从港口约 1.05 亿美元到铁路约 3.07 亿美元不等。道路和机场的平均项目约为 1.8 亿美元。

在区域层面上，欧洲占据了约三分之一的项目，亚洲/大洋洲和北美各占四分之一，拉丁美洲约占五分之一。非洲和中东似乎没有吸引太多的运输购买力平价。在发展中国家，过去 15 年中，约一半的项目在拉丁美洲签署，约四分之一在东亚签署。最大的项目往往位于东亚，平均项目规模约为 2.5 亿美元，其次是拉丁美洲，平均项目规模约为 1.9 亿美元。在其他地区，平均项目不到 8 000 万美元。

PPP 项目可以按照社会资本、特许经营者和项目公司获得收入的方式分为三种情形：

1. 使用者付费方式

使用者付费方式通常用于：可经营性系数较高、财务效益良好、直接向终端用户提供服务的基础设施项目，如市政供水、城市管道燃气和收费公路等。

2. 政府付费方式

政府付费方式通常用于：不直接向终端用户提供服务的终端型基础设施项目，如市政污水处理厂、垃圾焚烧发电厂等，或者不具备收益性的基础设施项目，如市政道路、河道治理等。

3. 可行性缺口补助（viability gap funding/subsidy，VGF）方式

VGF 方式指用户付费不足部分由政府以财政补贴、股本投入、优惠贷款、融资担保和其他优惠政策给予社会资本经济补助。VGF 通常用于：可经营性系数较低、财务效益欠佳、直接向终端用户提供服务但收费无法覆盖投资和运营回报的基础设施项目，如医院、学校、文化及体育场馆、保障房、价格调整之后或需求不足的网络型市政公用项目、交通流量不足的收费公路等。

三、PPP 项目运作方式分类

PPP 项目按照不同方式可以从多角度进行分类，以公共资产的所有权/使用权等的控制状态为基础分类，在我国国内实践中应用较多。主要包括委托运营、管理合同、租赁-运营-移交（lease-operate-transfer，LOT）、建设-运营-移交（build-operate-transfer，BOT）、建设-拥有-运营（build-own-operate，BOO）、购买-建设-运营（buy-build-operate，BBO）、移交-运营-移交（transfer-operate-transfer，TOT）、改建-运营-移交（rehabilitate-operate-transfer，ROT）、区域特许经营，以及这些方式的组合等。具体运作方式的选择主要由 PPP 项目类型、融资需求、改扩建需求、收费定价机制、投资收益水平、风险分配基本框架和期满处置等因素决定。

这里将最常见的 BOT 和 TOT 两种模式介绍一下。

（一）BOT 模式

1. BOT 模式的基本形式

BOT 模式，即建设—经营—转让模式，通常是由某个公司发起，其他公司参加，向当地政府提出建议或申请建设和经营某项目的许可。在取得政府同意后组建项目公司，并由政府授予该项目公司建设和经营特许权。项目公司负责筹集资金及设计和建设该项目。在与政府约定的特许经营期间，由项目公司对项目的运营进行管理，所获现金流量和收益的支配权归项目公司所有，用于偿还债务、收回投资。特许经营期满后，终止特许经营权利，项目公司将该项目完整地无偿移交给当地政府。

2. BOT 模式的优点

采用 BOT 模式建设基础设施，对所在国政府来说，具有以下优点：①通过 BOT 模式吸引国内外私人投资，可以缓解政府建设资金来源不足，并且免去了政府借贷和还本付息的责任，减轻了政府的财政负担；②由于公路等基础设施项目投资额巨大，整个建设和营运过程中都存在较大的风险，采用 BOT 模式可将项目风险转移到私营机构；③国有大型基础项目建设超支是各国政府常常碰到的普遍现象，由私营机构以 BOT 模式承担项目运作，会使政府部门效率更高，尤其是发达国家的大公司参与项目，所在国不仅能获得先进技术、设备和管理经验，而且可以提高项目建设、项目的设计和施工质量，缩短施工期限，降低各种费用。

3. BOT 模式的不足

BOT 模式也有一些不足之处：①由项目公司全权运作，至少在特许经营期内，政府不能拥有对基础设施建设项目的经营权和实际的所有权；②政府部门转移过来的某些风险从相对较高的融资费用中反映出来，“高风险、高回报”将使私营结构有可能得到十分丰厚的利润；③BOT项目操作非常复杂，因此前期准备过程长，政府和项目公司投入的人力和费用比较多，项目运作的风险大，失败的概率也比较大；④项目公司的投入资本主要来源于国内外银行，而收费为所在国的货币，项目建成后，会导致大量外汇流出，加重所在国外汇储备的压力。

4. BOO模式

BOO模式，即建设—拥有—经营模式，是BOT模式的一种衍生模式。该模式的特许投资人根据政府的特许权建设并拥有某项基础设施，但最终不将该基础设施移交给政府。在BOO模式下，项目的所有权和经营权都属于项目公司，并且在期满后项目也不交还给政府。

（二）TOT模式

1. TOT模式的基本形式

TOT模式，即移交—经营—移交模式，是政府通过出售现有已建成项目在一定期限内的现金流量，从而获得资金来建设新项目的一种融资方式。具体来说，就是项目所在地政府将已经投产运营的项目移交给私营企业，一次性筹得一笔资金用于新项目建设。特许经营期满后，该私营企业将原来的项目移交给项目所在地政府。这样一来，一方面可以达到提前收回投资的目的，另一方面也为政府与私人之间的投资合作提供了一种新途径，借助私营企业的经营管理经验，提高基础设施项目的运行效率。

2. TOT和BOT的比较

TOT与BOT两种融资方式都是通过引进私营资本参与基础设施建设，是解决基础设施建设资金不足问题的途径，但二者有许多不同之处。

1）投资方的项目结构不同

BOT模式运行过程的参与者包括政府机构、项目公司、商业银行、项目承包商等。大型交通基础设施建设耗资巨大，建设周期长，需要众多的参与方相互信任、协作配合，这无疑增加了项目进展的复杂性和难度。相比之下，TOT模式要简单一些，这种模式运作过程省去了建设环节，仅通过项目经营权移交来完成融资。

2）私营企业面临的风险不同

由于BOT投资项目周期长，不可避免地存在多种风险。根据已有的一些实践，BOT项目可能面临的风险主要有融资成本高、金融市场变动、债务风险及与经营方式相关的风险等。而TOT模式没有建设环节，投资方不需要承担建设阶段和试生产阶段的大量风险，明显地降低了私营企业和私营资本面临的风险。

3）涉及法律环节及对法律环境的要求不同

许多国家在外资法等范围内就能解决TOT模式所产生的大部分问题。TOT模式有已建成的项目资产作为担保，即使在法律体系尚不健全的条件下，也能有效地吸引投资者。

4）融资项目融资成本不同

BOT模式操作过程从项目建设开始就非常复杂，中间环节较多，其融资成本也随之增高。由于BOT模式涉及项目建设期，因此不可避免地要承担建设风险。采用TOT模式只涉及项目运营阶段，从而使投资风险大幅度下降。相应地，TOT项目投资人的预期收益率会合理下降，加之项目实施过程的简化、评估、谈判等方面的费用下降，也就降低了项目的融资成本。

5）项目实施的复杂程度与可操作性不同

从项目的运作过程看，采用 BOT 模式必须经过项目确定、项目准备、招标、谈判、文件合同签署、建设、运营、维护、移交等阶段，操作过程复杂；而 TOT 模式是对已有项目转让经营权，仅涉及项目的生产运营阶段，不涉及所有权问题，其运作过程要大大简化。

国际上存在的另一种与上面并行的命名法，侧重于以政府转移给社会资本的职能多少为基础分类，可以分为：设计-建造-融资-运营-转让（design-build-finance-operate-transfer，DBFOT）和设计-建造-融资-运营（design-build-finance-operate，DBFO）。

虽然两种命名法能够相互衔接，如 BOT、BOO 可分别与 DBFOT、DBFO 对应，但是这些概念经常混在一起使用，容易引起迷惑，需注意区分。

四、PPP 在交通运输领域的应用案例

下面将从公路、铁路、机场、隧道、大桥、港口几个国内外的案例进行分析，使大家对 PPP 有更为详细的认识。

（一）公路

案例 1　京雄高速公路（北京段）政府和社会资本合作（PPP）项目

1. 项目背景

由中国中铁承担施工建设的京雄高速公路（北京段）工程，是首都北京连接“千年大计”雄安新区最为便捷的快速交通走廊，是《河北雄安新区规划纲要》中“四纵四横”一环京津冀一体化新格局的主干线路，是北京中心城区、北京大兴国际机场连接雄安新区最便捷的高速公路通道，该工程项目政治意义深远、经济地位重要，它的建成将对完善雄安新区对外骨干路网，构建京雄 1 小时交通圈，服务京津冀协同发展交通一体化进程具有重要意义。

2. 项目内容

线路全长 27.043 km，项目估算总投资金额为 122.12 亿元，计划于 2022 年 12 月 31 日建成通车。本项目由北京市政府与中国中铁共同投资采用 PPP 模式建设施工。京雄项目合作期 27 年，其中建设期 2 年，运营期 25 年。中铁京雄（北京）高速公路发展有限公司已于 2020 年 12 月 30 日注册成立，由中国中铁联合体与北京市政府出资代表首发集团共同出资组建，负责京雄项目投资、建设及运营。

3. 项目亮点

（1）创建交通运输部平安百年品质工程示范项目。

（2）立交桥梁的无支架施工新技术应用，后续的施工基本不对主路交通造成影响。

（3）“低影响开发”排水设计理念水环境工程设计体。

（4）该工程运用桥梁的节能减排新技术，积极运用新材料、新工艺、新技术提高能源利用效率，降低二氧化碳排放强度。

（5）京雄高速在国内首次于内侧设置了一条智慧高速专用车道，将实现高速公路无人

驾驶的先行示范使命。

案例 2　英国 M6 收费公路项目

1. 项目背景

随着经济的发展，英国西米德兰兹郡城市圈中的 M6 公路主干道已拥挤不堪，急需修建一条支路（M6 收费公路）以缓解交通压力。由于政府资金不足，1991 年英国政府决定尝试采用 PPP 引入社会资本，计划通过设计—建造—融资—运营—维护（DBFOM）特许经营方式实现项目产出。

2. 项目内容

M6 收费公路 27 英里（44 km），建设总投资约 17 亿美元。特许经营期 53 年，社会资本方负责项目的设计、建造、融资、运营和维护。但由于当地民众的反对及法律方面的障碍，该项目直到 2000 年 9 月才正式启动，2003 年 12 月正式通车，特许经营期持续到 2054 年。

3. 项目特点

本项目是英国第一条采用 PPP 模式的使用者付费公路，特许经营期长达 53 年。由于公众反对收费，项目在签署特许经营协议后延误 8 年才实际启动，经各方努力，最终得以成功实施。英国在 20 世纪 90 年代修建的道路大多采用影子收费模式，用户无须为使用道路直接付费，而是由政府根据道路使用情况通过公共资金和交通项目专项资金向建设者付费。多数英国民众已经习惯了“免费”的道路，故对直接针对用户的收费模式持有抵触情绪。虽然政府 1991 年就决定修建 M6 收费公路，但使用者付费机制引发当地民众的强烈反对，甚至导致项目陷入冗长的法律程序。为平息公众反对，PPP 各参与方积极协调，并做出了一定的让步和妥协，最终与反对者联盟达成了停止抵制活动的协议。特许经营方根据协议，满足了反对者提出的一些条件，并承担相应增加的成本。此外，考虑到周边社区环境的敏感性，M6 收费公路还特别使用了降噪沥青，以降低公路对周围居民生活环境的影响。可见，对公共加强宣传、争取社会理解是 PPP 项目得以成功实施的关键因素之一。

（二）铁路

案例 3　京沪高速铁路项目

京沪高速铁路是我国《中长期铁路网规划》中投资规模最大、技术含量最高的一项工程，也是我国第一条具有世界先进水平的高速铁路，正线全长约 1 318 km，与既有京沪铁路的走向大体并行，全线为新建双线，设计时速 350 km，初期运营时速 300 km，共设置 21 个客运车站。该项工程预计 5 年完成，2010 年投入运营。届时，北京至上海高速列车全程运行时间只需 5 h，比既有线京沪间特快列车缩短 9 h 左右，年输送旅客单方向可达 8 000 余万人，大大释放既有京沪铁路的能力，使既有京沪单线年货运能力达 1.3 亿 t 以上，使其成为大能力货运通道，从而满足京沪通道客货运输需求，从根本上解决京沪通道运输能力紧张的状况，真正实现“人便其行、货畅其流”。

在京沪高速铁路项目长达 10 年之久的论证期间，其数千亿元的资金来源问题一直是各方关注的焦点。根据国务院对京沪高速铁路的设计批复，包括已经开工的北京南站、南京大胜关枢纽大桥，项目的总投入将高达 2 209.4 亿元，这是新中国成立以来一次投资规模最大的建设项目。2007 年 12 月 27 日，京沪高速铁路股份有限公司在北京创立，该公司的创立也标志着京沪高速铁路工程依法建设的条件已经具备，也解开了京沪高速铁路巨额投资来源之谜。京沪高速铁路股份有限公司是在铁道部和京、津、翼、鲁、皖、苏、沪等省市的协调推进下，由中国铁路建设投资公司、平安资产管理有限责任公司、全国社会保障基金理事会、上海申铁投资有限公司、江苏交通控股有限公司、北京市基础设施投资有限公司、天津城市基础设施建设投资集团有限公司、南京铁路建设投资有限责任公司、山东省高速公路集团有限公司、河北建设交通投资有限责任公司、安徽省投资集团有限责任公司共同发起设立的。京沪高速铁路股份有限公司的资本金总达 1 150 亿元，占到京沪高速铁路项目总投资的一半以上。它的构成包括：沿线的京、津、冀、鲁、皖、苏、沪七省市以土地折价入股，根据初步设计批复额为 234 亿元，占总资本金的 20.3%左右；平安资产管理有限责任公司出资 160 亿元，以股权投资计划的方式投资京沪高速铁路项目，占总资本金的 13.9%左右；全国社会保障基金理事会出资 100 亿元入股，占总资本金的 8.7%左右；中国铁路建设投资公司代表铁道部出资 654 亿元，占总资本金的 57%左右。

按照国务院“积极探索市场化融资方式，吸纳民间资本、法人资本及国外投资，构建多元投资主体，拓展多种投资渠道”的要求，京沪高速铁路在建设资金的筹措中充分调动各方面积极性，采用货币、实物、知识产权、土地使用权等多种出资方式，利用国内外资本市场进行权益、债务融资，实现多元投资主体、多种筹资渠道、多样融资方式，在运输基建项目的投融资上实现了重大突破。

案例 4　法国西班牙跨国铁路项目

1. 项目概述

佩皮尼昂—菲格拉斯高速铁路长 50 km，包括 5 座桥梁和一条 8 km 长的隧道，项目总投资近 10 亿欧元，其中 32%用于修建隧道。项目建成后，将在法国和西班牙乃至欧洲铁路系统中起到重要的连接作用。预计可使法国至西班牙的货运时间缩短 10~12 h，客运时间缩短 2 h 左右。

该项目决定采用 BOT 模式，特许经营期为 50 年，经营期结束后项目移交两国政府。

2. 项目特点

该案例是铁路领域跨国合作的 PPP 项目，显示了在复杂的跨国谈判以及招标延误的情况下，PPP 模式能够帮助重要基础设施及时建成，还表明基于良好的需求和收入预测，可将风险向社会资本进行实质性的转移。

（1）特许经营期内，项目由社会资本方负责运营。特许经营合同对社会资本方绩效作出严格规定，如不合格，将面临政府罚款；同时可随时终止合同。

（2）作为铁路领域的 PPP 项目，成功的另一个重要因素是安排明确的政府补贴机制，政府补贴约占到总投资的 57%。由此来判断，项目可采用可行性缺口补助（VGF）支付方式。社会资本方也为项目提供银行担保等支持。另外，预测铁路客流量时，社会资本方有动机来最大限度地增加铁路预测客流量，尽管如此，政府在项目融资模式清晰可靠的情况下，还是做出了准确的预测。

（3）项目的良好运营需要社会资本方和政府之间良好配合，也需要两国政府在项目实施中进行有效的合作。

（三）机场

案例5　北京大兴国际机场

1. 项目简介

机场线一期工程项目总投资约人民币292.63亿元，建设内容分A、B两部分，A部分投资额约占项目总投资的40%，B部分投资额约占项目总投资的60%。A部分由京投公司负责投资建设，B部分引入社会资本投资建设，采用政府和社会资本合作（PPP）模式。项目特许期分为建设期和特许经营期，建设期约35个月，特许经营期从全线贯通试运营日（2019年9月20日）起，期限为30年。

2. 项目特点

（1）合理共担风险的回报机制。项目的回报机制为基于车公里补贴模式的可行性缺口补助。车公里补贴模式指以车公里服务费及协议车公里数作为基础指标所构建的项目财务模式，包括项目票务收入、非客运服务收益、定价和调价，以及相关风险处置的各种机制安排总和。

从政府监管角度看，车公里补贴模式可更好地体现项目运营情况，可与成本监审等政府监管措施有机衔接。

从风险把控角度看，车公里指标本身可预测性强，可承载较大幅度的客流变化，指标稳定，可有效和显著地降低客流预测不确定性对政府和项目公司双方风险的影响。

从项目收益角度看，车公里模式补贴总额相对客流模式略小，支付流程较客流计价模式更为平稳。稳定的模式在项目开通初期有利于促进客流持续发展并维持良好的客运服务水平，使政府与社会资本方取得双赢。

（2）体现PPP模式下的多目标多利益方协作平台

项目公司在与北京市交通委员会签订的《特许协议》法律框架下，负责机场线一期B部分从投融资到建设、运营的全过程管理，立足“特许协议履约主体、业主责任融资平台、公共服务统筹平台、股东收益协作平台”四大职能定位，明确为项目的实施者和运行者，成为政府方、社会资本方等各方为完成机场线PPP项目有效运作的“特别目标载体”。

PPP模式是政府和社会资本就PPP项目签署合同而建立的一种“风险共担、利益共享”合作机制，强调的是项目全生命周期内的平等合作，以彼此间的信赖为合作基础。因此，PPP项目也会遇到金融形势严峻、法律缺失、税收政策等诸多难题，我国很多地方PPP项目的实际签约状况并未达到预期效果，但截至目前北京大兴国际机场线PPP项目的创新合作模式下的项目公司严格履行特许协议，规范公司规章制度，通过组织架构、经营模式、决策机制、选人用人等多种形式，充分发挥了各股东方的优势，快速搭建了PPP模式下的多目标多利益方的良好协作平台，助推了机场线PPP项目健康发展，创造了规范化运作的良好局面，为轨道交通项目实施PPP模式提供了实践经验与良好借鉴。

案例 6　印度德里和孟买机场项目

1. 项目概述

位于德里的英迪拉·甘地机场和位于孟买的贾特拉帕蒂·希瓦吉机场均为印度的主要机场。自 20 世纪 90 年代初期的经济改革以来，印度的航空服务需求增长迅速。社会资本方参与国内航空业使交通流量稳定增长，航空服务质量有所提高。但地面服务并未得到改善，候机厅、卫生间、餐厅、信道和行李管理等设施条件较差。虽然在印度几个主要机场设有一些商业性服务设施，但与国外主要机场相比，特别是与东南亚邻国类似规模的机场相比，孟买或德里机场在这些方面有较大差距，它们还难以提供充足的酒店和其他设施，这一问题在德里机场尤为突出。

2. 项目主要问题

在资金成本方面，德里机场的初始竞价中，GMR（中标人）给出 2010 年完工的项目第一阶段的出价为 350 亿卢比。2007 年，GMR 估计，项目成本约 600 亿卢比。2018 年底有媒体报道，项目成本上升到了 900 亿卢比。因为交通需求和成本方面等因素，负责机场运营的社会资本方要求增加收入。民航部批准了一项“用户开发费”计划，即机场现代化项目可向旅客收费，且属于共享收入。由于 GMR 和 GVK 拥有德里和孟买机场的高收入份额，因此他们都赞成民航部的此项决定。这项费用又改为“机场发展费”，不纳入共享收入中。这也是对招标条款的变更，有利于合资公司。

又如，2008 年，德里机场的合资公司进行了一次流产的尝试：其拟以定金方式收取酒店 6 年的租金，而这笔定金将不按照 46%比例由机场管理局共享。定金取代租金，将减少未来租金收入，损害机场管理局的利益。另外，未来的酒店经营者还被要求为酒店的基本设施付费，因此他们很可能将只愿意支付更低的租金，也损害机场管理局的利益。这两个方面都会降低收入的基数及机场管理局的收入，因此是从有利于合资公司的角度改变投标条款。媒体对此事的曝光使他们不得不重新考虑，从而放弃了这个计划。

在出现的其他问题中，还包括合资公司创建了一个子公司来发展土地和非航空业务的商业活动。而这个子公司的总收入不属于合资公司的收入，只有子公司已支付的股息会成为共享收入，导致共享收入基数的减少。

3. 项目特点

该案例是印度运用 PPP 模式建设机场项目，印度政府为该特别复杂的重大基础设施项目设立了内阁特别小组和部际小组。对于 PPP 项目，尤其是此类大型机场项目，结构设计和招标非常复杂，其中出现了几个较大问题，部际协商的过程解决了不少问题，但还有一些问题尚未解决。该案例十分经典，能从其中总结出很多经验教训。尽管还有一些隐忧，但总体上，印度德里和孟买机场项目的实际效果较为成功。

（四）隧道

案例 7　南京长江隧道工程

1. 项目背景

南京长江隧道是迄今为止中国水下盾构隧道中地质条件最为复杂、技术难题最多、施工风险最大的越江隧道，面临着大直径、高水压、强透水、薄覆土、长掘进、高风险等六大世界级技术难题，国内外院士、专家称之为“万里长江第一隧”。

对于南京市政府而言，该项目的建设风险要远远大于项目建成通车后的运营、回报风险，通过公开招标的方式选择有经验、有能力的建设承包商，是项目成败的关键。

2. 项目建设概况

工程全长 5 853 m，其中隧道建筑长度 3 790 m（盾构段长度 3 020 m），2010 年 4 月 30 日全部建成完工。建设期 5 年，2010 年 5 月 28 日南京长江隧道工程全线通车，开始收费运营。

3. 项目亮点

（1）市政府设立了项目建设协调领导小组，对工程建设全过程进行监管。南京市政府把有效规避风险体现在特许经营实施方案的各个部分。这些好的做法有：要求在设计阶段采用“设计+咨询+施工图纸审查”的双院制模式来降低工程设计风险；要求采用“盾构机构制造+海外专业公司现场监造”模式来降低设备采购风险；要求中标单位按照招标投标法的有关规定，对工程勘察、设计、设备采购、施工、监理必须进行再招标，以降低工程建设风险；要求中标单位的法定代表人出任项目公司的法定代表人，以更好地整合中标单位内部资源；对项目公司采用“行为主管部门行政管理+政府聘请专家团队技术指导”模式进行监管，以确保工程的建设质量和工期。

（2）社会投资方正确的项目管理理念，与地方政府之间良好的伙伴关系。项目公司选择两家设计院：一家设计、一家复核。“双院制”联合设计是工程项目质量的保证。项目公司通过招标方式选择社会信用好、诚信、精良的施工队伍，是确保工程质量和项目公司的基础，严格、规范的工程管理是工程管控的关键。

案例 8　德国罗斯托克瓦诺隧道项目

1. 项目概述

项目采用国际招标，特许权包括设计、融资、建造、运营、维护及收费权利等。最终，在法国、欧洲乃至国际上积累了丰富经验的法国布依格（Bouygues）公司被选定为优先竞标人并中标。瓦诺隧道项目于 2001 年 12 月开工，2003 年 9 月投入使用。根据罗斯托克市与项目公司的合同，特许经营期限为 30 年。采用使用者付费不足部分由政府补贴的“可行性缺口补助”支付方式。

2. 项目目标

瓦诺隧道的建设对当地经济发展起到重要作用，先进、高效的交通基础设施，将直接影响该地区的经济发展和吸引力，这意味着瓦诺隧道将为罗斯托克市及周边地区带来巨大的经济价值。通过隧道吸引跨城出行车辆选择环城公路，以缓解城市交通网的压力；去往罗斯托克市中心区的车辆可通过环城公路的适当出口分流而不必穿越市中心。此外，包含瓦诺隧道的新环城公路系统，沿瓦诺河两岸环绕着市中心，缩短了交通时间和距离，形成了区域优势。罗斯托克港口和区域内的工业，以及罗斯托克和周边地区的旅游业都因此受益。

3. 交通流量预测

在免收通行费的假设下，不同机构在项目实施前均假定每天通过隧道的车辆约有 4 万辆。在收取通行费的假设下，预测估计数字调低到 2.5 万~3 万辆。项目竣工前几个月，即 2003 年 4 月预测的流量依然较高，但最后预计的交通流量再次被调低为每天约 2.2 万辆。

项目公司在 1992 年、1996 年、1999 年所做的使用分析形成了该项目交通流量预测的基础。项目公司曾预计隧道投入运营后第一年每天有 1.2 万辆的流量，第二年会达到每天有 2 万到 2.5 万辆。达到这些流量对于实现社会资本方的预期收益是必要的，若无法达到这个水平，至少流量总体上应处于不断增加的状态，且在一年中的高峰时期每天至少有 1.3 万个用户通过该隧道。罗斯托克市采信了这一分析结果，未委托其他机构进一步预测。但隧道刚开始运营的几个月交通流量统计显示，平均交通流量仅为项目公司预测流量的一半。虽然隧道通车以来，交通流量呈现明显增加趋势，但尚不能确定最终将稳定在何种水平。

2003 年 10 月项目启动运营后，瓦诺隧道就因实际交通流量与预测交通流量的显著差异而出现数千万亏损。罗斯托克市由于公共债务水平过高，无力接管项目，因此选择将特许经营期延长为 50 年。

4. 案例特点

项目不大成功的原因在于政府和社会资本方都缺乏经验，突出表现在预测交通流量相比实际水平过于乐观，最终政府因缺乏公共资金、无力接管项目而将特许经营期从 30 年延长到 50 年，引起了争议。

其他未考虑的因素也造成了影响。罗斯托克出现移民潮，人口数量大幅减少。这个变化将对整个罗斯托克市的经济及该项目造成巨大影响。

（五）大桥

案例 9　咸宁市赤壁长江公路大桥 PPP 项目

1. 项目基本情况

采用 BOT 运作方式，项目投资总额 29 亿元，合作期限 34 年（含 4 年建设期）。方案路线全长约 13.263 km。

2. 回报机制为使用者付费

根据《收费公路条例》规定，收费公路权益包括收费权、广告经营权、服务设施经营权。项目运营期间，项目公司的收入来源包括公路使用者直接付费的车辆通行费、广告经营收入和服务设施经营收入。其中，车辆通行费收入是指项目公司按照国家规定收取的车辆通行费收入；服务设施经营收入主要来源于加油站和便利店、洗车、修车、餐饮等收入等。

本项目运营服务绩效以项目提供的收费公路服务质量衡量，评价内容包括公路养护、收费服务、运行监测和应急管理、安全生产管理等四个方面。

3. 项目绩效评价机制

1）建设期绩效评价

在竣工验收阶段对项目建设结果绩效进行评价，分值在 95 分及以上的，不进行任何处罚；分值在 60 分以下的，对项目公司课以项目总投资 9%数额的扣减；分值在 60~95 分之间的，差值计算对项目公司予以扣减数额，即扣减数额=总投资×9%×(95-分值)/(95-60)。扣减首先从建设期履约担保中兑现，履约担保不足以兑现的，由项目公司另行支付补足。

2）运维期绩效评价

运营期每年度3月底前对上一年项目运营服务绩效进行评价，分值在95分及以上的，不进行任何处罚。分值在60分以下的，本年度对项目公司课以项目总投资0.4%数额的扣减。首先从当年度车辆通行费收入中扣减，当年度车辆通行费收入不足以扣减的，从运营期履约担保中兑现，履约担保不足以兑现的，由项目公司另行支付补足。

分值在60~95分之间的，差值计算对项目公司当年度车辆通行费收入中扣减，即扣减数额=总投资×0.4%×(95-分值)/(95-60)。扣减首先从当年度车辆通行费收入扣减，当年度车辆通行费收入不足以扣减的，从运营期履约担保中兑现，履约担保不足以兑现的，由项目公司另行支付补足。

4. 项目亮点

（1）吸纳社会资本建设公共工程，降低政府财政压力。赤壁长江大桥作为一项重要的公共交通工程，早已提上政府部门的工作日程，但由于地方财力不足，导致该项目迟迟不能落地。采用PPP模式后，吸收社会资本出资建设，政府部门授予社会资本一定期限的收费权，既放开了社会资本投资公共工程的限制，又解决了政府在财力不足的情况下供给公共服务的难题。

（2）国家的PPP政策加强了社会资本的信心。由于国家对PPP项目各方面有明确的规定，地方政府与社会资本签订PPP项目合同后必须如约履行，社会资本方能够获得稳定的合理收益，大幅降低了项目风险，金融机构对PPP项目的融资热情也很高，社会资本投资PPP项目能够获得充足的低利息资金，利好政策对社会资本投资PPP项目有很大的激励作用。

案例10　英国赛文河第二大桥项目

1. 项目背景

赛文河位于英格兰与威尔士之间，阻断了两岸交通联络。1966年，赛文河第一大桥建成通车，打通了两岸交通。但随着交通流量的日益增长，到20世纪80年代中期，该桥已难以满足通行需求，需新建第二座大桥。当地政府由于财政资金紧张，决定采用PPP模式吸引社会资本完成第二大桥的建设、运营和维护，同时接管第一大桥。

2. 定价机制

该项目特许经营公司的唯一收入来源是从第一、第二大桥所收取的过桥费，且自东向西单向收费。收入主要用于完善、运营和维护两座大桥。定价机制根据1989年以来物价指数增长情况，每年对收费标准进行调整，以消除通货膨胀的影响。按照定价机制确定的2006年收费标准如下：

- 9座及以下的轿车，单次收取9.1美元（4.9英镑）；
- 17座及以下的小型巴士和货车，单次收取18.2美元（9.8英镑）；
- 大型客车和卡车，单次收取27.3美元（14.7英镑）；

- 摩托车和持有残疾证的车辆免通行费，主车后挂的拖车和大篷车不另行收费。

用户付费既可以使用现金，也可以使用“赛文 TAG”电子收费系统。为鼓励使用电子收费系统，购买并使用该系统可获得 56 美元（30 英镑）资金返还，同时无须停车或接受检查。该系统有两种支付模式：每月或每季支付一定费用，车辆可无数次限制通行；采用付预付费方式，预先支付下个月所需桥费。车辆通过大桥时，“赛文 TAG”系统会自动对车辆进行分类并扣除费用。系统可在收费政策发生变动时相应自动调整。

3. 财务信息

该项目总成本为 10.79 亿美元（5.81 亿英镑），包括新建第二大桥，还清第一大桥剩余债务，以及特许经营期内这两座大桥的运营和维护费用。

项目最终融资安排如下：

- 银行贷款 3.53 亿美元（1.9 亿英镑）；
- BEI 贷款 2.79 亿美元（1.5 亿英镑）；
- 债券 2.43 亿美元（1.31 亿英镑）；
- 政府债券 1.11 亿美元（6 000 万英镑）；
- 特许经营权益 0.93 亿美元（5 000 万英镑）。

为降低债务成本，特许经营方分别在 1997 年和 2002 年对银行债务进行了重组再融资。

4. 项目成果

第二大桥建成通车，以及第一大桥修缮完成后，赛文河两岸通行的交通压力大大缓解。两座大桥的日均车流量约 66 000 辆。2005 年，共向 2 000 多万辆通行车辆收取了过桥费。

5. 项目问题与措施

（1）环境风险。第二大桥建设可能对赛文河两岸的生态环境产生影响。因此，需要在项目早期规划阶段处理好环境问题，避免因民众的环保抗议和诉讼，导致项目长期拖延。当地政府在 1987 年对环境问题和初步设计进行了深入研究，识别潜在问题并积极制定避免或化解措施，具体包括为施工开辟专用通道、建设独立的排水管网和排污口、建造大量的景观绿化和噪声隔离墙等。

（2）公众反对。公众反对市政府吸引社会资本方参与该项目是面临的又一潜在挑战。英国 M6 收费公路等其他项目就因公众反对而造成严重延误。为了解决这一潜在问题，1987—1990 年，政府开展了广泛的公众宣传，积极与利益相关方进行沟通。根据公众意见，政府调整了硚口引路的选址，建设了较高的路堤和堤后湿地，将面向威尔士的收费站与周边社区隔离，并补贴了大量园林绿化带，使收费站和赛文河两端的引路隔开。

（3）对当地社区的影响。第二大桥的建设工程还可能会给周边社区带来交通不便、噪声污染和空气质量下降等一系列问题。为减轻施工期间可能对当地产生的不良影响，特许经营方建设了专用之路，供运料卡车直达现场，而不经过赛文河两侧社区。此外，该项目中的政府和社会资本方与当地社区团体代表定期举行联络会议，以使其了解施工进度，并解决当地代表提出的问题。

（4）第一大桥老化。第一大桥于 1996 年建成。检查发现其使用了 40 年的缆索存在严重的老化问题，对特许经营方构成潜在的交通、收入和成本风险，说明有必要进行一次更深入的全面检查。特许经营方没有参与第一大桥的初始设计及建设过程，由其承担该风险并不合理。超出预期的交通流量和恶劣的天气条件等造成的桥体损坏同样不应由特许经营方承担维护。因此，特许经营合同对维护范围进行了限定，排除了一些难以预期或无法控制的不利因素，减轻了特许经营方的运营压力。

6. 项目特点

采用设计—建造—融资—运营—维护（DBFOM）特许经营模式，特许经营期满后，大桥所有权将移交当地政府。特许经营方面同时还获得了第一大桥的运营维护和收费权，避免两桥竞争。特许协议明确了定价机制并考虑了通货膨胀，还规定收费达到特定额度时，将提前终止特许经营期。政府和社会资本方充分估计和应对潜在的环境、公众反对、对当地社区影响及第一大桥老化等风险。在这个项目中，政府和社会资本方各负其责，形成了真正的 PPP 关系，带动了稀缺公共资源投入，使工程能够及时完成，为不断增长的交通需求建设了第二大桥，缓解了第一大桥的压力。特许经营方同时获得第一和第二大桥的运营维护和收费权，有利于更好地管理赛文河两岸交通，以及对两座大桥的协调利用。

（六）港口

案例 11　美国得克萨斯州加尔维斯顿港口改扩建

1. 项目概述

项目由社会资本发方发起并负责设计、建造，融资 100 万美元，并协助政府（港口方）从邮轮公司获得 1 200 万美元过桥贷款，保障了项目及时建成。为了应对港口地区对容纳邮轮数量不断扩张的需求，并利用邮轮业带来税收和经济效益（预计每艘游轮会为加尔维斯顿每年带来 1 000 万美元的直接收益和 1 500 万美元的间接收益）。加尔维斯顿港（政府，以下简称港口方）于 2002 年与皇家加勒比国际邮轮公司、嘉年华邮轮公司及西图公司达成 PPP 合作关系，以扩大邮轮服务范围并扩建服务设施。

2. 项目成果

政府和社会资本通力合作，成功地在规定时间内完成了融资和交付。社会资本方协助港口方获得过桥贷款融资，自身也参与融资，并通过 PPP 合同获得相应回报。

五、交通运输业 PPP 项目的主要风险

近年来，PPP 项目融资方式在交通运输领域的应用越来越多，社会资本的介入不仅解决了基础设施建设的资金短缺问题，更可以降低成本和提高效率。但是，由于政府和社会普遍缺乏经验，PPP 项目的应用也遇到了诸多实际问题，也有许多项目遇到了较大的问题甚至失败。通过上面的实际案例，可以大致总结出几点风险和启示。

1. 国家监管和法律变化

法律变更主要是由于采纳、颁布、修订、重新诠释法律或规定而导致项目的合法性、市场需求、产品/服务收费、合同协议的有效性等元素发生变化，从而威胁到项目的正常建设和运营，甚至直接导致项目的终止和失败的风险。PPP 项目涉及的法律法规比较多，加之我国 PPP 项目还处在起步阶段，相应的法律法规不够健全，很容易出现这方面的风险。

2. 政府审批延误、政府信用、政治决策失误等

审批延误风险主要指由于项目的审批程序过于复杂，导致花费的时间过长和成本过高，且批准之后对项目的性质和规模进行必要商业调整非常困难，给项目的正常运作带来了威胁。如土地征用可能是一个漫长的过程，曼谷高架桥施工延误主要由土地整理造成的。

另外，由于政府决策程序不规范、官僚作风、缺乏 PPP 项目的运作经验和能力、前期准备不足和信息不对称等导致项目决策失误和过程亢长的风险。政府不履行或拒绝履行合同约定的责任和义务给项目带来直接或间接危害的风险，如 PPP 产品或服务收费价格过高、过低，1999 年墨西哥收费公路项目重组的一个主要因素是监管机构面临削减收费的压力，结果通常是政府最终接管了该设施。

3. 公众反对风险

交通项目通常具有政治敏锐性、知名度高、公众兴趣和参与度高。交通项目对环境产生重大影响，经常因污染、拥堵、忽视公共交通和视觉影响等问题引起社区和环境团体的强烈反对。

4. 不可抗力风险

不可抗力指公共或私人合作伙伴无法控制的风险，如洪水或地震，这些风险会削弱项目的盈利能力。虽然一些私人保险可为灾难性风险提供保障，但公共部门通常面临着在此类灾难发生时重组项目的需要。

5. 市场收益不足，如预测的交通流量减少

由于宏观经济、社会环境、人口变化、法律法规调整等其他因素使市场需求变化，导致市场预测与实际需求之间出现差异，项目运营后的收益不能回收或达到预期水平。

如以收费公路为例，预测的交通流量减少。交通量对收入和经济增长非常敏感，未能认识到这一点可能是许多收费公路项目失败或以激烈的重新谈判告终的主要原因之一。机动化和车辆行驶里程的增长往往快于收入水平。这种高收入弹性，尤其是休闲旅行，使得收费公路对宏观经济条件特别敏感。对于服务于出口活动的道路，汇率变化可能会极大地影响贸易，导致需求模式发生重大变化。过去 10 年中，许多收费公路项目大幅高估了交通水平。在墨西哥的一些公路特许经营区，交通量仅为预测水平的五分之一。在匈牙利，M1 高速公路在运营的第一年仅吸引了预期交通量的 50%。华盛顿郊外的杜勒斯绿道最初只吸引了预期日流量的三分之一。即使在减少了 40%的通行费后，绿道仍然只能达到其最初预测交通量的三分之二。如我国京通高速公路建成之初，由于相邻的辅路不收费，致使较长一段时间京通高速车流量不足，也出现了项目收益不足的风险。在杭州湾跨海大桥、闽江四桥、刺桐大桥等项目中也存在这一风险。

6. 项目唯一性风险

项目唯一性风险是指政府或其他投资人新建或改建其他相似项目，导致对该项目形成实质性的商业竞争而产生的风险。

如杭州湾跨海大桥项目开工未满 2 年，在相隔仅 50 km 左右的绍兴市上虞沽渚的绍兴杭州湾大桥已在加紧准备当中，其中一个原因可能是因为当地政府对桥的高资金回报率不满，致使项目面临唯一性风险和收益不足风险。

鑫远闽江四桥也有类似的遭遇，福州市政府曾承诺，保证在 9 年之内从南面进出福州市的车辆全部通过收费站，如果因特殊情况不能保证收费，政府出资偿还外商的投资，同时保证每年 18%的补偿。但是 2004 年 5 月 16 日，福州市二环路三期正式通车，大批车辆绕过闽江四桥收费站，公司收入急剧下降，投资收回无望，而政府又不予兑现回购经营权的承诺，只得走上仲裁庭。该项目中，投资者遭遇了项目唯一性风险及其后续的市场收益不足风险和政府信用风险。福建泉州刺桐大桥项目和京通高速公路的情况也与此类似，都出现了项目唯一性风险，并导致了市场收益不足。

7. 配套设备或材料不可用性

发展中国家还必须考虑设备或材料的不可用性。对于铁路车辆或专用设备，如港口或机场使用的龙门起重机或装卸桥，尤其如此。运输瓶颈、关税、外汇波动和其他因素可能会导致成本大幅增加。此外，还存在主要承包商和关键分包商缺乏经验、声誉、财务、技术和人力资源，无法按预算及时完成项目的风险。

而在前面的案例分析中，有些项目不成功往往不是单一风险作用的结果，而是表现为多个风险的组合作用。

第四节　城市轨道交通补贴

相比其他公共交通而言，城市轨道交通初始投资大且呈不断上涨趋势。例如，深圳轨道交通一期工程土建部分单位造价约为 4.8 亿元/km，而深圳轨道交通四期工程土建部分造价已增至 9.4 亿元/km，增幅近 1 倍。此外，城市轨道交通运营期资金需求也远超建设期初始投资，在不计提土建资产折旧的前提下，城市轨道交通运营 30 年总资金需求约为初始建设投资的 1.8~2.8 倍。以全长 100 km 的城市轨道网为例，按照当前居民收入及物价水平计算，每年运营总资金需求为 30 亿~50 亿元。这对城市财政收入提出了巨大的挑战。

城市轨道交通作为准公共产品，其运营收入主要来源于票务，相对单一。而票价通常受到政府严格管制，具备显著的社会公益性特征，未能充分体现市场供求关系。因而运营企业仅依靠票务收入通常难以覆盖运营全成本，需要政府提供必要的财政资金补贴，方可维持安全可靠运营。全球约有 55 个国家的 150 座城市已开通运营城市轨道交通。

因此，从收益和成本核算看，城市轨道交通项目几乎不可能达到盈亏平衡，轨道交通企业需政府补贴才能维持生存和发展。补贴的模式可以归纳为以下三种：

一、市场化运作模式

使用这一模式的代表城市为香港、东京等。城市轨道交通建设期，原则上由企业自筹资金建设城市轨道交通线路。由于城市轨道交通建设资金需求较高，且城市轨道交通运营业务利润回报率相对较低，通过运营期收入难以回收初始建设投资。为激励企业积极性，政府采取资源性补贴的方式。例如，香港特区政府将城市轨道交通沿线土地以合理价格售予香港铁路（MTR）公司，而 MTR 公司可将土地开发收益用于建设地铁线路。东京私铁线路采用“受益者负担制度”，由私铁沿线商业性土地开发商无偿提供私铁建设用地，全额或部分负担工程费用，以降低私铁公司建设成本。

市场化模式下，运营企业在保障城市轨道交通可持续运营的前提下，根据市场状况灵活制定企业发展战略，尽可能提升企业运营效率、提高企业利润，同时可最大限度降低对政府财政补贴的依赖。以香港地铁为例，MTR 公司客运业务财务状况一直处于良好水平，其票务收入可覆盖运营全成本，且利润率维持在 20%左右。市场化模式对运营企业的盈利能力要求较高。运营企业需足够的票务收入以覆盖运营全成本。这意味着城市轨道交通项目必须有高强度客流作为支撑。

我国深圳地铁二期工程中，采用私营企业参与基础设施建设（BOT）模式，引进香港地铁公司参与深圳地铁 4 号线建设，香港地铁公司以挂牌底价获得龙华车辆段上盖土地的开发权，实质上得到土地资源补贴。在深圳地铁三期工程中，政府的补贴方式向资源性补贴更进一步，以土地作价出资方式，将等值于三期工程 7 号线、9 号线、11 号线项目资本金的沿线土地资源给予深圳地铁集团，强化深圳地铁“轨道+物业”的可持续发展模式。而我国很多城市轨道交通的出行人次达不到足够的强度，因此票务的收入不能完全覆盖运营成本，不是很适用这种模式。

二、政府运作模式

在政府运作模式中，政府直接负责城市轨道交通线路的建设运营，或企业严格按照政府要求来运营线路；政府承担城市轨道交通线路建设期及运营期的所有成本，并以行政化手段管理城市轨道交通线路。采用该模式的代表城市为伦敦及纽约等。

在政府运作模式下，运营企业的自主决策权受到较大抑制；企业的运营管理、企业发展、员工管理及收入支出均由政府严格控制。例如，纽约地铁直接由纽约大都会运输署直属机构——纽约捷运局负责运营，其运营收入及支出均纳入政府财政。伦敦地铁公司直属伦敦交通局，其管理层由伦敦交通局直接任命，其新线建设费用由英国和伦敦财政通过借贷房产税及特别税收划拨款解决，其运营收入无法覆盖的日常运营及资产更新费用由伦敦财政以每年特别拨款方式补足。

为控制企业运营成本，政府通常采取成本规制等方法来严格约束车站定员、人员薪酬及维修成本。由于运营企业缺乏有效的激励机制，员工缺乏提高运营效率的动力，难以压缩运营成本。然而，在市民支付高昂出行成本的同时，伦敦地铁却仍长期处于亏损状态，需政府财政补贴方可维持正常运营。

三、多元化运作模式

在多元化运作模式中，政府与企业共同参与轨道线路建设运营过程，并通过合同、协议等方式约定各自的职责、权利及义务。采用该模式的代表城市为北京、上海及新加坡等。在轨道交通项目建设期，通常由政府出资建设城市轨道交通线路。建成后，政府可无偿或以较低价格将城市轨道交通线路的全部或部分资产转让至运营企业；也可由政府拥有城市轨道交通线路资产所有权，而将城市轨道交通线路运营权赋予运营企业。在轨道交通项目运营期，根据合同、协议的约定，政府与企业共享轨道交通项目线路运营收入，共同分担轨道交通项目线路运营成本。

通常政府可以采用资本性补贴和经营性补贴两种方式。

1. 资本性补贴

资本性补贴是政府通过直接投资，为运营企业提供基础运营资产，从而满足基本运营条件的补贴形态。城市轨道交通的国有国营模式本身就是典型的资本性补贴，政府出资办企业，企业贷款建地铁，之所以称为资本性补贴是因为政府的出资很难回收。资本性补贴现在进一步发展为城市轨道交通的车站、洞体和轨道等土建工程（A 部分）与地铁车辆、信号等机电设备系统（B 部分）分离。如北京地铁 4 号线、杭州地铁 1 号线、郑州地铁 3 号线等模式，地铁 A 部分的投资和建设由政府完成，而地铁 B 部分的投资及整个项目的运营和维护由社会资本参与组建的 PPP 项目公司完成。政府将 A 部分资产以象征性的价格租赁给 PPP 项目公司，以支持 B 部分可经营资产的正常运营。

如新加坡地铁有限公司（SMRT）根据运营协议约定，新加坡陆路交通局（Land Transport Authority，LTA）仅负责土建资产更新；SMRT 负责日常运营成本及所有非土建资产更新，基本承担所有运营成本。由于新加坡政府长期实行低票价政策，SMRT 缺少足够的票务收入以保障设备更新，其车辆、供电及通信等系统年久失修。这导致近年来地铁停运事故频发，地铁运营成本激增，利润率大幅下降。

而新加坡新捷运公司（SBS）负责日常运营，LTA 拥有地铁项目的全部资产，所有资产更新资金均由 LTA 承担。双方采取运营协议方式，约定资产更新补贴的具体流程。由于 SBS 运营压力相对较小，运营总收入可有效覆盖日常运营成本。

我国上海申通地铁集团有限公司拥有上海城市轨道交通所有资产，并负责各线路日常运营，且仅承担日常运营成本（不包含大修）。轨道交通项目大修及资产更新改造资金按照《上海市轨道交通大修和更新改造项目补贴资金管理办法》由市财政负责。

2. 经营性补贴

经营性补贴是对城市轨道交通运营环节的补贴，可分为直接补贴和间接补贴。直接补贴是政府直接给予城市轨道交通运营企业现金补贴，如北京地铁采取的实报实销、亏多少补多少的方式，也有城市采取按亏损比例补贴、按运营绩效补贴等。间接补贴主要表现为各种财税减免、水电费优惠等行政手段，如上海地铁实施财政退税、房产税减免、所得税优惠等政策。

1）客流量补贴模式

按客流量补贴的核心是：在 PPP 项目招商阶段，政府和企业约定基准票价，以及票价根据居民消费价格指数（CPI）涨幅、人工成本涨幅、能耗成本涨幅等因素按周期进行调整的机制（影子票价），在实际运营中影子票价与实际票价之间常常会有差距。政府根据实际运营的客流量，将因票款差额所产生的运营收入减少部分以现金方式补贴给运营企业，即为按客流补贴。

2）车公里补贴模式

车公里是城市轨道交通列车运营里程的计量单位，1 辆车运行 1 km 即为 1 车公里。车公里数是一定时期内全部列车车辆运营里程的总和。如果说客流补贴模式是按运输多少人计算，则车公里补贴模式是按列车走行多少里程计算。

3）财政部 21 号文的补贴模式

2015 年 4 月，财政部发布《政府和社会资本合作项目财政承受能力论证指引》（财金〔2015〕21 号），其中第十六条表述如下：“运营补贴支出应当根据项目建设成本、运营成本及利润水平合理确定，并按照不同付费模式分别测算。对可行性缺口补助模式的项目，在项目运营补贴期间，政府承担部分直接付费责任。政府每年直接付费数额包括：社会资本方承担的年均建设成本（折算成各年度现值）、年度运营成本和合理利润，再减去每年使用者付费的数额。”

城市轨道交通，尤其是地铁系统固定资产价值较高，资产折旧费用约占运营总成本的20%~40%。其中，土建设施资产（车站、隧道、高架桥、车辆基地建筑构筑物等）占总资产70%以上。该部分资产使用年限较长（50年以上），且到达使用年限后未必进行更新，若按照会计准则进行计提折旧，则计提折旧资金将长期处于闲置状态。

案例

北京地铁4号线

北京地铁4号线的投资分为A和B两个部分：A部分主要包含前期工作、征地拆迁、洞体等土建投资和建设，由政府投资；B部分包含车辆、信号、自动售检票系统等机电设备的投资和建设，由PPP项目公司承担投资，而其建设都由PPP项目公司承担，有助于社会资本提早进入，发挥专业优势。在北京地铁4号线特许经营协议中，政府通过一定的手段对成本与收入的差额进行补偿，使企业能够产生合理的经营利润，北京市政府在税收及地铁沿线土地相关权益开发上给予私人部门优惠，以使项目具有商业性。北京地铁4号线PPP模式不仅引入了香港铁路有限公司运营管理经验，而且在运营阶段产生的客流效益也使香港铁路有限公司获得了良好的收益，产生了巨大的示范效应。

由于轨道交通为公益性基础设施项目，涉及公共服务和民生大计，社会资本以盈利为目的，当其无利可逐的时候参与的动机不足，甚至会在中途选择退出，而政府方面为保证项目最终的成功，往往选择公共财政兜底来促使保障项目的推进。而资金来源有相当一部分是银行借款，这会推高地方政府的隐性债务，造成长期债务风险。北京地铁4号线项目引入社会资金46亿元，但每年的政府补贴却达到7亿元左右，运用PPP模式的目的是节约政府资金，但有时却只是把短期负债变成了长期负债，没能充分发挥PPP应有的作用。

当实际客流量与预测客流量相差$\pm\alpha\%$以内时，PPP项目公司自行承担风险；超过$\alpha\%$以上的部分，政府可分享收益；实际客流低于$-\alpha\%$的部分，政府支付PPP项目公司额外补贴。如果实际客流大幅偏离预测客流，严重影响PPP项目公司的财务可持续性，就会有退出风险，政府不得不接收项目，最终增加了政府的实际总投入增加。北京地铁4号线特许经营协议中拟约定：若各运营年度按实际运营票价实现的平均人次票价收入水平低于调整后的测算平均人次票价收入水平，差额部分由市政府给予补偿；若客流低于预测客流一定比例（具体比例另行约定），政府将减免特许经营公司应支付的A部分租金；如果连续3年实际客流均低于约定客流的一定比例，且特许经营公司连续3年亏损，北京市政府同意用补贴方式进行协商；如2年内无法就补贴额度达成一致且在特许经营公司要求的情况下，政府有义务收购社会投资者在特许经营公司的股权，股权收购价格为经审计的账面净资产值或双方同意的公允价格。实际上，这是一种政府兜底行为。

更多案例

第八章　运输管制

第一节　管制与管制经济学的若干理论

管制是政府干预市场的活动总称，关于管制的研究被视为是经济学的一个正式领域。政府管制是指政府为维护和达到特定的公共利益所进行的管理和制约。政府管制又称为政府规制。管制经济学最早是由美国著名的经济学家斯蒂格勒开创的。

一、管制理论的背景

管制理论也被称为管制经济学，是一门新兴的经济学分支。从历史上看，政府管制是伴随着产业革命的发生而出现的。在产业革命中，随着新技术的发明和应用，传统的自由放任思想面临很大的挑战，政府在经济中的作用逐渐凸显。尤其是铁路运输的发展需要大量固定资本投资，而单靠自由竞争市场难以迅速聚集所需的大量资金。为此，英、美等国政府成立了政府管制部门，以解决铁路运输中的资金问题、固定成本和沉淀成本问题。对管制部门实施管制的经济效果，包括对生产者利益和消费者利益所造成的影响等问题的分析研究，成为早期政府管制理论的主要内容。

此后，新古典经济学的代表人物马歇尔提出了“外部效应”思想，庇古提出了以税收或补贴形式进行政府干预的思想等，这些都为政府管制问题的研究提供了重要的理论基础。进入20世纪，管制理论与实践得到进一步的发展。20世纪30年代，以美国为首的西方国家在经济大危机期间，对具有自然垄断特征的公共事业部门进行了政府管制。如罗斯福新政之前，电力、铁路等大型垄断公司为获得高额垄断利润，人为制定过高的垄断价格，损害了消费者利益，阻碍了经济发展。“新政”颁布法令，对交通运输和公共事业实行联邦管制，并成立了各种委员会，如铁路管理委员会、电力管理委员会等，来管制相应的自然垄断部门，特别是对运费、电价等实行联邦管制价格。正是在这种经济背景下，管制理论的研究得到进一步发展。

二、管制的基本理论

管制经济学中关于为什么会出现管制理论，学者提出的具有代表性的理论有：公共利益理论、利益集团理论和俘获理论等。

1. 公共利益理论

从分析方法上看，管制理论可分为规范分析的管制理论与实证分析的管制理论。早期的管制理论主要是一种规范分析，分析的内容主要是针对管制过程中存在的某些弊端，对为何要进行管制，或管制的目的是什么等问题进行规范性研究，其中较重要的理论是公共利益理论。

在管制的公共利益理论中，管制手段用来解决市场失灵的逻辑根据是，由于存在市场失灵，因此政府应该通过管制干预来提高经济运行的效率；而市场失灵的来源主要包括自然垄断、信息不完备、外部性和公共物品特性及恶性竞争等。为了纠正市场失灵的缺陷，保护社会公共利益，由政府对这些行业中的微观经济主体行为进行直接干预，从而达到保护社会公共利益的目的，这即是管制的公共利益理论。在该理论看来，在以上条件下，尤其是存在自然垄断和外部性条件下，不受限制的竞争会使经济效率受到损害。而当存在外部性且市场出现失灵时，管制可以提高社会福利。

以公共利益理论为主的传统管制理论基本上是一种规范分析，经济学家只是单纯地将福利经济学的有关原理运用到管制分析中来，而对于管制的必要性，以及如何将一般静态均衡分析引入由于技术进步而不断变化的市场条件下的问题，没有进行深入的研究，进而忽视了政府管制失灵的问题。事实上，这一时期一些国家的管制出现了许多低效率现象，如制度僵化、腐败、管制成本过高、技术创新缓慢等。管制中出现的这些无效率现象，促使经济学家思考管制的动机和必要性问题，并对以保护社会公共利益为目的的传统管制理论提出疑问，同时开始对某些管制措施的有效性进行实证性分析和检验。许多经济学家通过大量实证研究发现，管制并不像传统管制理论认为的那样是与外部经济或外部不经济完全相关的，也不是与垄断的市场结构正相关。尽管政府宣称管制是为了保护公众利益，制约企业的不正当获利行为。但事实上，保护公共利益只不过是表面现象，进行管制与是否有必要进行管制或管制的实际效果并不是一个问题。实证分析表明，管制的实际效果与政府所宣称的或传统管制理论所认为的管制目标是不一致的。这一研究促使经济学家重新思考管制本身的必要性问题，并得出政府应放松管制或放弃管制的主张。

2. 利益集团理论

随着对管制理论研究的不断深入，许多经济学家从政治经济学角度来研究管制这个起源，得出管制势力集团博弈的结论，还认为管制并不是没有成本的，而是由于管制者的信息并不完备，因此管制可能是低效率的。以斯蒂格勒为首的芝加哥学派对议会设立管制机构及管制机构一旦成立后其所作所为进行了研究和讨论。

在对管制本身的必要性进行分析的经济学家中，美国著名经济学家、诺贝尔经济学奖获得者斯蒂格勒最为著名。他于 1962 年发表了一篇名为《管制者能管制什么》的文章。在这篇文章中，斯蒂格勒提出了管制经济学的根本性问题：管制者能够管制什么？他认为，应将政府管制目标与管制实际效果分开，管制者的愿望和制定管制规则是一回事，而管制能否对被管制产业产生预期效果则是另一回事。在该文章中，他还对作为典型自然垄断产业的电力供给部门的管制效率进行了研究，结果发现政府对自然垄断产业的管制并没有降低收费标准，也没有解决价格歧视问题，对利润的提高也没有显著影响。他进而分析，既然管制不能取得预期的实施效果，那么除了保护公共利益动机之外，必然存在进行管制的其他原因。为此，他提出管制“商品”的需求供给论。他将管制视作由管制者所产生的一种“商品”，并提出管制是利益集团对管制“商品”的需求与管制者对管制“商品”供给之间的结合，目的是实现利益的再分配。政府官员通过提供管制“商品”可以获得选票，以实现留任的目的或是取得其他形式的回报，而被管制者则可通过游说或贿赂来左右政府的管制政策，以谋取自己的利益。

1971 年，斯蒂格勒又发表了《经济管制论》一文，进一步对政府管制的动机进行分析。他首先提出了两个分析前提。第一个前提是，政府的基本资源是强制力，各利益集团通过说服政府使用其强制力来增加自己的福利。第二个前提是，各个组织追求效益最大化，符合理性经济假设。以这两个前提为基础，斯蒂格勒提出了以下理论假说，即管制是响应利益集团最大化其收益的需要而产生的。一个利益集团可以通过说服政府实施有利于自己的管制政策，而把社会上其他成员的利益转移到自己的利益集团中来。他还明确指出，政府进行管制的公共利益动机只是一种理想主义观念，政治家将对管制的“供给”与产业部门对管制的“需求”相结合，以谋求各自的利益，这才是管制的真正动机所在。正是根据斯蒂格勒的研究，经济学家们逐渐认识到，管制并不一定有利于公众利益，而是有利于生产者，因为政府所采取的管制政策往往倾向于提高行业利润。事实上，一些经济学家通过对电力等自然垄断行业的实证研究证明，管制使生产者可以获得高于正常水平的利润。

利益集团的行为受个体成员欲望的驱动，通常利益集团的规模越小，搭便车的效果就越小，个体成员行动的欲望就越强烈，因此小的利益集团比大的利益集团更容易组织。组织得好的利益集团能在某些管制政策上表现出更强烈的偏好，并提供更大的政治支持，而管制制度也倾向于以牺牲更大团体的利益为代价保护小的利益集团。

3. 俘获理论

管制的俘获理论认为，管制政策有利于被管制行业，这是因为或者立法者被被管制行业所俘获，或者管制机构被被管制行业所俘获。立法者被被管制行业所俘获是指，在立法环节，所通过的法案是基于该行业对管制的需求而制定的，其目的是管制政策可以保护该行业中的生产者的利益。而管制机构被被管制行业所俘获是指，由于交易费用和信息不对称等问题的存在，导致被管制企业可以通过向管制机构提供有利于自己的虚假信息而使管制机构做出有利于自己的判断，从而导致管制机构被被管制行业所俘获。

20 世纪 70 年代以来的几十年来，管制理论取得了迅速发展，特别是自然垄断问题逐渐成为政府管制理论研究的中心问题。除此之外，外部性、信息不对称性，以及与此相关的委托代理问题也相继进入政府管制经济学的研究视野，并成为管制理论研究的重要内容。许多新的管制理论相继产生，目前管制经济学已成为产业组织理论研究领域的重要内容和发展最为迅速的分支学科。

三、管制的分类、对象与手段

1. 管制的分类

根据管制对象和实施手段的不同，经济学上把管制分为经济管制和社会管制两类。

1）经济管制

经济管制是指对价格、市场进入和退出条件、特殊行业服务标准的控制。早期的管制主要是经济管制，集中考察某些特殊产业，主要是公共产业（如电力、自来水和管道运输业、交通运输业、通信业和金融业等）的价格和进入的控制上。对这些产业的管制一般与两个因素有关：一是自然垄断；二是信息不对称。由于很大一部分行业的管制与自然垄断有关，因此，人们一般将经济管制看作是对自然垄断行业的管制。

价格管制是对那些经过特许而进入市场并提供垄断性服务的运营商的服务收费水平及收费结构进行的控制。西方国家采用了两种主要的价格管制机制，即成本加成机制和价格上限机制。成本加成机制在美国使用得最久，一般的做法是通过公众价格听证会，就企业提交的成本资料和申请的投资回报率展开讨价还价，最终确定成本基数和回报率，并在一定的监管间隔期内保持不变。这一方法的优点是可以借助严格的会计审计制度和听证程序以提高成本信息的透明度，它的缺点是必须付出巨大的监管成本，企业有可能会寻求增加成本基数而不是降低成本。此外，该机制不容易适应通货膨胀率的波动。

价格上限机制采用的计算公式为 $p_t = p_0(1 + \mathrm{RPI}_t - x)$。其中，$p_t$为有关年份价格调整的上限；$p_0$为基期加权平均价格；$\mathrm{RPI}_t$为该年的零售物价上涨率；$x$ 是受监管产业的生产率上升比率。其中基期加权平均价格和零售物价上涨率是外界给定的，而生产率上升比率要通过估算企业的运营投入、资本投入、资本回报率和资本基数来确定。由于一般产业生产率水平是趋于上升的，x 在一个管制间隔期结束之后，即面临着相应调高的趋势，这就使得企业为了获取利润剩余而努力将生产效率提高。价格上限机制的优点是对企业信息的依赖程度较成本加成机制要弱，可以很大程度上避免在价格调整时进行复杂的成本审核，从而显著降低监管成本，对企业具有提高生产效率的正向激励。价格上限机制首先在英国被采用，由于它相对于成本加成机制更具有激励的作用，因此近年已被更多国家采用，并且有逐渐取代成本加成机制的趋势。

2）社会管制

社会管制是基于对生产者和消费者健康和安全的考虑，制定一些规章制度对涉及环境保护、产品质量和生产安全等方面所实行的管制，以纠正经济活动所引发的各种副作用和外部影响。社会管制产生的经济学根据是环境资产等的外部性和安全保证中的信息不对称性。运输的社会管制指政府为实现一定的社会目标对运输业所进行的管制，既涉及运输当事的双方，又涉及运输会影响到的其他所有方面，包括城市交通拥堵的管制、安全管制、对环境污染的管制、对特种货物运输的特殊管制。在社会管制方面，各国政府的干预一直在增加。社会管制有时候也带有经济含义或使用经济手段，其意图是在使运输设施充分发挥效率的同时，减少交通事故、环境污染，促进服务质量提高，保护社会和公众的利益。

2. 管制的对象与手段

管制的对象是各类企业的市场准入行为、定价行为、互通互联行为、垄断行为、服务质量及普遍服务义务等。而管制的手段则包括制定规章、行政许可、行政检查、行政处罚、行政强制执行、行政裁决等。

四、管制机构的设计

在西方国家，管制机构通常都是与政府的一般政策部门分开设立。这种结构上的分离，使独立的管制机构能够独立地执行监管政策而不受利益相关方的干扰。脱离了政府和行业管理部门的管制机构，实际上成为集行政执法、准立法和准司法权力于一身的政府第四部门。当然，这种权力要来自专门的管制立法。管制机构一般是由一个委员会来集体领导，其委员会有固定的、得到保证的、任命时间与政府最高行政领导错开的任职年限。机构负责人由政府行政最高领导提名，并得到立法机关的确认。这种安排主要是为了健全管制机构的知识结构，增加特殊利益集团左右监管政策的成本，以及保证监管政策的延续性。只有法院可以否决管制机构做出的决定，这是司法审查机制的体现，但法院虽然可以判决监管机构决定的无效，但却不能代替监管机构在该问题上做出新的决定。

可以看出，管制机构被设计成拥有非常宽泛的行政管理职权，同时又受到其他权力机制制约的政府职能组织。对管制者的监管之所以重要，是由管制的委托——代理关系的性质所决定的。当独立管制机构依法三权合一时，它就成为一个自我决定并执行管制规则的具有广泛自由裁量权的行政机器，如果对其行为不加干涉和审查，管制机构就可能滥用行政权力或不作为，以及被强制利益集团收买而不公正地使用权利。为了保证其合法、合理地使用权力、履行职责，必须建立一套行之有效的法律监管体系。根据国外的经验，这一法律监管体系主要是由行政系统内部的监督、立法机关的监督和司法审查三个方面组成，并采用开放式的行政程序。

五、管制与反垄断的关系

虽然同样被称为管制或监管，但准入和价格的管制与反垄断监管的机制之间确实有差别，其差异主要表现在以下几方面。

(1) 监管的主体不同。虽然两者的监管主体都属于政府的行政系统，但可能是分设的，前者以行政执法为主，后者以司法和准司法为主。而且，法院也可以通过直接受理当事人的诉讼或间接受理行政系统专门反垄断机构的诉讼，实行反垄断法。

(2) 监管的范围不同。前者只针对某一自然垄断产业进行纵向性的监管，而后者是针对所有产业的横向监管，也包括竞争性的产业和企业。

(3) 监管的干预作用不同。前者可授权创设规则，并可主动对被监管者是否履行法定义务实行监督检查并施以相应处罚，监管者的主动性大于被监管者，因而是一种兼顾事前、事中和事后的全过程的监管。后者虽然可以作为公诉人对违法者直接提起诉讼，但在多数情况下主要是因民事主体的申诉才开始启动准司法程序，并依据法律进行裁决，纠正垄断行为并处以罚款，使受害人得到民事赔偿，因此这基本上是一种事后的监管。

(4) 信息结构不同。基于上述各类的差异，管制具有更强的专业性、日常性和对象的确定性，加上工作人员相对较多，他们对被监管企业的情况比较熟悉。但对象的确定性和信息优势可以导致对企业的干预过多或者增加被企业收买的概率。这也许是两种监管职能需要分设的主要原因。

在管制理论研究方面，有学者认为对交通运输和通信等网络型产业，一般反垄断法的事后干预，并不能取代管制制度的全面监控。在西方，除少数国家采取合一体制，即由合一的机构同时负责一般的反垄断和网络型基础产业的管制外，多数国家是根据不同的领域或问题设置不同的权力机构，在专业管制机构与反垄断机构之间构筑多样化的权力配置格局，并执行相应的合作机制。也就是说，在基础设施产业领域，管制机构与反垄断机构各自行使自己的职权，管制机构执行专业监管，反垄断机构执行反垄断法律，经营者既要受到专业监管，同时也要受到反垄断法的规范。

第二节　运输管制的含义和内容

一、运输管制的含义

运输管制是政府对运输业实施的特殊管理形式。运输管制与网络型产业管制一起，引起了运输经济学领域以外的一些学者们的关注，甚至发展出一个管制经济学的学科分支，成为经济学最重要的前沿之一。这一研究领域的观点和争论很多。

运输管制与放松管制是运输业历史沿革中的重要现象，也是需要运输经济学分析和解释的重要内容。19 世纪末的铁路既拥有固定的线路设施，又拥有直接提供客货运服务的机车车辆，出现了对铁路垄断权力实施控制的社会压力，这导致运输管制时期的开始。尽管对不同运输方式的管制形式和内容略有差异，但在美国所依据的法律和规章差不多。美国 1887 年通过的《州际商务法》建立了州际商务委员会，该法和 1920 年通过的相关运输法使州际商务委员会获得了对铁路业的管制权力。1935 年和 1938 年的运输法则分别使运输管制扩大到卡车运输和航空运输，并成立了专门的民航管制机构——民用航空委员会（CAB）。1940 年，州际商务委员会的管制权力又进一步扩大到国内水运业。然而，从 20 世纪 70 年代起，事情又开始向反方向发展，出现了十分明显的放松管制运动。到 20 世纪 90 年代中期，延续了大约一个世纪的运输管制在美国已经大大减少了。

二、运输管制的内容

运输管制的内容主要包括对运营线路（进入和退出市场）的管制、对运输价格的管制和对运输服务的管制等。

（一）运营线路管制

1. 铁路

美国铁路一直是私有私营的，但也得到政府在各方面的支持。19 世纪后期，铁路在美国获得大发展，那时候任何一个城镇如果没有被铁路连接，几乎就算被判了死刑，因为没有铁路就意味着没有任何经济发展的机会。所以每一个城镇的政府都会想方设法提供各方面的优惠和支持，以便让铁路公司把线路连接到自己所在的位置，而且要让尽可能多的铁路经过那里，因为有竞争力使运输价格下降，也不至于让一家铁路公司完全控制了当地的可达性和经济命脉。这样铁路在那个时期获得了空前的发展，几乎到处都在修建铁路。但结果是美国有太多的铁路，超过了当时和后来的客货运输需求，铁路公司在竞争中不得不压低运输价格。而铁路的固定运输设施成本占比很大。如果客货运量不足以使铁路公司获得必要的收入从而使在弥补直接变动费用以外还能弥补其固定运输设施成本，铁路公司的财务状况就会逐渐恶化。州际商务委员会在1920年做出了一项重要决定，要求任何一家铁路公司在修建新线路之前必须证明当地没有足够的铁路运输服务，只有这样才能获得筑路的批准证书。这项管制起了决定性的作用，它的实施似乎一下子把美国的铁路地图冻结起来，而在这之前美国一浪高过一浪地修建了约40万公里的铁路。

这一规定的作用是双重的，它让这个国家避免了更多的铁路建设方面资源的浪费，同时也保护了已有的铁路公司免受新的竞争。但问题是，铁路公司在得到保护不受新线路竞争的同时，也被规定不得随意废弃旧的铁路，必须经过严格的审查和批准，因为废弃线路和合并有可能使铁路公司取得市场上的垄断地位。

在铁路地图这样被冻结起来的时候，一部分铁路公司是赚钱的，财务状况不错，而有些铁路公司是赔钱的，或者在市场上的力量很弱小。这其实很正常，因为铁路修建在不同的地方，肯定存在有些地方客货运量比较充足，而有些地方的运输需求就比较少，不同地区在不同的发展时期客货运量也会发生差别，更别说铁路建得过多的情况了。这却给州际商务委员会的管制提出了一个难题，即如何公平地使所有的铁路公司都能经营下去。例如，在管制运输价格的时候，如果运输价格水平确定刚能使强公司获得合理利润，那么这运输价格就会让弱公司无法维持而倒闭；如果运输价格水平确定使弱公司生存，那么这运输价格就会使强公司获取超额利润。州际商务委员会让所有的铁路公司都能获得平等生存机会的指导原则是有限的，铁路运量必须尽可能地在所有的线路上均分。有这样一个例子，当年联合太平洋这家西部大铁路公司想从内布拉斯加州的奥马哈再向东发展，需要一条连接到芝加哥的铁路线，但当时从奥马哈到芝加哥已经建成6条铁路了。州际商务委员会拒绝联合太平洋公司兼并其中任一家公司，因为他们担心一旦联合太平洋公司兼并了某一家公司，那么这一家公司就拥有直通芝加哥的线路，其他5家公司就很难像以前一样承接到联运的货物了，因此当时的管制往往就是这样用只够两三条铁路运输的运量保持6条铁路的生存，这当然会使铁路的运输成本长期居高不下，使他们的财务状况陷入危机之中，州际商委员会严格限制废弃现有线路的做法得到了很多地方政府的赞同，因为他们担心当地会失去已有的铁路客货运服务，而当时也确实没有其他运输方式代替铁路运输使他们能与外界联系。这样州际商务委员会的铁路线路管制政策显然更多地考虑如何保持已有的运输服务，而不是铁路公司在市场上是否具有竞争能力。

2. 公路

当1935年州际商委员会获得对公路货运的管制权时，就马上把这种对铁路线路的管制方法移植了过去，规定了每个公路货运公司必须遵守的运营线路范围，而且也是以管制生效时的状态为准。其实没有什么道理，因为公路运输公司除了拥有一些用来集散或中转处理货物的站场，并不拥有其他固定运输设施，而公路运输公司在经营上优于铁路运输的一个方面是，它们不必被固定运输设施束缚在确定地域里，一旦在某地的运营不成功就转到他地。但是州际商委员会的管制却要求所有的公路货运公司为其所希望提供服务的所有运营线路申办经营许可证，放弃经营时也需要经过批准，所有的申请程序又相当复杂严格。

3. 航空

1938 年，这种管制方法再次被推广到民用航空领域。与公路运输公司很相似，航空公司也只拥有若干旅客候机和飞机维修的地面设施，而且像前面分析的，如果没有严格的运营线路管制，航空公司肯定会形成轴辐的运营结构以便充分利用网络经济，但运营线路许可证制度长期阻止了航空公司按照市场的需要去发展，在铁路领域维持强弱平衡所产生的问题在航空业也有一定的表现，但由于航空业正处在很快的发展过程中，因此管制者是通过抽肥补瘦的办法让航空公司都能生存下来。于是出现了不给有竞争力的公司批准新线路，而有意将盈利线路放给市场上表现不佳的公司的现象，这也成为后来要求取消航空业管制的一个呼声最大的原因。

（二）运输价格管制

运输价格管制的主要内容是对货物的运输价格进行管制，在货运领域，运输价格管制分为运输价格水平管制和运输价格结构管制两部分，其中运输价格水平管制是对整个行业的运输价格中水平提高百分比的控制。这种运输价格总水平的提高，要以行业中代表性企业运营成本的上升作为依据。因此，事前需要核实大量的成本数据资料，由于美国铁路长期财务状况不好，铁路投资得不到正常的回报，因此州际商务委员会给铁路的提价要求持比较积极的赞同态度。需要指出的是，行业运输价格总水平的控制是一种集体的价格制定过程，行业中所有涉及的铁路企业会联合起来提出共同的条件要求，这就使得州际商委会常常在整个行业的行动中表现得比较被动。

（三）联运车辆过轨和其他管制

由于管制严格限制了运输业者的经营领域，特别是他们经营的地域范围，因此，当旅客的行程或托运物体的目的地超出了一个承运人的经营地界时，就需要有第二个或者更多个承运人组成一个运输链条，这时具有一定市场操纵力量的运输业者就可能会利用其所具备的有利位置，在运量交接的过程中可能会高价谋取高收益。为了避免和约束这种行为，管制机构就需要为货物行李和载运工具的联运交接制定规则，以便使整个运输网能够尽可能地被连成一体，在这中间最重要的是运输业者之间相互提供服务的收费规则。州际商务委员会也具有把全程运费在始发地承运人和终点到地承运人之间进行合理分配的裁定权利。

这类管制规则中最具代表性的是对铁路公司之间车辆过轨交换的处理规则。前后的铁路按照规定要形成相互连接体系，这意味着一个铁路公司的车辆可以进入其他公司的线路，这同时也意味着自己投资购置的车辆设备可能被别人用来盈利或者自己可以利用别人的车辆盈利，于是铁路公司都希望减少自己在这方面的投资而尽可能地利用别人的设备。要减少这里的机会主义行为，铁路公司会按照车辆被占用的行程或时间来收取费用。

运输管制还包括很多其他内容，例如运输业者不能运送属于自己经销或者出售的货物，因此铁路公司不允许投资开矿。为保证巴拿马运河的竞争性，铁路公司不允许巴拿马运河的航运公司占有股份，铁路公司要想参与其他运输方式的经营，必须要经过批准，并且铁路公司一旦倒闭，其职工的安置问题很难解决，因此也限制了铁路公司倒闭。

第三节　运输管制与放松管制

一、运输管制的演变

1. 运输管制阶段

纵观历史，出于军事、政治和财政的原因，运输业一直是政府部门关注的重点。在过去的一个半世纪里，政府对运输业关注的范围不断扩大。这一时期政府首先关注的不是运输市场的效率，而是确保有充足的运输来促使政府完成防务、行政管理及维持国内稳定的重要任务。18 世纪后期及 19 世纪的前几十年，快速发展的技术革命和产业革命更需要经济高效的运输体系，因此这个阶段的政府对运输业的干涉较多。

虽然政府对于运输业早期的干涉大多是准许建设运河和铁路设施，但从政策角度来看，政府也意识到运河，特别是铁路公司可能会滥用垄断权力。这种情形不仅发生在英国，较为极端的是，欧洲的大多数国家出于战略原因或者为了控制自然垄断产业，最开始便将铁路系统视为国有企业。美国于 1856 年通过了首个价格管制法案，1887 年成立了州际商务委员会，积极倡导私有制和财政自由。同样，在加拿大，政府对滥用垄断权力的行为非常关注，而铁路具有这种天然优势，于是在 1903 年通过了《铁路法案》。

第一次世界大战以后，随着货运业和旅客运输业的发展，铁路享有了近 80 年的垄断特权受到了来自公路运输的冲击。公路运输具有进入市场相对容易、所需资本低的特点。于是，政府将管制重点集中在对运输的危险运营习惯和过度竞争的管制上。铁路运输企业在应对廉价公路运输竞争时往往受到许多商业限制的障碍，这增加了研究的重要性。受管制的铁路产业除了财政紧张外，在过度竞争环境下还容易产生危险运营习惯，支线运输会产生不充足或者是不可靠的服务。

第一次世界大战之后，公路客货运的发展大大削弱了以前铁路享有的近乎垄断的优势。1935 年美国通过的《公路运输法案》对公路旅客运输和公路货物运输实行了数量许可证制度，力图缓和公路运输的竞争环境，公路旅客运输还借助许可证的分配优势，鼓励提供非营利性社会公共汽车服务，并向这种服务提供交叉补贴。在促进公路和铁路形成公平的运营环境方面，政府也施行了其他措施，如在铁路定价上放松管制，或将最低工资率和明确的雇用条件引入到公路运输市场中。

2. 运输放松管制阶段

1951—1964 年，在英国保守党连续执政期间，运输业经历了一段从管制向允许竞争的转变，也就是利用经济自身的力量来调整运输市场。根据《1953 年运输法案》，政府将管制权力下放地方，免除铁路公司长期以来一直负有的法定义务。大型国有公司运输部门也逐渐恢复了私有制。1964 年，英国当选的工党政府进行了一系列详细的运输政策研究，最终提出了《1968 年运输法案》，该法案与《1968 年城乡规划方案》相结合，试图提出以“受控制的竞争”为基础的政策。该法案有望将市场机制下自动调整的优点与直接管制的优点结合在一起。同时，英国还建立了旅客运输管理局来协调并控制城市公共运输，在货运业提出了新的数量许可证制度，并为社会必要的运输提供了特殊的财政支持，制定了国家公路建设计划。

从 1974 到 1979 年，英国工党政府在运输政策中的详细阐述体现了寻求效益的思想，主要有：第一，运输政策要有助于经济增长和提高国家繁荣；第二，有合理的人员流动率；第三，使人员伤亡和环境破坏后果降到最低。这些政策使政府支出大幅减少，在许多方面比《1968 年运输法案》更接近自由市场，更加强调资源的有效配置。《1974 年铁路法案》引入了“公共服务义务”的理念，政府会对这些服务提供补贴。其实在方案通过时，已经存在相似的服务形式。

3. 管制改革阶段（1980 年—20 世纪 90 年代后期）

在过去的三十多年间，历史见证了运输管制所发生的重大改革，虽然各国在改革的形式和进度上有显著差异，但就各种公共运输方式而言，这个改革过程的特征是，政府放开了对运输的所有权，管制体制也更加趋向自由化。与之相比，出于环境因素和拥挤问题，各国都加强了对汽车使用的限制和管理。

政府所采取的自由化措施不仅是法律的改革，也包括对管制的诠释和对管制措施的改变。此外，这些措施还跨国界，例如在 1992 年，欧共体就明确提出要取消相关制度障碍来促进运输的自由竞争。之前，多数经济学家认为，由于规模经济和潜在严重市场失灵，政府积极参与到市场管制中是符合公共利益的。而且目前盛行的普遍看法是，政府干涉失灵比市场不完善更具有破坏性。

首先，美国经济学家之所以反对管制，一个直接原因是，大多数经济学家认为当一个商品或服务的价格等于长期社会边际成本时，福利达到最大化，但是在 20 世纪 50 至 70 年代出现的大量证据表明，管制机构使价格偏离长期社会边际成本而非趋近它们。美国航空部门的经济研究也证明了这一论断。

到 20 世纪 60 年代中期，美国存在大量要求解除运输管制的例子。管制的芝加哥模型清晰地阐明了管制并不一定能提高公共利益。然而，根据其中的一部分诠释，该模型也可以被用来反对放松管制，因为该模型也表明了现存的管制制度是合理过程的结果，管制本身也是社会最优化的结果。不过，后续研究扩展了之前的分析，阐述了该模型是怎样解释管制改革的，这是因为技术、市场及不同集团之间政治权力的改变很容易刺激管制改革的发生，即便是芝加哥模型，也已经在公交和航空业领域得到检验。

另一个支持放松管制的理论是可竞争性理论。该理论坚持认为，在进出市场足够容易的情况下，即便是自然垄断产业也只能得到零利润的竞争结果。然而，这个模型更多的是放松管制的事后证明而不是促进因素，因为它是在美国多数产业放松管制后才充分发展的。不过，后来的美国航空工业的经验数据并没有完全支持可竞争性假说。

二、运输管制的作用及其对不同运输方式的影响

在运输行业，政府针对垄断的行为通常取决于垄断产生的原因。从 19 世纪末期直至 20 世纪七八十年代，世界各国政府普遍对运输业实行严格的经济监管，其着眼点是保持运输市场的稳定，以满足不断增长的客货运需求，而资源分配是否合理及严格的进入和退出管制造成的低效率并未引起政府的注意。可以说，这一时期运输市场的垄断结构是政府

政策的副产品，因为监管者认为过多的厂商进入运输市场将导致行业的不稳定，而不是带来更有效率的资源分配和更多的社会福利。

对由规模经济导致的垄断，监管者认为如果对垄断厂商不加以管制，他们将像其他所有垄断者一样根据边际收益等于边际成本的原则决定产量，但却根据市场需求索要高于边际成本的价格，垄断厂商获得垄断租金，社会却蒙受利益损失。

事实上，政府希望垄断厂商按照边际效用等于边际成本原则决定产量，但如果政府通过权力强制执行这一原则，垄断者将马上退出市场，因为此时的收益还不足以弥补其全部的生产成本。为了避免将厂商逐出市场，政府一般采取三种政策来对自然垄断行业实施监管。

（1）给予补贴并要求按边际成本定价。若采用这种方法，政府要求厂商按照边际成本定价，同时利用政府税收对厂商进行补贴以弥补其损失，这既能保证资源的有效分配，同时也能保证厂商的投资能获得合理的回报。

（2）投资回报率管制。这是平均成本定价的一种形式，同时也是对自然垄断行业的最普遍的管制手段，政府允许厂商以其长期平均成本价格定价，这将能够保证厂商弥补其可变和固定成本。尽管在这种条件下价格可能仍然超过其边际成本，仍会存在一部分社会利益损失，但与垄断均衡相比，价格更低，产量更高，社会利益的损失也更小。

（3）政府经营。政府直接经营垄断产业，最普遍的做法是国有化，最显著的例子是公共交通行业。理论上讲，这种做法与要求垄断厂商按照边际成本定价并给予一定补贴的做法在本质上是相同的，但与私营企业相比，国有国营的生产效率可能会偏低。也正是因为如此，近几十年，世界上许多国家政府开始对交通运输领域的国有企业实行私有化。

但是有一种观点认为政府的调控将带来一系列的消极影响，如阻碍技术进步、生产力发展畸变、租赁资源的浪费等，并以此作为服务水平低下和不能满足消费者需求的理由。

1. 管制对铁路运输的影响

管制是作为市场的替代品出现的，也就是说，当发生市场失灵时可用管制措施去代替市场机制，当初美国认为铁路行业的垄断导致了市场的低效率，所以美国才设计出首先用于铁路的运输管制制度，以便进行纠正。铁路公司开始时确实对其客户的服务定价有权利，也对其服务的地区经济有影响力，而且铁路公司也确实希望尽可能增加收入，以便弥补他们高昂的固定运输设施成本，但由于筑路过度的后果，铁路是否真的拥有垄断力量，直到今天仍是该行业是否应该受管制的争论核心。有学者认为美国的铁路根本就不是垄断性的，该行业一向就在竞争环境当中，而且作为一个群体，美国铁路公司也从来没有获得过所谓的垄断利润，其平均利润率一直低于公路货运业。整个铁路网的相当一部分，一直处于或接近破产的边缘。

在美国的铁路管制中还有一个有关运输价格的长短途的歧视规定，即铁路公司被禁止对长途运输收取低于短途运输的运费。该规定看起来是公平的，因为运输成本确实与距离有关。一般来说，运距越长，成本越高，收费越高，否则短途客户就受到了歧视，但铁路的运输成本中固定费用占的比重较高，而且每一批货物在线路方向和运输条件上都各不相同，很难去判定某一批长途运输的成本就一定高于另一批短途运输的成本。此外，这个长短途歧视的规定也大大限制了铁路公司根据实际情况采取拥挤收费或者是互不补贴定价，结果导致更多经济上的低效率。而且还有一些相似的规定，如各铁路公司对不同产地调往同一市场的货物必须收取相同的运费，或对从同一起运地到不同港口的货物也必须收取相同的运费，以便保证货物到各个港口或者从一个起运地到不同港口的费用收取标准是相同的。

美国铁路运输没有像其他运输方式那样从管制中获得很大的利益，尽管管制机构的初衷是希望维护各方面的利益，希望铁路公司也能获得合理的投资回报，如允许铁路公司提高运输价格，但由于对铁路公司干预过多，尤其是不允许其废弃多余的线路，使得其经营过大的路网从而没有得到合理的利润。

2. 管制对公路运输的影响

在公路货运的运输价格管制上，平等原则同样是裁定运输价格变动要求和制定新运输价格标准的依据。管制机构要想办法控制大运输公司在压低运输价格竞争方面的能力，也要让乡村地区不被高于城市的运输价格所侵害。因此，管制机构在这方面的主要任务一直就是从运输价格上保护小的运输企业和边远乡村地区。

管制为公路货运公司带来了两大好处：一是线路与运营范围管制使其避免了新的竞争者；二是运输价格管制有利于现有竞争者之间的价格合作。后一种情况出现的原因是，尽管承运人与托运人可以协商确定运输价格，但这些运输价格需要先后报送公路运输价格局和州际商委员会，并大多需要出版并公布，管制机构还雇用了检查人员在公路上拦截车辆进行查验，其内容之一就是看所用货物是否执行了批准运输价格。在这种情况之下，各家运输公司可以像协商过一样，了解到别人的运输价格水平。在运输业以外，美国其他所有经济部门公司之间的价格串谋都是违法的，但管制的作用却让卡车运输业做到了这一点。这种集体定价和运营线路管制一起发挥作用保护了卡车运输公司，使它们在十分优越的环境中获取了优厚的利润，而且几乎没有风险。由于在很长一段时间里公路货运需求的增长远远超过了运营许可证的发放速度，因此单单拥有运营许可证本身就是一笔巨大的财富，到管制结束的时候，美国公路货运业的盈利水平和卡车司机的工资水平都远远高于本国的制造业。

3. 管制对航空运输的影响

在航空客运的管制上，美国的民用航空委员会同时把保持中小企业的航空服务作为主要标准，而且认为20世纪60年代和70年代取得了相对成功，它主要是通过三种途径去实现这一目标：一是对中小城市的机场给予财政补贴，二是要求所有航空公司在申请盈利航线时必须同时开通边远航线，三是运输价格结构有利于中小城市，由于航空运输主要与铁路客运进行竞争，航空公司根据铁路的一等客票制定票价表，航空的快捷服务有利于获取大量的客源，因此航空公司获得了丰厚的利润。航空业受到管制以后，这种从铁路局来的递远递减票价表也保留下来。

相比较而言，航空业从管制中的得益没有那么多，不像公路货运的高盈利，美国一直存在一些金融实力较弱的航空公司，他们经常面临财务上的困境。民用航空委员会作为管制者希望通过把盈利航线批给弱公司使公司之间取得平衡性，尽管他们知道不会导致航线经营权的最有效使用，但航空业总体上还是从管制中受益得很多，经营不善的航空公司受到保护，飞行员也拿到很高的工资。当然，那些竞争能力较强的航空公司认为自己的盈利能力受到限制，他们希望从管制中解脱出来。而一旦实施了放松管制，航空业内部的竞争马上就变得激烈了，特别是由于往来于大城市之间的远程航线运输价格较高，竞争程度就更厉害了。

三、运输业的放松管制

运输业的放松管制，并不是一下子就形成的，美国花了几十年的时间才逐步形成，铁路是 1976 年前受到管制最多的行业，同时也是管制放松最多的一个行业。1995 年州际商务委员会终止法案获得通过，象征着传统铁路管制制度的州际商务委员会被一个称为地面运输委员会的机构取代。

1. 放松管制对铁路运输的影响

放松管制为美国铁路带来了明显变化。例如，很多铁路公司的财务状况得到改善，由于投资增加，因此机车的短缺状况很快得以扭转，线路等设施的维护水平得到改进，列车运行速度加快，安全形势大有好转，客户的满意程度也相应提高了，因为货运可靠性提高的同时，送达期限也缩短了。放松管制以来，美国铁路的运营总里程缩短了，不少铁路线路上员工总数减少了约一半。放松管制导致铁路行业的结构发生改变，大型铁路公司的规模变得更大，同时也形成了很多小型铁路公司。在铁路里程缩短的同时，运营的列车公里数也在减少，但铁路运输的货物发送量和周转量都在增加，这说明铁路的线路虽减少了，列车数也下降了，但每次车辆承担的运输量大大提高了，因此生产率提高了，运输成本下降了。虽然铁路运输在一些短途货物的运输上仍然竞争不过公路，但长途运输的优势明显，总的运输量增加了，市场份额也稳步提升了。

2. 放松管制对公路运输的影响

在美国，放松管制的实施很快就把过去同一公司同时经营整车和零担的公路货运分化为两个相对独立的部分，其中零担运输公司朝着具有轴幅结构的大型企业方向发展，通过庞大的集散中转网络为更多货主提供服务，同时达到提高车辆实载率的目的。在这个过程中，大公司比小公司似乎体现出更大的优势，后来由于能力增长过快和恰逢经济衰退，一些公司出现财务困难，这又引起了行业内进一步兼并和重组的集中化，逐步形成有三家最大的零担公司在全国市场上并存的局面。整车运输则向小规模和专业化发展，并在不拥有固定站场的优势下尽可能利用回空稍载，提高平均实载率。对公路运营线路的放松管制使制造业建立先进的适时制供应链有了可能，这在管制时期的条件下曾受到限制。过去不少货物托运人常常考虑是否需要把货物积攒到足够一个整车时再托运，以便节约运输费用，放松管制后运输价格的下降使得他们有可能更频繁地使用服务更好的零担运输。放松管制还节约了托运人的交易成本，因为过去他们必须同时与多个运输企业打交道，以便解决运往不同方向和超出规定区域的货物运输问题，如今则通常是一家承运人就全部搞定了。放松管制还产生了另外一个后果，就是自备车辆和自有运输有了较快发展，一般工商企业现在比以前更多地购买并使用自己的车辆解决部分运输问题，原因之一可能就是现在允许利用空车稍载货物，因此运输成本下降了。

3. 放松管制对航空运输的影响

放松管制给航空业带来的明显变化是航空公司很快形成了轴辐中转的运输方式，而且因此提高了飞机的客座率。有资料表明，美国航空公司的平均客座率从 20 世纪 70 年代的 60%提高到 1996 年的 70%左右。管制放松以后，航空公司的数量开始增加很快，但在该行业网络经济的作用下，很多小公司后来又被兼并了，大公司之间的兼并近年来也很频繁。由于竞争比较激烈，机票价格一直是下降的，而航空客运量却增加很快。小公司选择在支线上运营，更多使用小型飞机。在点点直达的运输方式下，一些城市的旅客过少，其线路会被从航线中取消。但放松管制后大多数航线上航班频率确实是增加的。西方国家放松运输监管的实践表明，放松管制总体上对用户是有利的。放松管制将造成价格降低、服务范围扩大和项目多样化，并进一步适应用户的需要；而对于许多负面影响的担心，特别是对安全问题的忧虑却未出现。

四、从运输管制变化中应该吸取的教训

管制的目的是要控制运输活动中的垄断弊端，但这种努力过去是不成功的，目前大多数经济学家认为至少第二次世界大战以后的运输管制导致了不能容忍的低效率。由于运输管制保护了规模不经济的小型运输公司，也没有鼓励形成有效率的经营网络，因此在实行放松管制以后，有关的运输行业都在运营网络结构和集中程度方面发生了变化。运输管制过于关注使运输业稳定和平等的目标，结果引起了较多的无效率，被管制的运输行业成本普遍居高不下，也导致了服务质量的低下和一些行业（如铁路）的整体财务状况不良。放松管制导致了运输质量的提高，至少运输消费者现在有了更大的选择权，在管制时期，有些运输服务如果只是提供给一部分客户，通常是不允许的，因为当时是以平等为原则，这种运输服务会被质疑。由于客户在本质上就是多样性的，所以取消那些一味要求平等对待的管制约束，服务的多样化和可选择性就丰富了。

最主要的教训也许在于，那些管制机构本身的任务实际上是很难完成的，由于运输活动的机会成本是随时间、地点、运输对象、客户而变化的，因此管制者要想真正管好运输价格，就必须无时无刻不紧密地了解和追踪这些变化，但是这根本办不到。州际商委员会等管制机构当然明白这中间的难度，因此只能僵硬地出台一些粗线条的规定（如长短途歧视规定等）和一些简单的统一价格（如铁路车辆使用费等），并把重点放在运输价格结构的监督上。管不了的东西硬要去管，结果不可避免的是市场上价格的扭曲和低效率。

那么，在直接的价格管制肯定无效的情况下，怎样才能控制确实可能出现的运输市场操纵力呢？可能的办法就是引入竞争。

例如，对于铁路运输，可以采用将线路等基础设施与客户列车运营分离的方式引入竞争。铁路公司同时拥有基础设施和移动载运设备是这个行业中容易产生垄断的根本原因，如果把这两者分开，分属于不同的所有人，那么在上面的列车营运中就比较容易出现竞争者。这种上下分离的铁路行业管理模式已经在很多欧洲国家实行了，其中有些国家的下部线路设施由政府负责。也有些国家则采取了私营方式，而不论线路由谁经营，都可以允许多家上部客货运营公司用支付线路使用费的方式参与客货运服务。而一旦列车运营形成竞争，原本上下一体化铁路公司所拥有的市场操纵力无疑就会被大大削弱。当然，实行上下分离后，列车运营公司依然需要拥有一些固定运输设施，如维修设施、编组站等，因此，列车运营公司也像航空公司和零担货运公司那样变为拥有部分固定运输设施的经营者了。

对于航空业，比较好的管理方式也应该是尽量使其处于竞争之中，也就是说，让航线上有足够数量相互独立经营的航空公司开设航班。由于航空业一般多是寡头垄断市场结构，因此在取消传统的价格及进入管制以后，应该主要防止出现价格串谋，特别是在位者联合用低价排斥新进入者的行为。

公路货运公司是否具有市场支配力量也是要看他们是否能充分利用网络经济。由于放松管制以后，不少零担货运公司通过投资建设和中转站扩大了经营地域，似乎扩张速度过快，因此目前该行业面临着能力过剩的困境。虽然这一行业有市场份额集中的趋势，人们担心形成寡头垄断的市场结构及出现价格串谋，但从目前看，这种危险不大，原因是可替代性的服务有很多。在公路货运市场中还有大量的受雇整车承运人，有相当活跃的货运代理和经纪人市场，还有更多企业自备卡车，这些都使得零担货运公司行使市场支配力量的余地十分有限。

第四节　运输企业的改革与运输政策

一、运输业——现代企业的摇篮

现代企业是指公司制企业，它是现代市场经济中占主导地位的经济组织形式。从企业演化的历史过程来看，古典企业或传统企业向现代企业转变，是技术创新和组织创新的结果。而这一创新首先是在运输业，具体地说是在铁路上实现的。铁路公司是最早出现的现代工商企业，它才是现代工商企业管理和组织方面的先驱，也是现代企业制度的典型模式。

在企业的发展历史上，19 世纪 40 年代是一个分水岭，它标志着现代企业及其制度的开端。在 1840 年以前，美国的企业基本上属于单一的传统企业，没有出现现代企业，这是受技术和市场两个基本条件的限制。随着技术的发展和市场的扩大，现代工商企业应运而生。现代企业的起源首先在于技术创新，并由此导致制度创新和组织创新。无论是技术创新，还是制度和组织创新，在美国都是以铁路为起点的。19 世纪 40 年代，铁路运输技术得到了迅速提高。铁路快速、准时、经济等优点使得铁路迅速取代运河及其他内陆水运，铁路运输线路借此获得长足发展。铁路运输线路的发展，有着广泛的扩散效应，带动了更大的人流和物流，刺激了经济发展。

铁路技术上的创新，是其组织创新的基础和前提，使得迅速且全天候的运输得以实现。但是，要安全、准时、可靠的完成数量巨大的客户运输，并要在极为广阔的地域范围内对火车机车、车皮、铁轨等设备进行长期维护与修理，没有相当规模且组织严密的管理机构是不可能做到的。历史上还从来没有哪项工作需要这么多不同单位进行协调与控制去完成，也从来没有任何企业处理过如此多种不同货物的载运和如此众多不同财务账目的记录。

铁路应付前所未有的挑战，几乎无前例可循。首先，铁路需要一些能够接受这些新型挑战的人才，他们都是在其服务的铁路公司支薪的职员，他们没有或仅有少许公司股份，而且大部分受过专门训练。其中，现代管理的先驱者们，在其从事管理工作以前，均是受过训练而且有铁路和桥梁建筑经验的土木工程师。这些人的职业生涯和工作经历与铁路兴起以前自己经营企业的商人或制造商不同，他们在管理知识和能力方面与投资者相比占有明显优势。其次，修建铁路需要巨额资本，单独一个企业家、家族或合伙人的小集团根本不可能完成融资，因此，必须通过股份制的形式来实现。以债券、股票筹资导致了所有权的分散化，也使银行家和其他金融中介人成为主要的铁路所有者。但是，众多的股东不可能亲自去经营铁路，因为管理的复杂性决定了管理工作必须由具有专门知识的支薪人员才能胜任，于是所有权和管理权可以分开，出现了专门的职业经理人。

但是，这个时代的支薪管理人员面对的是特殊的挑战，他们不仅要在既定的组织结构内进行日常管理，而且还必须致力于组织结构的创新，即具备在管理层中的组织创新能力。在1841年的美国，全长仅150 m的西部线的管理人员就遇到了这种挑战。这条铁路是分3段建筑的，建成后也分3段管理，各段有一组管理人员。在这条线路上，每日在两头起点站各发3辆车，相反方向的行车每天交会12次，协调的缺乏很快造成了一连串的事故。其中最严重的一次是1841年10月5日发生的客车相撞事故，伤亡19人。这场事故促使美国企业界首次建立一套分工细密的内部组织结构，西部线因此成了美国第一家职业经理人经营管理的现代企业。19世纪中期，几条线路较长、运输量较大的铁路投入使用，它们都采用了与西部相似的组织结构。在铁路系统日益完善化的过程中，在连接东、西部的4条干线中，有3条干线的高层经理在管理现代多单位企业方面做出了重要的创新。

二、英国铁路改革

英国铁路主要企业由1家路网公司（Network Rail）、24家客运公司、2家高速铁路运营公司、6家货运公司和3家机车车辆租赁公司构成。

运输部（ORR）是铁路行业主管部门，负责铁路相关政策的制定，代表政府资助铁路在英格兰、威尔士和苏格兰地区的服务，向路网公司提供补贴和贷款，向客、货运公司提供运营资金补助。ORR负责铁路的安全及经济监管，重点对路网公司和运输公司进行经营业务监管。ORR制定了路网公司从政府获得的补贴水平及每个5年监管期内路网公司需要实现的收入目标。同时，ORR向客、货运公司发放线路特许经营许可证。路网公司是铁路基础设施和车站的所有者，负责经营和管理铁路的基础设施，向铁路客、货运公司提供线路，收取线路使用费，是无股东、不分红、不以营利为目的的担保责任有限公司，其全部利润都用于路网再投资。客运公司以特许经营方式开展客运服务，24家客运公司成立了铁路运营公司联合会，通过招标获取线路的特许经营权。英国高速铁路1线公司（High Speed 1，HS1）和高速铁路2线公司（High Speed 2，HS2）分别经营管理高速铁路1线和2线。货运公司获得经营许可后，与路网公司签订合同，在特定的运输区段或方向承担货物运输业务。

（一）英国铁路主要资金来源

1. 投资构成

目前，英国铁路的资金来源主要有政府投资和私人投资。政府投资在铁路行业的资金投入中占主体地位，2020财年（2019年11月—2020年11月，以下均指财年）达到峰值，为 111.25 亿英镑，占 2020 财年铁路总投资的 92%。英国铁路长期以来投资不足，存在线路老化、路况质量差等问题。特别是 1996 年原路网公司 Railtrack 上市后，政府不再向铁路直接投资，其间私人投资开始大量增加。但是，私人投资看重的是短期收益，对车辆更新、车站、技术支持等投资较多，对回收周期长的基础设施投资不足，这也是英国铁路线路陈旧老化、事故频发的原因之一。直到 1999 年起，为扶持铁路发展，促进运量向铁路转移，英国政府才重新直接投资铁路基本建设。

2. 政府补贴

英国政府对铁路的补贴有日常运营资金补贴、长期资金补贴和其他补贴 3 种方式。运营资金补贴是政府对特许经营客运公司、路网公司、货运公司的补贴。长期资金补贴是对路网公司、伦敦横贯城铁项目（Crossrail，后改名为伊丽莎白线，又称女王线）、HS2 项目的长期贷款资金。

（1）运营资金补贴。起初运营资金补贴主要是针对客、货运公司的补贴。政府将旅客运输作为一项重要的公益事业，每年会对客运亏损线路进行补贴；政府为鼓励货运从公路向铁路或水运转移，设立运输方式转移收益基金。2002 年路网公司成立后，政府才开始对路网基础设施进行补贴，截至 2020 财年，累计补贴 762 亿英镑。2020 财年政府的运营资金补贴达到 64.66 亿英镑，较上一财年增加了 45.2%，预计在 2021 财年将进一步增加。其中，对路网公司补贴 52.6 亿英镑，同比增加 13 亿英镑，增幅 34.4%，占当年政府补贴总额的 81.4%；对特许经营客运公司补贴 11.91 亿英镑，同比增加 6.67 亿英镑，增幅 127.3%，占补贴总额的 18.4%；对货运公司的补贴 0.15 亿英镑，占补贴总额的 0.2%。

（2）长期资金补贴。除了补贴铁路的日常运营资金外，英国政府还提供给铁路行业长期资金补贴。自 2011 年开始，英国政府增加对铁路网的长期资金补贴，截至 2020 财年，累计补贴 283 亿英镑。2020 财年，英国政府对铁路行业的长期资金补贴达到 43.73 亿英镑，其中 18.24 亿英镑用于改善现有的铁路网络，并投入 25.49 亿英镑用于发展 HS2 项目。

（二）英国铁路经营状况

2016 财年以来，英国铁路经营状况逐步改善，虽然支出一直高于收入，但收支差逐年减少，2020 财年已经减少到 0.91 亿英镑。2020 财年总收入 200.64 亿英镑，较 2016 财年增长 37.05 亿英镑，增幅 22.6%；总支出 201.55 亿英镑，较 2016 财年增长 29.36 亿英镑，增幅 17.1%。近 5 财年总收入年平均增长率 5.2%，高于总支出 4.2%的年平均增长率。

从收入来源看，主要包括旅客业务、政府拨款、货运公司和路网公司收入等。2020 财年，旅客业务收入、政府拨款、货运公司、路网公司收入占总收入比重分别为 57.71%、32.23%、4.38%、4.38%。2020 财年英国铁路收入构成，从成本支出来源看，主要来自特许经营企业、路网公司和货运企业。2020 财年，特许经营企业、路网公司、货运企业支出占总支出的比重分别为 52.51%、41.80%、4.13%。

1. Network Rail 经营状况

由于路网的公益性特征，政府补贴是路网公司收入的重要部分。如果不考虑政府补贴，路网公司的净支出远远高于净收入，处于亏损状态；如果考虑政府补贴，亏损额度会大幅缩小。路网公司收入的主要来源包括线路使用费收入、政府补贴和其他收入；支出项目主要包括运营费、维修费、更新费、融资成本和其他成本。

以 2020 财年为例，路网公司总收入 89.81 亿英镑，其中政府补贴 52.6 亿英镑，占其收入来源的 58.6%；总支出 92.27 亿英镑，收支差达 2.46 亿英镑。将路网公司的收入和支出分摊到各地区，仅威尔士地区实现了盈利；英格兰地区亏损最严重，主要集中在东部、西北和中部地区，占亏损总额的 96.7%。

2. 线路使用费收取状况

目前，路网公司收取的线路使用费考虑了固定费用和可变费用，是经营成本、资产折旧和资本回报之和。同时，考虑了不同类型服务的需求弹性差异，根据运营商的支付能力来确定线路使用费的收费标准。针对货运公司、非特许经营客运公司（价格需求弹性大）制定较低的线路使用费，针对特许经营客运公司（价格需求弹性小）制定较高的线路使用费。国际铁路联盟通过分析欧盟国家铁路基础设施收费标准，得到铁路线路使用费定价水平与列车的运营速度、运营里程有一定相关性。列车运营速度越高，运营里程越长，线路使用费水平越高。因此，高速铁路的线路使用费水平普遍高于普速铁路。

（1）从企业类型来看，路网公司主要向特许经营客运公司、非特许经营企业、货运企业 3 类企业收取线路使用费。其中，特许经营客运公司是收费主体。以 2020 财年为例，特许经营客运公司、非特许经营企业、货运企业的线路使用费分别占比 96.4%、1.2%、2.4%。

（2）从地区来看，英国铁路路网主要集中在英格兰地区，该地区的线路使用费占比最多。以 2020 财年为例，英格兰、苏格兰、威尔士地区的线路使用费分别占比 81.54%、14.64%、3.82%。

（三）铁路运输公司经营状况

通过分析近 5 财年英国铁路不同类型运输公司的财务状况，可以得到：主要特许经营客运公司运营收入稳中有增，运营成本增速较快；主要货运公司的收入和成本变化均呈现 V 形趋势；HS1 公司的经营状况好于其他类型企业，一直处于盈利状态。

（1）特许经营客运公司经营状况。2018 财年之前，特许经营客运公司的经营状况良好，运营收入高于运营成本，2019 财年开始出现赤字，运营赤字达 10.84 亿英镑。因此，在 2019 财年与 2020 财年，英国政府分别拨付 5.24 亿英镑、11.91 亿英镑的特许经营补贴。

（2）货运公司经营状况。在英国，从事铁路货物运输业务的货运公司主要有德国辛克铁路货运公司英国公司（DB Cargo UK）、克洛斯铁路公司（Colas and DC Rail）、铁路直达服务公司（Direct Rail Services）、集装箱运输公司（Freightliner）、英铁货运公司（GB Railfreight）等。货运公司主要经营整列货运、货物配送、铁路快运 3 类货运业务。从总体情况看，2016 财年以来主要货运公司财务状况逐渐好转，2018 财年开始扭亏为盈。

（3）HS1 公司经营状况。HS1 公司的经营状况明显好于特许经营客运公司和货运公司，2016—2018 财年期间，其收入逐年增长，成本不断压缩。2018 财年以来，虽然总收入有所下滑，但收入高于支出的幅度扩大，盈余能力有所提升。

三、法国铁路改革及运营管理

1826 年，法国建成第一条铁路（圣埃蒂安—安泰基矿山），全长 21.286 km。法国铁路发展初期主要由私营企业经营，1937 年成立法国国营铁路公司（2020 年组织机构改革，变更为法国国营铁路股份有限责任公司，以下简称法铁）。截至 2020 年底，法铁路网全长 30 000 km，其中高速铁路线路 2 700 km，路网使用率全球第 3；法铁营业收入的 65%来源于铁路运输。作为一家国际化铁路公司，法铁业务遍布全球 120 个国家，全球员工约 61 000人，营业收入的 1/3 来自国际业务。2020 年 1 月 1 日起《法国铁路改革方案》正式生效，法国政府从组织机构、市场开放、债务减免等方面对法铁实施全面改革，同年法铁经历健康危机，在改革和疫情的双重背景下，法铁面临前所未有的挑战，2020 年法铁营业收入总计 299.75 亿欧元，同比下降 14.6%，客运板块受损尤为严重，为此，法铁采取灵活的客运票价优惠政策、政府刺激计划、多元化货运物流解决方案等措施，逐步恢复各项业务。

（一）改革历程

20 世纪 90 年代初，欧洲共同体颁布《欧共体铁路发展指令》（91/440/EEC），旨在实现铁路行业基础设施管理和客货运营服务分离，提升铁路运输竞争力，实现收支平衡，推进欧洲铁路一体化发展。欧盟各成员国开始推进国内铁路改革进程，法国总统颁布《改革铁路运输业，成立“法国铁路网公司”的法令》（97-135 号），宣布成立法国铁路网公司，负责铁路基础设施建设、投资和管理。法铁作为法国唯一的国有铁路运输企业负责铁路运输，以合同委托的方式，代表法国铁路网公司负责行车组织、车辆管理、网络技术及安全设备的运作和养护维修。

2010 年，法国建立铁路管理局确保铁路的公共服务属性和有效的市场竞争，在其监管下实现法铁基础设施管理职能和运营业务分离，并用法律框架予以约束。2014 年，法铁实施机构改革，被划分为 3 个独立的国有工商企业，由法国政府 100%控股，分别是法国国营铁路集团、法国国营铁路集团运输公司、法国国营铁路集团路网公司（以下简称路网公司）。其中，法国国营铁路集团负责制定法铁发展战略；法国国营铁路集团运输公司提供法国旅客和货物运输服务；法国国营铁路集团路网公司负责法铁路网的建设、运营与维护。

（二）组织机构改革

2020 年初，法国国民议会通过《法国铁路改革方案》，对法铁各业务板块进行整合，成立法国政府绝对控股的法国国营铁路股份有限责任公司，开放法铁客运服务市场，允许竞争，法铁遗留的债务分阶段转移给政府。具体改革内容如下：①法铁组织机构改革，实现法铁完全归属法国政府所有；②逐步开放法国高速铁路市场、区域和城际客运市场，鼓励竞争；③将法铁债务逐步转移给政府，便于法铁投入资金，改造升级基础设施；④中止法铁特殊养老金制度，协商构建新型养老金制度体系。

法铁下设 5 家子公司，公司性质从国有工商企业转变为股份有限公司，但保留其国有性质。

（1）法铁路网公司负责法国铁路路网工程建设、运营和维护，分配运能，管理路网的运输，并设定线路使用费收费标准，下设法铁车站管理公司负责法国铁路车站的管理、运营和市场营销。

（2）法铁货运及多式联运公司负责铁路货运，提供个性化、无缝衔接的欧洲铁路货运解决方案，运输品类包括钢材、阔大货物、散状物料、消费品等。

（3）法国乔达国际集团作为法国物流龙头企业，为超过 67 个国家提供海运空运、供应链管理、物流服务、公路运输、工业项目和逆向物流等多模式解决方案。

（4）法国凯奥雷斯集团作为公共交通运营商，为超过 17 个国家提供轻轨、地铁、电车、公共汽车、大巴、轮渡、自行车等多模式出行服务，并负责停车管理。

（5）法铁客运公司提供法国和欧洲境内“门到门”旅客运输服务，涵盖法兰西岛区域铁路、大区通勤列车等短途区域客运产品及高速列车、城际列车等中长距离客运产品。根据最新改革方案，将原法国国营铁路集团运输公司机车车辆管理业务划拨至客运公司。

（三）市场化改革

法国政府按照先货运、后客运的顺序，鼓励竞争，逐步开放其铁路运输市场，2009 年成立法国铁路管理局（ARAF），作为独立的第三方监管机构，ARAF 对路网公平使用进行监管，对基础设施和车站使用的争端等进行裁决。货运方面，2006 年法国开放铁路货运市场；客运方面，2009 年开始推进铁路客运市场改革，2009 年底国际铁路客运市场开放竞争，2018 年法国议会通过铁路改革法案，逐步取消区域客运服务通过签署委托服务协议确定运营商的方式，改为以公开招标的方式允许多家企业竞争，2019 年底开放大区通勤列车服务市场，2020 年开放高速铁路客运市场，2023 年底公共运输服务将通过公开招标的方式允许竞争，2029 年底前将开放法兰西岛区域铁路运输市场。

法国铁路市场化改革，对于长距离高速列车、省际列车（TET）和大区通勤列车而言，面临不同的发展机遇。①长距离高速列车。高速铁路市场开放意味着铁路运营商可以通过市场竞争提供高速铁路运输服务，特别是在运营效益较好的巴黎—里昂、巴黎—里尔、里昂—马赛、巴黎—波尔多等线路。②省际列车。中长距离铁路客运，由法国政府通过协议委托的方式运营管理，2020 年底法国政府宣布除南特—里昂、南特—波尔多线路（由法铁运营）外，其余线路通过公开招标的方式允许竞争。③大区通勤列车。大区通勤列车原由地方政府通过签署委托协议的方式确定服务供应商，但普罗旺斯—阿尔卑斯—蓝色海岸（法国东南部）、上法兰西大区（法国北部）、大东部大区（法国中东部）、卢瓦尔大区（卢瓦尔河谷）、巴黎 5 个区域已经开始公开招标，允许市场竞争。

（四）新冠疫情影响及举措

2020 年 3 月和 11 月，为了防止新冠疫情蔓延，法国实行 2 次全国性封锁，封锁期间禁止居民非必要出行，限制跨区域旅行，2 次封锁给法铁带来的运营亏损高达 68 亿欧元，毛利润损失超过 54 亿欧元。罢工导致营业收入下降 4 亿欧元，法铁遭遇有史以来最长、最严重的运营停顿，客运板块受损严重，在家办公及减少出差等防疫措施对于客运的影响还将持续一段时间。新冠疫情对于法铁各业务板块带来不同程度的影响，货运及物流板块影响较小，乔达 2020 年营业收入实现正增长，在电子商务的推动下，合同物流和货运代理下半年的营业收入创下历史新高。

为了应对新冠疫情带来的冲击，并履行法铁公益性运输责任，法铁与法国政府共同制定新冠疫情应对战略，提出新冠疫情背景下运输解决方案，货运公司负责运输食品及相关物资，乔达负责承担紧急运输任务。例如，新冠疫情期间通过海运和空运从中国运输 10 亿个口罩；在第 1 波新冠疫情期间运行 10 列医用高速列车；在封锁期间虽然客座率较低，依然保持最低限度的运输计划；为缓解新冠疫情带来的损失，通过采取控制投资及降低成本等措施，确保 2020 年现金流达到 25 亿欧元。考虑到新冠疫情对铁路运输的影响，法国政府推出针对铁路行业的经济复苏计划，投入共计 47 亿欧元的铁路复苏资金，其中，40. 5 亿欧元用于推进铁路网络发展和基础设施投资（38 亿欧元投资用于确保路网公司规划项目顺利实施，2. 5 亿欧元投资区域铁路发展），6. 5 亿欧元为 2021—2028 年预算拨款。

1. 基础设施板块运营分析

路网公司管理 3 000 余座车站，作为基础设施管理者，主要负责法国铁路网基础设施的维护和更新、行车管理、路网的工程建设等。根据法铁改革方案，路网公司和车站相关资产转移到新成立的车站管理公司，路网公司历史遗留债务共计 350 亿欧元，由法国政府在 2020—2022 年期间分阶段全部承担，减轻路网公司债务负担，有利于其投资升级路网设施设备，提升现代化水平。路网公司的服务对象包括：①28 家铁路公司，拥有铁路运营许可及相关安全资质，提供铁路运输服务；②9 家授权单位（包括多式联运服务商、港口等），通过预定线路，分配给铁路运输企业。受新冠疫情影响，2020 年路网公司营业收入 58. 84 亿欧元，同比下降 9. 5%，主要是客货运量下降导致线路使用费的减少；税息折旧及摊销前利润下降 9. 03 亿欧元，同比下降 48. 5%，新冠疫情导致营业收入的大幅度下滑。2020 年，由于新冠疫情防控政策，大量车站、周边零售店关闭，商店租赁板块营业收入同比锐减 31%，法铁车站管理公司 2020 年营业收入 14. 79 亿欧元，同比下降 4. 1%，但相比客运和货运板块，下降幅度最小。

2. 客运板块运营分析

2020 年，法铁客运营业收入 120. 65 亿欧元，同比下滑 28%。新冠疫情第 1 次封锁隔离导致客运从 3 月开始显著下滑，4 月客运量降到同期水平的 7%，夏季由于度假旅客的大幅度增长，客座率显著提升，恢复至往期的 95%，但商务出行人群受影响较为严重。

（1）长距离客运产品。法铁各业务板块中，高速列车和城际列车板块受损最为严重，2020 年长距离客运营业收入仅有 40. 66 亿欧元，同比下降 53. 5%。其中，高速列车板块营业收入仅有 37 亿欧元，同比下降 54%，高速列车在 2020 年 4—5 月销售量跌入历史的谷底，客运量同比下降 90%，虽然第二季度后半期开始，高速列车客运量有所反弹，在法国新冠疫情第 1 次封锁结束后，夏季的客座率回升到往期的 80%，但由于 11 月第 2 次封锁政策的影响，高速列车客运量同比下滑 2/3；对于不同旅客类型，商务出行人群影响更为严重，客运量同比下滑 63%，休闲旅游人群客运量同比下降 42%。由于禁止跨境出行，法铁客运下属国际业务大力士高速列车和欧洲之星板块受到严重冲击，第 2 次封锁期间，欧洲之星客运量同比下降 78%、营业收入同比下降 75%，大力士高速列车客运量同比下降 68%、运营收入同比下降 66%。2020 年 6 月，随着客座率限制的取消，伴随浮动票价、出行卡折扣等措施的推行，国际客运量在夏天逐步恢复。2020 年城际列车运营收入 36. 97 亿欧元，同比下滑 54%，主要由于新冠疫情的影响及运营线路的减少，年初根据法铁改革要求，城际列车将诺曼底线路转交大区通勤列车运营，城际列车专注于 9 条中长距离客运线路。

（2）短途客运产品。法兰西岛区域铁路、大区通勤列车等短途客运产品，客运量下滑严重，但运营收入影响不大，法兰西岛区域铁路 2020 年营业收入 5 500 万欧元，同比增长

1.7%，是客运产品中为数不多实现正增长的板块。为了弥补新冠疫情给法国短途客运带来的损失，法兰西岛区域铁路与法国巴黎交通管理局签署价值1亿欧元的补偿协议，法国巴黎交通管理局与政府签订合作备忘录明确建立运输损失共担机制。大区通勤列车与地方政府合作，2020年6月开始推出低票价优惠政策，售出200万张票价低于10欧元的优惠票，同时为了吸引青年客流，推出票价29欧元的青年票，售出近7万张，2020年大区通勤列车营业收入同比下降3.8%，下降幅度较小，在众多客运产品中表现较为出色。2020年凯奥雷斯整体表现坚韧，在美国、瑞典、英国、澳大利亚中标多个运输项目，合同总金额超过7亿欧元，2020年凯奥雷斯营业收入60.93亿欧元，同比仅下滑8%，主要是由于新冠疫情防控导致旅游客流的减少。

3. 货运板块运营分析

2020年法铁货运营业收入14.63亿欧元，同比下降12%，受欧洲经济低迷的影响，德国和法国的钢铁及汽车制造行业亏损，法国甜菜及谷物收成下滑，加剧铁路货运需求的锐减。新冠疫情第1次封锁隔离期间，法铁货运量降到同期水平的60%~70%，夏季货运需求逐步恢复，9月货运量恢复至往期水平的80%，联合运输完全恢复至往期水平。

新冠疫情暴发后，乔达迅速调整运营模式，在航空货运能力下降的背景下，乔达货运代理业务为了满足客户运输需求，在6—12月期间提供包机服务。由于美国电子商务的发展，2020年合同物流显著增长，在英国、丹麦、瑞典、美国中标新的项目或续签既有合同，2020年乔达运营收入84亿欧元，同比增长4.5%。

除了以上主要业务板块外，法铁下设工业板块及不动产管理公司。工业板块负责协调法铁各部门运营及业务发展，工业板块下设设备、牵引、铁路工程建设等业务方向；2020年春季受新冠疫情的影响导致近1/2的工业生产停滞，减缓列车升级改造和铁路现代化建设的速度；2020年下半年情况明显好转，工业板块的业务量恢复到往期的80%~90%；2020年工业板块的营业收入同比下降5.2%。法铁不动产管理公司，旨在对土地、建筑物进行管理和资本化运作，下设集团运营管理、土地货币化、房地产（不包括路网和车站）3个业务板块，拥有广泛而多样化的资产组合，2020年法铁不动产管理营业收入同比增长20.7%。

四、我国铁路改革

2019年6月18日，经国务院批准同意，中国铁路总公司（以下简称铁总）改制成立中国国家铁路集团有限公司（以下简称国铁集团），在北京挂牌。这是铁路在“非运输企业—铁路局—总公司”这三步走后完成的又一次公司制改革。以铁路客货运输为主业，实行多元化经营。负责铁路运输统一调度指挥，统筹安排路网性运力资源配置，承担国家规定的公益性运输任务，负责铁路行业运输收入清算和收入进款管理。自觉接受行政监管和公众监督，负责国家铁路新线投产运营的安全评估，保证运输安全，提升服务质量，提高经济效益，增强市场竞争能力。坚持高质量发展，确保国有资产保值增值，推动国有资本做强做优做大。

（一）铁路改革的“三阶段”

1. 第一个阶段：初步市场化（1991—2002年）

在“八五”期间铁路改革初步尝试市场化方向，铁道部希望通过融入市场经济改革解决对国家财政依赖的现状。1993 年 1 月，铁道部全国铁路领导干部会议确立了铁路改革的基本思路，核心是把铁路传统的计划经济体制转换成市场经济体制。为了深化铁路改革，铁道部制定了《关于贯彻党的十四届三中全会〈决定〉深化铁路改革若干问题的意见》，确立了铁路深化改革的总体目标："在国家宏观调控下，发挥市场对铁路运力等资源配置的基础性作用，建立适应社会主义市场经济的铁路管理体制和运行机制，加快铁路建设，扩大运输能力，改善经营管理，提高经济效益，更好地为国民经济和社会发展服务。"

1993 年 2 月，经国务院批准，在原广州铁路局基础上成立了广州铁路（集团）公司(以下简称广铁集团)，广铁集团是全路第一家铁路运输企业集团。1996 年广铁集团创建了全路第一家股份制运输企业——广深铁路股份有限公司，并在香港和纽约成功发行 H 股，2006 年 12 月 22 日在上海证交所成功发行 A 股。

2. 第二个阶段：主辅分离（2003—2010 年）

2003 年底，中国铁路剥离了集装箱、特种货物、行包行邮等资产，成立了中铁集装箱、中铁特货和中铁快运三大专业运输公司。2005 年底，铁道部已将下属的 826 所中小学、65 所职业学校、208 所医院和 225 所幼儿园全部移交地方政府管理。2005 年铁道部撤销了铁路分局，实行铁路局直接管理站段体制，2009 年"主辅分离"改革继续推进，铁路开始将公、检、法部分移交地方政府。

3. 第三个阶段：政企分离（2011—2019 年）

2011 年以来，政府不断地提出铁路改革的总体方案，确立铁路的市场地位，使改革进入突破性阶段。2012 年国务院发布《关于改革铁路投融资体制加快推进铁路建设的意见》，主要从推进铁路投融资体制改革，多方式多渠道筹集建设资金、不断完善铁路运价机制、建立铁路公益性政策性运输补贴的制度安排、加大力度盘活铁路用地资源、强化企业经营管理提高资产收益水平、加快项目前期工作形成铁路建设合力等六方面提出具体要求。该意见对于推进铁路市场化有着标志性的作用。于 2016 年初，国家发展改革委公布全面放开高铁车票定价权，改由铁总公司自行定价，这是铁路票价市场化的一个重要标志。尤其是从 2013 年成立铁总公司后，改革开放以来困扰铁路多年的"政企不分"问题开始进入实质性解决与实施阶段。

（二）铁总的"三步走"

2013 年 3 月 17 日，"中国铁路总公司"的牌子挂在了北京市西长安街复兴路 10 号，原铁道部牌匾被撤下。2019 年 6 月 18 日，这块"中国铁路总公司"的牌子又被中国国家铁路集团有限公司的牌子替换。

2013 年 3 月，铁道部实行铁路政企分开。将铁道部拟定铁路发展规划和政策的行政职责划入交通运输部；组建国家铁路局，由中华人民共和国交通运输部管理，属国务院部委管理的国家局，承担铁道部的其他行政职责；组建中国铁路总公司，承担铁道部的企业职责；不再保留铁道部。

根据规定，新成立的铁总以铁路客货运输服务为主业，实行多元化经营，机关设置 20 个内设机构，下设 18 个铁路局、3 个专业运输公司等企业。

2017 年 3 月，铁总初步确定改革计划分为三步走，第一步是对中国铁路建设投资公司等非运输类企业进行公司制改革，第二步是让全国 18 家铁路局进行公司制改革，第三步则是铁总本身进行公司制改革。

2017 年 11 月 19 日，铁总公司 18 个铁路局完成企业身份转换，改制为集团有限公司。这标志着铁路公司制改革取得重要成果，为国铁实现从传统运输生产型企业向现代运输经营型企业发展迈出了重要一步。同时官方宣布，总公司机关组织机构改革顺利完成，机关部门、内设机构、定员编制分别精简 10.3%、26.6%、8.1%。并且，当时的铁总继而提出，2018 年将持续深化铁路改革，加快构建公司制运行机制。进一步理清总公司和铁路局集团公司的管理关系，明确权责界限，全面确立铁路局集团公司市场主体地位。并公开了四项措施：一是加快构建公司制运行机制，进一步厘清总公司和铁路局集团公司的管理关系，明确权责界面，全面确立铁路局集团公司市场主体地位；二是深化非运输企业改革，深入推进非运输企业公司制改革和重组整合工作，优化资源配置、规范经营管理，以骨干非运输企业为重点，整合相关资源，开展资本运营；三是积极推进混合所有制改革，引入社会优质资源，推进 WiFi 运营公司股权转让，构建市场化运行机制，促进铁路资本与社会资本融合发展，加强对股权转让、引入外部投资者等事项的分析论证，依法推动合资合作；四是稳妥推进三项制度改革，积极推进干部人事制度改革，落实领导人员能上能下实施办法，深化专业技术职称制度改革，有序推进用工制度改革，促进人力资源优化配置和畅通技能人才职业发展通道，改革收入分配制度，激发全员创效。

2019 年 6 月 18 日，经国务院批准同意，中国铁路总公司改制成立中国国家铁路集团有限公司，在北京挂牌。这标志着在我国铁路机构推进政企改革进一步落地。国铁集团下属的 18 个铁路局（俗称“十八罗汉”）也顺利改制，包括中国铁路哈尔滨局集团有限公司、中国铁路北京局集团有限公司、中国铁路太原局集团有限公司、中国铁路郑州局集团有限公司等 18 个铁路局集团公司。

从 2018 年开始，腾讯、吉利、顺丰就已经入局铁路混改，2018 年 4 月，腾讯和吉利控股组成的联合体成功拿下动车网络 49%股权，成交价为 43 亿元，吉利控股占股 39%，腾讯占股 10%，铁总公司占股 51%。2018 年 7 月 5 日，国铁吉讯科技有限公司正式揭牌成立。2018 年 8 月 29 日，铁总顺丰国际快运有限公司在深圳揭牌成立，铁总快运占股 55%，顺丰占股 45%。国铁股份制改造是个历史机遇，可推进制度创新和经营机制转换，理顺政府部门与国铁企业、国铁企业母子公司、国铁企业与市场的关系，统筹运输生产经营领域的布局调整和企业重组整合。

五、出租车的管制

从 1988 年第 1 部国家层面出租汽车管理规定发布施行以来，国家层面发布的出租汽车重要文件、部门规章、行政法规、指导意见等，涉及一些部门。从管理制度颁发时点、解决核心问题和对行业影响程度看，出租汽车行业发展可以分为三个时期：自由发展期、震荡期、巨变期。

在出租汽车发展的不同阶段，各级政府颁发的规章制度为行业的发展提供了方向和制度保障，促进了行业发展。但由于时代的局限性和制度设计缺陷，加之出租汽车行业治理理论的缺失，在实施过程中，管理部门未能跟进外部环境变化及时调整治理策略，行业主体间矛盾激化，不稳定群体事件时有发生。

基于制度背景、理论依据，详细梳理、分析、评估政策制度演变与政策效应，从制度政策演变角度，将出租汽车发展分为以下三个阶段。

1. 自由发展期（1988—1997 年）

在自由发展期出租汽车行业主要矛盾是供需矛盾，国家层面管制较少，发布施行重要规章制度 3 个，其中部颁规章 2 个、配套办法 1 个，确立了出租汽车经营许可准入制度，经营权无偿审批制，使出租汽车规模迅速扩大。在此期间，除了像北京、上海、深圳等城市出租汽车改革走在全国前列，比全国提前几年实现了出租汽车规模快速扩张，并施行严格数量管制外，大部分城市出租汽车行业处于自由的发展阶段。

2. 震荡期（1998—2013 年）

在此期间，行业发展较快，政府逐步介入到企业运营等领域，发布施行重要规章制度 14 个，其中部颁规章 1 个、法律条文 2 个、指导意见 11 个，文件发布最为密集，出台了“经营权有偿出让和转让”“数量管制”“期限制”“规模化经营”等政策，触动了企业、驾驶员、个体经营者在自由阶段形成的契约关系。

在震荡期，出租汽车行业制度改革及后续的数量管制等政策引发了行业震荡，“经营权可以有偿出让”“多头管理体制”为出租汽车无序扩张注入了动力，打破了出租汽车在自由阶段形成的供需平衡，运力过快扩张的负外部效应显现，内隐变异的经济关系矛盾逐步显化。“总量控制”政策使经营权溢出效应大幅增加，经营权不规范交易和严格期限制等政策，使企业和司机之间的经济关系矛盾进一步显化。针对这些问题，政府后续发布了一系列“补救式”制度文件，但未能从根本上解决问题。在此期间，管制的负外部效应显现，政府意识到多头管理体制弊端，基于 2008 年国务院大部制改革及相应的部委分工职责调整契机，逐步将出租车管理权责归口到交通运输部门，于 2014 年彻底理顺了出租汽车管理体制。

3. 巨变期（2014 年至今）

在此期间，从制度上理顺了多头管理的体制，应对网络预约出租汽车新业态的冲击，明确了巡游车与网约车差异化发展定位，并制定了各自的管理办法和配套措施。

在巨变期，网约车凭借技术、模式、资金优势，迅速占领了市场，严重冲击了巡游出租汽车市场，巡游出租汽车司机、企业与网约车主之间的冲突大量爆发，行业维稳压力巨大。2016 年通过巡游车转型升级、提高网约车人、车、平台等准入条件等措施，实现巡游车和网约车差异化经营，暂时缓解了巡游车、网约车之间的冲突。

六、运输政策

运输政策是在有限资源调节的制约下，以实现创造最大运输空间及时间效用为目标，政府作为社会公共利益的主要代表按照一定时期内经济社会发展对运输的需要，选择综合运输体系的目标和重点，综合运用行政、法律、经济及思想等手段调节运输参与者的行为而制定的前瞻性决策方案。

例如，欧盟 2010 年提出的有关运输政策的主要内容与措施为：复兴铁路业；提高公路运输质量；促进海运和水运的发展；空运发展应考虑生态环境的承受能力；建立泛欧运输网；提高公路运输安全性；制定有效的运输收费政策；强化使用者的权利和义务；发展高质量的城轨运输；促进清洁高效的运输技术发展；提高欧盟在全球运输体系中的地位。

运输政策是国家经济政策的一部分，是国家对运输业实施调控的重要手段。政府通过运输政策实现资源配置、产业布局、环境保护及运输业与其他产业的协调发展。运输政策主要由运输投资政策、运输财政政策和运输价格政策等组成。政府通过运输政策确定运输投资总量及其占国民经济投资总量的比重、运输投资在不同运输方式之间的分配；通过税收政策、补贴政策及信贷政策鼓励或限制某种运输方式的发展；通过价格政策对运输价格进行控制、监督和管理。运输政策是为实现政府的经济社会目标服务的，具有明确的倾向性。

案例

能否取消所有的管制

美国对铁路、公路、航空和电信业的放松管制看来取得了巨大成效：竞争增加了、价格降低了、服务也改善了。这些经验支持了自由派经济学家的主张。然而，我们不应匆忙就做出结论，认为所有行业的管制都应该取消。从经验中我们只是得知，某些行业的管制已经变得过时了。变化着的消费者需求、新技术和市场上的替代品使得现行现有管制过时甚至违背了管制的初衷，经济和政治力量的结合使它们注定要消亡。

但这些管制曾经是必需的吗？在很长一段时间内，其他陆上运输方式没有形成对铁路的可行替代，自然垄断力量当然会很容易地剥削消费者并阻碍经济增长。在发射通信卫星之前，长途电话在很大程度上也是如此。甚至连汽车运输和银行业的限制竞争在大萧条的深渊中也很有意义。因此，不能仅仅认为管制后来变得过时，就得出管制干预从来就毫无意义的结论。

即便在今天，大多数人仍然认为有必要对很多行业实施管制。例如，本地电话业和电力输送的网络仍然是自然垄断的，政府可以强制其所有者更多地开放网络，但未受管制的网络所有者仍然可以通过收取高的价格谋取垄断利润。因此，即使一个被放松管制的行业，仍然需要对其进入或供给的关键领域实施某些必要的管制。所有的管制也许不是最优的，但与完全不受管制的垄断相比，可能还是要好一些。

同样，很少有人会强烈建议仅仅依靠竞争和消费者的良好判断来决定市场上药品的种类和质量。美国食品及药品管理局实行了管制，这确实在一定程度上限制了药品行业的竞争，增加了成本并阻碍了新技术，但其好处是使得药品更加安全。与其他行业一样，这里存在竞争优势与管制优势的权衡问题。这里的基本政策问题总是，管制的收益是否大于其实施所造成的成本。对公共政策的持续挑战在于，如何使管制适应市场条件、消费者需求及技术的变化。

（来源：希勒．当代微观经济学［M］．豆建民，等译．8版．北京：人民邮电出版社，2003.）

第九章　运输的外部性与可持续发展

第一节　运输的外部性

一、运输外部性的含义

从严格意义上讲，当一个群体（消费者或生产者）的活动影响了另一个群体（消费者或生产者）的利益，却没有做出任何形式的支付或赔偿时，便产生了经济外部性。外部性通常被理解成是不能用买卖双方的关系来解释的，并且不在“金钱度量”的范围内，或者不在一个市场之中。

运输的外部性产生于运输活动。运输的外部性可分为正外部性和负外部性。运输正外部性主要为：基础设施促进经济发展，改善人民生活。而运输负外部性很多，主要为：视觉障碍、自然栖息地受到干扰、沟通的隔离、噪声污染、大气污染、振动影响、交通事故和交通拥挤等。这其中的一些成本给那些并不参与运输活动的消费者带来影响。例如，飞机上的旅客给生活在飞机航线下的居民带来了噪声成本；车辆上的乘客给生活在主干道附近的居民带来了污垢的沉积和振动污染，同时车辆也会妨碍城镇中行人的正常通行；而水路运输经常通过排放污油来污染海水浴场，并且港口建设也会对鸟类和海洋生物的繁殖造成破坏。

与负外部性相比，正外部性不被提及的原因之一就是，存在一种激励因素促使那些获得正外部性的群体会将其转移到市场中并收取费用。在这方面也许可以举一个简单的例子：有一些喜欢站在铁路站台上看着来往列车的铁路狂热者。这原本是可以由铁路公司获得的一种收益，却被这些狂热者免费享受，在这种激励因素下，铁路公司就要对进入站台的这部分人进行收费。

二、纯污染和纯拥挤

传统的福利经济学根据所研究对象的类型来区分不同种类的技术外部性。相比目前运输领域内采用的其他较为复杂的分类方法，罗森伯格提出了一个简单的二分法，借以区分他提出的“一般拥挤”的两种形式。这种方法的基本思想是：外部性是由于不同的对象试图分享一种共同的服务而产生的，并且这种服务不是由相互关联的组织提供的特殊化的服务（从技术层面上看，它具有“公共物品”的特性），而其他使用者的存在会影响到提供给每个个体的运输服务的质量。从学术的角度上讲，一般拥挤可以被分为以下两种。

（1）纯污染。污染的本质是一些污染者滥用生活环境，而公众则成为这种滥用行为的相对被动的受害者。例如家庭主妇们被迫要忍受喷气式飞机产生的噪声。

（2）纯拥挤。如果把公路交通作为拥堵的典型，那么与之相关的主要人际关系分布则说明了所有的使用者正在以大致相同的方式使用环境资源（公共物品）。每个人在破坏他人所应享受的服务质量的同时，也破坏着自己所享有的服务质量。关于对自己和他人的破坏比例，假设基本相同，整个使用者群体内部间强加的相互作用使得他们都遭受着同样程度的损失。

三、用经济学图形分析运输的外部性

1. 运输正外部性的图形分析

图 9-1 中纵坐标轴代表一条收费公路的成本与效益，横坐标轴代表该公路上通过的运输量，MC 曲线代表经营该收费公路的边际成本，D_1 代表在正常收费水平上的运输需求。图中由 D_1 与 MC 交点 b 决定的是均衡数量 q_1，而此时使用者支付的价格是 P_1。在这种均衡条件下，社会效益或福利由两部分组成：一部分是由三角形 abP_1 的面积所代表的经营收入超过总成本的利润或生产者剩余，由生产者受益；另一部分则是由三角形 P_1bc 的面积所代表的消费者剩余，是使用者意愿支付超过他们实际支付的那部分剩余，由使用者受益。这两部分面积之和就是已经被传统微观经济学定义过的社会效益或福利。

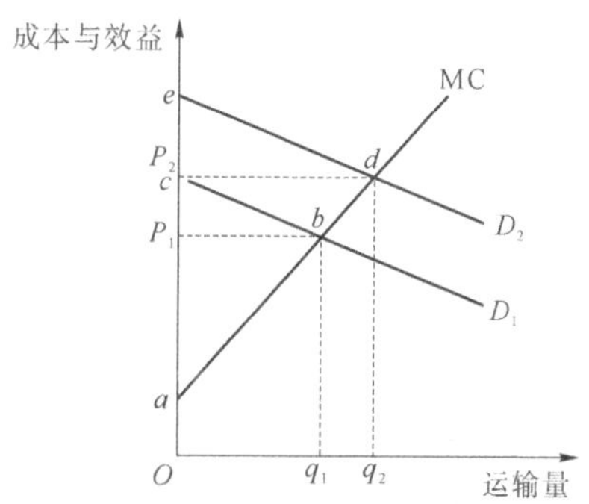

图 9-1 运输社会效益与外部效益的关系

需要说明的是，一部分使用者的意愿支付水平确实超过了实际价格水平，他们因而得到了消费者剩余，这种消费者剩余来自使用者对运输产品各种可能效应的好评。而且消费者剩余的数额可能会非常大，甚至公路完全不收费，这些消费者剩余也可以超过经营者财务上的损失。但即使是这样，还是不能将这种社会效益与外部效应相混淆。在上面所谈的社会效益中，无论生产者剩余还是消费者剩余，都是在既有的成本曲线、需求曲线和价格水平的系统内决定的，因此属于市场体系内部的效益，而外部效益只有在产生不属于以上过程效益时才会出现，我们还可以继续用图 9-1 加以说明。

图 9-1 中的另一条需求曲线 D_2 表示使用者或社会在原来的价格或市场体系之外，对运输产品效用的其他评价更高，这些额外效益可能来自运输设施对沿线土地价值上升带来的影响，也可能来自交通条件改善给当地带来了更大的知名度，或者公路沿线正好有景色宜人的风光，因而沿途乘车成为一种观光享受等，但 D_2 所对应的运输需求已经不是由原先体现需求量与价格之间关系的函数所决定，出现了外部效益（四边形 $bdec$ 的面积）。显然，如果收费公路的经营者能够根据新的均衡运输量 q_2 而把价格确定在 P_2，那么这种外部效益就被内部化了，此时三角形 adP_2 的面积代表利润或生产者剩余，三角形 P_2de 的面积代表消费者剩余。此时无论是生产者剩余、消费者剩余，还是总的社会效益，都比原来

增加了。但是如果由于某些原因，上述内部化过程不能实现，公路经营者增加运输量所多支付的成本（四边形 q_1q_2db 的面积），就需要以财务补贴或其他方式加以弥补，否则经营者将不愿意扩大供给，那么本来可以增加的社会效益就受到损失。从这个角度来看，没有被内部化的四边形 $bdec$ 的面积才应该被称作是“外部效益”。

社会成本、私人成本及外部成本之间的关系是：社会成本=私人成本+外部成本。社会成本中的私人成本部分是存在于市场体系内部，即是内部性的；而另一些则存在于市场体系之外，即是外部性的。可以用图 9-2 来说明这种关系。

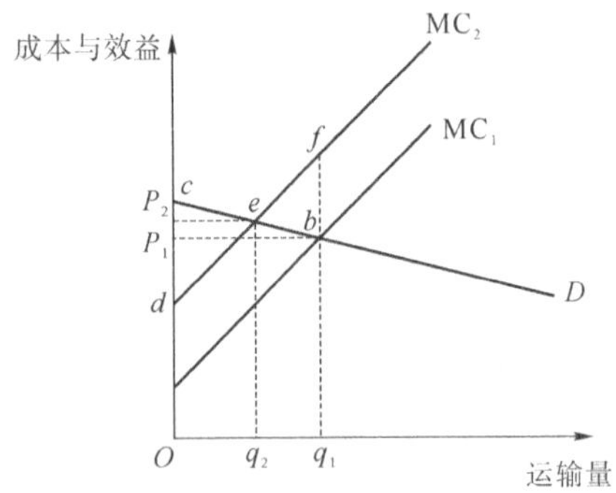

图 9-2 运输外部成本

2. 运输负外部性的图形分析

图 9-2 中的纵坐标轴仍代表收费公路的成本与效益，横坐标轴代表该公路上通过的运输量，MC_1 曲线代表由使用者自己承担的公路使用边际成本，D 代表运输需求。图中由 D 与 MC_1 交点 b 决定的是均衡运输量 q_1，而此时使用者支付的价格是 P_1。但在 MC_1 曲线上方还有一条 MC_2 曲线，MC_2 曲线代表由社会承担的公路使用边际成本，社会成本 MC_2 既包括由使用者自己承担的内部成本，也包括由使用者引起却要由其他人甚至整个社会来承担的外部成本。由图 9-2 可见，D 与 MC_2 的交点 e 决定的均衡运输量 q_2 要小于只考虑内部成本时的均衡运输量 q_1，而此时使用者应该支付的价格 P_2 则高于只考虑内部成本时的均衡价格 P_1。如果社会机制能够将使用者只考虑内部成本时的均衡价格 P_1 提高到 P_2，能使只考虑内部成本时的均衡运输量 q_1 减少到最优均衡运输量 q_2，那么就是成功地实现了运输外部成本内部化。但如果不能使外部成本内部化，社会的总福利就会减少。在图 9-2 中，最优运输均衡量为 q_2，所决定的社会效益是三角形 dec 的面积，而在外部成本不能内部化的情况下，运输量扩大到 q_1，此时消费者剩余虽然从三角形 P_2ec 的面积扩大到三角形 P_1bc 的面积，增加了四边形 P_2P_1be 的面积，但由此而引起的社会总成本却增加了相当于 q_1q_2ef 的面积，特别是三角形 bef 的面积还属于无法弥补的社会福利净损失。

四、运输业的外部成本——运输对环境的影响

运输以三种方式污染环境。一是局部的直接影响，例如交通运输的噪声、视觉侵扰、局部空气污染及废弃车辆堆积造成的局部环境污染等，对在主要运输基础设施附近生活、工作或娱乐的人们施加了许多局部环境成本。二是存在超越界限的影响，例如，氧化氮等的排放会引起酸雨，海运溢出物会影响航线范围以外的一定范围的水域。三是对全球环境的影响，例如大量二氧化碳的排放将引起全球变暖，氯氟碳化合物等过量排放破坏了大气的臭氧层等。

一些发展中国家的大城市尽管汽车保有量不高，但空气质量已经像发达国家一样差，甚至更差。从表 9-1 所列的部分城市空气质量对比中来看，墨西哥城、圣保罗、雅加达和开罗等发展中国家的城市污染情况已经与洛杉矶和纽约等发达国家城市同样严重。

表 9-1　部分城市空气质量对比

城市	污染物及来源于交通运输的比例/%			
	Pb（90~100）	Co（80~100）	NO_2（60~70）	O_3
曼谷	△	○	○	○
北京	○		○	△
孟买	○	○	○	
开罗	△	△		
雅加达		△	○	△
伦敦	○	△	○	○
洛杉矶	○	△	△	□
墨西哥城	△	□	△	□
莫斯科	○	△	△	
纽约	○	△	△	△
圣保罗	○	△	○	□
首尔	○	○	○	○
东京		○	○	□

注：□表示两项或多于两项指标超出世界卫生组织公布的正常标准；△表示一项指标超出世界卫生组织公布的正常标准；○表示符合世界卫生组织公布的正常标准。

公路交通虽不是大气污染的唯一原因，但却是几类主要大气污染物的主要来源。在大中城市中心，铅和碳化合物的90%~95%来源于城市公路交通，60%~70%的碳氢化合物也来源于城市公路交通，这些排放物对人类健康是有害的，尤其是对那些在主要干道附近的开放场所工作和生活的人。在墨西哥城，大量的汽车尾气每年导致12 500人死亡；开罗一些地区铅聚合物浓度比世界卫生组织公布的正常标准高出5~6倍，这导致开罗儿童血液中的铅含量比埃及儿童高出3~5倍。另外，交通工具引起的噪声和振动对行驶地点附近的环境有较大危害。表9-2列出的数据在一定程度上反映了工业化国家中运输对环境的影响。

表 9-2　工业化国家中运输对环境的影响

项目		北美	欧洲	日本	OECD
空气中运输排放物占总排放物的百分比/%	氮氧化物（NO_x）	47	51	39	48
	一氧化碳（CO）	71	81		75
	硫氧化物（SO_x）	4	3	9	3
	颗粒物	14	8		13
	碳氢化合物	39	45		40
受道路交通65 dB以上噪声侵扰的人口数/百万		19	53	36	110

从地区角度看，交通运输将会对生物栖息地造成影响。例如，海洋运输造成了沿海海

域的严重污染，机动车尾气引起酸雨和森林恶化。在开辟新的居住地、开发新资源、在森林或生态敏感区建立新的经济地带的过程中，交通设施的修建对森林、生物栖息地和文化古迹的影响是目前争论最广泛的问题。当然，这主要是地区发展政策问题，而非仅仅是交通政策问题。问题的关键在于，这种大的经济举措在一个较长时间段内对某一地区的发展带来的影响是不确定的，同时对这一地区环境造成的影响也是不确定的。在经济开发计划实施之前，必须充分考虑所有可能会出现的结果，在修建道路或其他的交通基础设施之前，必须确立能够弥补或减轻可能引起环境负面影响的配套措施，以保证对环境的危害最小。从目前情况看来，落后的发展中国家最容易受到这些长期的、累积的负面效应的危害，因此这是国家在经济发展过程中最应警惕的问题。

除以上交通环境问题外，交通运输的环境可持续面临的另一个问题是拥挤，主要是道路拥挤问题。道路交通的严重拥挤与通常的环境污染有所不同。一方面它加剧了业已存在的环境污染，这是因为拥挤道路上汽车的停起频繁和空转等会加剧环境污染；另一方面，它给道路使用者造成了时间和燃料的浪费。后者也称为纯拥挤成本。

交通运输的外部性还包括交通事故。运输是危险的活动，事故不仅涉及运输的参与者本身，还会涉及第三方。从纯统计的角度来看，危险主要与公路运输有关，在公路运输中每天都有许多致命的和严重的事故发生。火车、轮船和飞机的事故虽然不那么频繁发生，但因其事故一旦发生就是灾难性的，因此更能引起公众的关注。

第二节　外部性的币值估计

经济学家主张将外部性内部化，这一节将从外部性的分类入手，从时间和空间上对外部性进行归类，如果将外部性内部化，就要进行外部性的币值估计，因此本节将着重介绍外部性的币值估计方法。

一、外部性在时间和空间上的覆盖范围

这里主要描述废气及其他环境干扰在时间和空间上的覆盖范围，可以分为三个层级：地区级、国家级和全球级，如图 9-3 所示。

（1）地区级。运输将许多局部环境成本强加给那些在主要运输基础设施附近生活、工作和娱乐的居民身上，这些成本包括噪声、视觉侵扰、地区性空气污染及废旧运输工具的处理问题。与其他形式的环境污染有所不同，这种污染的问题是，它通常很难将运输设施从影响敏感的区域简单地撤出，因为就运输服务使用者而言，他们确实需要这些容易获得的并且靠近公路和公共运输站点的服务。

（2）国家级。运输存在越界影响，例如，尾气的排放会导致酸雨产生，海运油污泄漏将会对运输活动范围以外的海域有一定的影响，这也给国际机构及联邦体系带来了严峻的挑战。

（3）全球级。运输导致全球环境变暖及高层大气臭氧空洞的恶化，由于这些问题的长期影响引发了许多更为特殊的问题，这就需要在全球范围内找到一种协调一致的解决措施。

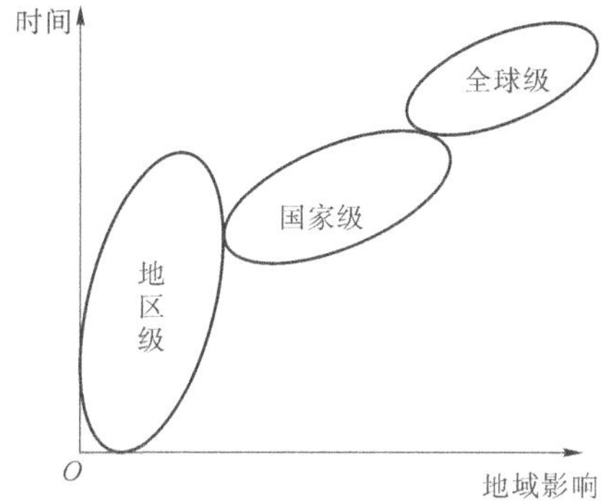

图 9-3 运输外部性在时间和空间上的三个层级

二、外部性的内部化

一般认为，运输外部性的内部化是将运输的外部影响纳入市场过程，其目的是使资源能够得到更有效的利用，并减少市场失灵。通过外部性的内部化，人们就会从价格上获得更多有关成本和效益的正确信息，便于在各种替代方案中做出正确的判断，特别是运输设施的使用者会更多地意识到自己的行为所产生的全部成本，结果是，那些外部成本的不利影响会减少，经济与环境资源总的利用也将更为有效率。有西方学者认为，外部性的产生并不是由于存在对其他人的影响，而是人们没有积极性去充分考虑这一影响。任何经济行为都可能影响到其他人，因此外部影响是相当普遍存在的，但在一个良好的运作系统中，其价格机制本身就可以激发出正确处理这些影响的积极性。内部化并不意味着由运输而引起的负外部性（包括环境成本和拥挤成本）会完全消除，内部化只不过是有利于降低外部成本，内部化导致的正确价格可以提供一种导向，促进外部成本最小化。

根据多数西方学者的意见，运输的外部效益，即交通运输在正方面的外部性从长远来看是很有限的，其原因是人类具有一种趋利的主动性和积极性，人们会主动地将原来存在的外部效应逐步自发地去实现内部化。由于人们趋利的积极性，因此经营者往往会主动地想方设法去把消费者剩余变成自己的经营收益，因而运输外部效益就容易被人们主动地内部化。运输的负外部性很难被自动内部化。因此在西方发达国家，学者们对正的运输外部性关注较少，而对负的运输外部性却集中进行了大量的研究。

从经济学来说，完全或纯粹的内部化，只有在有关资源和环境的产权得到完全明确的情况下才会出现。例如，在空气污染问题上对大气确定产权、在拥挤问题上对道路空间确定产权等。产权确定之后，各产生影响和被影响的集团之间才可能或者通过产权交易以使资源达到最优利用，或者减少或合并其经济活动，以迫使他们为了共同利益而调整自己的行为。在纯粹内部化过程中无法回避的实际问题是，对环境资源的产权界定和使用监测存在巨大的困难，这样就会在有关的管理上形成大量的交易成本。

因此，运输外部性问题的解决在实际上很少采用纯粹内部化的方法。例如实行像庇古税及行政命令等手段，也可以在一定程度上以内部化方式降低运输的外部成本，因为运输业者或使用者由于成本增加而减少了运输量，但这些也并不是严格的纯粹内部化的措施，而只是准内部化的过程。

可以通过下面的例子来说明比较纯粹的内部化与政府部门习惯使用的行政命令之间的区别。公路上汽车行驶时发出的噪声会对邻近居民区的生活安宁有破坏作用，如果采取比较纯粹的内部化方法，就可以将居民区宁静的权力赋予居民，汽车驾驶者要想通过该地区，就必须向居民区的居民购买一定的噪声制造权。这样，一个有关噪声的市场就形成了，汽车噪声的外部影响也会降低到一个最优的水平。一方面，因为制造噪声是要付费的，因此汽车驾驶者就会尽量将噪声控制在较低的水平，以免支付过高的费用；另一方面，居民也会采取一些措施来隔离噪声，如为房屋安装双层隔音玻璃等。要让汽车完全消除噪声，在技术上即使可以做到，在经济上肯定也是不合理的，因此只需要确保实施一定的技术标准就可以了，而且该标准可以通过谈判加以确定。于是，市场就会通过动员双方的积极性，共同努力把噪声保持在一个人们都能接受，同时治理成本也比较低的水平上。经济学家认为，在这种产权交易市场上，居民通过出售部分宁静产权保护了自己的利益，而不是强迫驾驶人不出声或绕道行驶，驾驶人也通过购买一定的噪声制造权也实现了自己的利益，双方的利益从自身的角度来看，都实现了最大化，使得资源得以最优配置。如果采用政府强行规定噪声标准或噪声罚款的办法，就不可能得到这种最优化的响应，因为政府措施只以管制一方对象为目标，也就阻止了双方可以根据自身利益的最大化而进行协商。

三、外部性的价值评估方法

1. 判例法

判例法是指采用历史判例来对环境的某些方面进行评估的方法，该方法主要受到长期一致性原则的指引。这方面的判例主要是关于环境破坏在赔偿方面的立法和司法裁决。表面上这种方法受到很多人的关注，但实际上它仍然受到多方面的制约。

例如，常见的案例有：船公司要对有毒污染物泄漏事故进行赔偿，政府对机场扩建带来的附加噪声污染进行赔偿，赔偿的金额可以用来估计外部性，常见的例子是对交通事故伤亡的赔偿，相当于是交通事故的外部性评价。

2. 规避行为

人们可以隔离运输产生的那些对环境不利的结果。例如，安装双层玻璃以减轻噪声干扰，安装空调以减少空气污染的影响，运输基础设施及其使用方式、相对应的运输工具上的附属产品采用更为安全的工程设计标准等，而应用更为广泛的方法是实现破坏环境的成本与规避风险的成本相等，这就是所谓的“预防支出法”。

该方法的主要问题是，难以从包含其他收益的混合支出中分离出那些针对环境问题所做出的特定支出，例如上面谈到的双层玻璃和空调。噪声隔离的方法有局限性，假如人们在花园中，隔离措施就不能提供保护了，从更根本的角度说，这个过程中存在一个采取规避措施的最优水平。

3. 显示性偏好

很多情形下，环境资源的消费者通过他们的行为暗示了他们对于环境资源的估价，他们通过牺牲经济利益的交易来限制环境资源的使用，或者获得一些环境收益。最典型的案例就是人们为了远离喧闹的机场和道路，愿意支付一定的费用来改善居住条件，或者选择支付额外的费用，住到远离繁华街道的旅馆内。例如，交通、振动、噪声和其他污染超过一定水平，就会使暴露在其影响下的有关住房等不动产价值遭受贬损，该法就是根据住房等市场价格与环境质量方面的联系，推断交通污染所引起的环境成本。但是，正如之前讨论过的一般成本一样，这些偏好也会延伸到出行的时间价值上，包括人们在出行方式和速度的内外部特征之间做出权衡。

4. 旅行成本法

旅行成本法是显示性偏好分析的一种特殊形式。该法是依据不同人的出行时间价值和交通拥挤给人造成的时间损失，相对地推算交通拥挤对社会造成的额外成本。货物运输在交通拥挤中的损失，也可以通过有关货物占有资金的时间价值类似地进行计算。新建的运输基础设施将会为人们开辟许多娱乐场所，并且这些场所之前都是免费开放的。然而，人们为了获得自然乐趣而去许多地方旅行，此时需要花费一定量的成本，包括时间和金钱。可以利用此类信息来了解这些设施设备所产生的价值。这是一个关于应用显示性偏好的较为普遍的实例。

5. 陈述性偏好（表述性偏好法）

陈述性偏好在环境相关的文献中通常被称作“偶然事件评估法”，是以实验经济学为基础的，它并不是通过观察实际中普遍的交易情况来给环境成本定价的，而是从人们遇到的特殊情况下的交易中获取信息进行估价。它给人们提供了一个虚拟市场下的心理实验，其中包括在一个受控环境下制定决策，使其明确他们目前掌握的信息和面临的选择。

应用最广泛的就是通过问卷、调查或者交互式网络游戏等形式，询问一些相关人士：如果预先知晓的环境恶化的情况发生了，为了维持当前的福利水平不变，他们需要做出什么样的补偿，或者他们愿意付出多少来避免这种情况的发生。这种问题需要设定在制度框架之内（例如，明确问题涉及哪些融资方法），而且为了提供一个市场框架，询问者应首先给答题者一个开放性的“标价”，然后请他们在此基础上作答。询问者应该细致地表达所有的问题，以确保假想的市场条件足以清晰，并且将这种方法带来的潜在问题降到最小。

这种方法存在的问题是：模拟的市场可能在现实中并不存在。如果模拟的市场在现实中存在，可以与现实的情形进行比较分析，探讨结论的真实性。如果模拟的市场在现实中不存在，就无法进行比较，也很难判断结论的可信程度。

由上面币值估计方法可以看出，外部性能适用币值估计方法的很有限，因此外部性的内部化很难全部实现。

第三节 缓解交通拥挤的方法

理想情况下，道路拥挤问题中产生的污染费应该由驾驶人直接支付给受污染影响的实际道路使用者。但从实践角度来看，这种直接支付的方法几乎不可行，因此有关道路管理部门有代理收费的责任。人们针对拥挤收费中包含的理论和实际问题进行了大量的研究。为缓解交通拥挤问题，除制定拥挤收费方案之外，还应该考虑一些间接、次优的方法，比如征收停车费、补贴公共运输、应用智能交通系统、新建交通基础设施等。本节将用市场手段解释缓解交通拥挤的方法。

一、拥挤收费

道路收费方法往往采用道路通行费和税收形式。早在17世纪，英国就开始征收道路通行费。拥挤收费不同于道路收费。道路通行费与驾驶人对道路造成的磨损程度有关，用于补贴道路修建和维修成本。在这一点上，与现在的道路通行费的作用相同。但是这些道路通行费与驾驶人强加于其他道路使用者的额外成本无关，并不是用来分配道路空间或缓解拥挤问题的。除道路通行费之外，传统的道路收费方式还包括各种形式的税收。更多情况下，道路使用费以税收的形式向道路使用者征收（例如美国政府征收的汽油税）。这部分税收经常作为道路网建设的资金，又或者收归国库由政府支出。一般来说，这些税收系统并不能使道路资源得到合理的使用。

随着时间的推移，中央和各级政府不再通过盲目地扩建道路容量或增加公共运输补贴来解决道路拥挤问题，而更多的是通过制定以经济依据为支撑的相关政策来缓解交通拥挤。实际中，政府是利用拥挤收费作为分配稀缺的道路空间资源的一种手段，以使道路使用者收益最大。

（一）拥挤收费的实施模式

目前，已经有新加坡、伦敦、斯德哥尔摩、奥斯路、罗马等城市实施交通拥挤收费政策，收费模式主要包括特定路段收费和特定区域收费两类。

1. 特定路段收费

实行特定路段收费模式的代表城市是新加坡。这种收费模式是在拥挤的路段上设置若干自动收费闸口，每个闸口的收费时段、收费标准都可以独立设置，在收费时段，车辆每次经过收费站口都需交费。

新加坡的拥挤收费是一项纯粹以拥挤管理为目的的举措，投资成本完全由政府承担，收入归国家所有。新加坡于1975年实施的限制区域执照系统是世界上第一个城市公路收费系统，主要用以限制车流进入较拥挤的中央商业区路段，当时共设有28个控制点，实行人工收费。1998年，新加坡以全自动的公路电子收费系统取代了限制区域执照系统，除应急车辆外，每辆车内都设有读卡器，当车辆从公路电子收费闸门下通过时，将从现金卡中自动实时扣除收费金额。对于没有车内读卡器、读卡器或现金卡损坏、现金卡余额不足的车辆，公路电子闸门上方的监控摄像头将自动拍摄该车辆牌照并记录罚款。截至2013年12月，这种电子收费系统共有74个收费闸口，收费时段集中在7：00—9：30、8：00—10：00、12：00—16：00。闸口的收费为0.5~6.0新加坡元，其中收费2.0新加坡元以下的比例超过90%。在实施交通拥挤收费之前，新加坡政府对公众进行宣传教育，加强了公众对此系统的接受程度，完善的法律框架也保证了该系统的有效监管。另外，公共交通服务的改善提供了便捷的备选出行方案。

警戒线收费方式很普及，其初衷是为了工程建设筹集资金，但现在已发展成为以缓解交通拥挤为目的。例如，挪威的几个城市最初引入警戒线收费方案，主要是为了筹集资金。1986年，卑尔根出台了第一项城市环线收费政策，该政策作为补充性融资机制，为新道路、公共交通、停车场、人行道及提高城市中心市容而筹集资金。警戒线收费方案规定在城市内设立 7 处收费点，当驾驶人周一至周五的 6：00—10：00 进入这些收费区域内时，就要支付一定的费用。该方案主要利用电子摄像机进行实时监控，因此所需收入的 13%用于补贴这些收费点的经营成本。

斯德哥尔摩于 2006 年的前七个月试运行全程警戒线道路定价方案，旨在缓解交通拥挤和提高环境质量。2006 年 9 月，公民对该方案进行投票以决定方案是否通过试运行。票选结果显示，超过半数的公民同意继续实施该方案。该方案规定每辆汽车的风窗玻璃上必须安装一台免费的音频雷达收发机，并且可以在不同地点购买一张智能卡给音频雷达收发机充费，或者将智能卡与银行账户相连接完成支付。该方案规定的收费时段为周一至周五的 6：30—18：00 和周六的 14：00—18：00，其中每天每个道路使用者最多只需要交纳 8.3 美元。和其他方案一样，道路使用者可以在他们使用过道路之后再交纳费用。由于该项方案收入被划归为政府税收，所以任何违反该方案的行为都被视为是逃税。

智利圣地亚哥建立了一个覆盖城市北部到南部的收费网络。该方案的主要目的是减少城市内的污染，其次是缓解城市交通拥挤。方案规定全天根据车速不同实施差别收费，共有三个收费等级，当有效车速超过 70 km/h，收费最低；当有效车速低于 50 km/h，收费最高，使用转让道路时始终要支付使用费。

2. 特定区域收费

实行特定区域收费模式的代表城市是伦敦，这种收费模式是在拥挤地区设置一个闭合的收费区域，在收费时段进出收费区域的车辆每天只需交费一次，当天可多次出入收费区域。

伦敦自 2003 年 2 月开始在中心区实行道路拥挤收费，收费区域为中心城区约 22 km^2 的范围，占伦敦总面积的 1.3%，包括 113 条道路和 8 座穿越边界的桥梁。周一至周五 7：00—18：00 为收费时段，拥挤费为 5 英镑/天，2005 年调整为 8 英镑/天，2011 年进一步调整为 10 英镑/天。伦敦拥挤费为非实时收费，进入收费区的车辆驾驶人可以事后通过互联网、交费终端等多种途径交费，也可以办理月租或年租享受优惠，收费区有监控摄像自动拍照，识别车辆车牌。如果未在行驶当天午夜前交纳费用，车主将会被要求交滞纳金（行驶后 1 天以内需交纳滞纳金 2 英镑）或罚款（行驶后 1 天以内未交费，罚款 120 英镑）。由于围成了一个收费区域，伦敦对住在收费区内的居民，以及住在紧靠收费区外沿的一些居民实行收费优惠政策；对电动车和代用燃料车辆、应急服务车辆、位于收费区内的地方政府和皇家公园局使用的工作车辆、军用车辆、持有蓝色证章的残疾人或组织车辆等实行免费政策。另外，对于一些满足特殊情况的非免费车辆的某些出行有退费政策。

1998 年罗马实行警戒线收费方案，旨在保护历史文化区域。当车辆进入城市中心区就要交费，而且只有在中心区居住和工作的居民才有资格拥有指定的停车位。大约有 35 000 名非中心区居民可以在支付一定的费用后进入中心城区，其中周一至周六的 6：30—18：00 是收费时段，周日的 14：00—18：00 是收费时段。2001 年罗马开始在城市中的 22 处设置电子收费系统。

（二）拥挤收费的效果评价

表 9-3 列出了几个主要城市的道路收费方案对交通流量、交通拥挤状况及公共运输的

影响。这些数据清楚地表明：道路收费方案普遍减少了汽车使用量，提高了交通流量，以及增加了高峰时期转向使用公共运输服务的公众数量。

道路收费方案还有一些间接的益处，如减少了由交通引发的环境污染问题。但是在实际情况中，人们很难量化和评估这些间接益处，因为道路收费方案经常与其他方案同时实行，单独评价出这一方案的影响是比较困难的。我们看一个简单的例子，据估计，斯德哥尔摩的道路收费方案将使市区内的 CO_2 排放量减少 10%~14%，使周边地区的 CO_2 排放量减少 2%~3%。尽管伦敦道路收费方案没有减少噪声干扰，但是伦敦每年从 CO_2 排放量的减少中获得 600 万美元的收益，从降低的交通事故成本中获得 30 000 万美元的收益。

并不是所有方案都是严格的道路收费方案。例如，挪威收费政策的出台主要是为了筹集资金。此外，虽然新加坡的道路收费方案可以显著地缓解交通拥挤，但同时也产生了超出政策制定者预期的更复杂的影响。该方案的具体实施细则都是依照新加坡的城市地理环境和政治风气特点来规定的，它不可以被其他地区和城市完全照搬使用。

虽然制定方案是一个不断调整和完善的过程，但是交通管理部门在实施这些方案时仍然面临着一些挑战。例如，据报道，2005 年全年伦敦交通罚款收入降低 21%。

表 9-3　主要城市道路收费方案的结果

城市	对交通流量的影响	对交通拥挤状况的影响	对公共运输的影响
新加坡（1975—1998 年）	减少 44%；至 1988 年减少 31%	平均车速从 19 km/h 提高到 36 km/h	出行方式改变，33%~46% 的居民改选乘坐公交车上班，1983 年这一比例提高至 69%
特隆赫姆（1991 年）	减少 10%	—	搭乘公交车出行的人数比例上升 7%
新加坡（1998 年）	减少 10%~15%	道路使用率得到提高，城市道路车速为 20~30 km/h 高速公路车速为 45~65 km/h	仅有一小部分人转为选择公交出行
罗马（2001 年）	减少 20%	—	增加 6%
伦敦（2003 年）	2003 年较 2002 年减少 18%，2004 年较 2003 年无变化	拥挤程度减少 30%；2003—2004 年每公里平均延误时间为 1.6 min	2003 年高峰时间选择公交出行的人数比例增加 18%；2004 年增加 12%
伦敦（2005 年）	2005—2006 年小幅减少 4%	拥挤程度下降为 22%；每公里延误时间为 1.8 min	选择乘坐公交车出行的人数无变化
斯德哥尔摩（2006 年）	2006 年较 2004 年减少 30%	出行时间减少 30%~50%	增加 6%

注：（1）新加坡实施的区域通行证方案实质是一种基于警戒线方式收费的道路收费方式。

（2）1998 年，新加坡实施电子收费系统。

（3）2005 年，伦敦实施新费率。

（三）拥挤收费的困难

近年来，很多国家或地区采取了一些基于经济理论的收费方案以缓解交通拥挤。虽然结果表明，城市拥挤收费方案比海上运输及航空运输的拥挤定价更加有效，但拥挤收费方案仍然没有普及。学者通过细致的研究提出可能导致方案不普及的原因。

1. 政治观点

人们反对收费的原因之一是他们认为自由出行权是不可被剥夺的，而道路收费会侵犯他们的这项权利。不可被剥夺的权利是一个复杂的概念，此处并不展开详细讨论。这里着重讨论的是这种自由出行权是否是一种免费的商品，以及它的机会成本。某些国家在道路使用问题上采取的观点与自由出行权类似，认为只要用公共资金（通常是税收）投资建设道路，那么公民就有免费使用道路的权利。争论在于，根据经济资源分配的原则，道路应向所有付费的出行者开放，而不应对其他有出行诉求而没有付费的人开放。实际上，道路收费只有在恰好补贴道路维修成本的基础上又能使通行水平最优，才会被认为是有效的。因此，有必要通过定量的方法来分配稀缺的道路空间资源，使道路使用者的利益最大化。在市场经济中，收费是一种通常的分配资源的方法，而且能发挥很好的作用。

2. 道路价格及其影响

需求总是随着实际的路况而改变，因此很难准确地计算出最优的道路收费。表 9-4 中列出了早期关于最优道路价格估算的一些研究。起初，道路收费仅仅是作为获得特定的车流量、车速或者车流密度的有效方法。这一系列目标通常是交通管理部门基于交通工程师考虑道路安全和道路磨损的情况下估计出来的，体现其控制交通拥挤的主观意愿。

道路收费取决于驾驶人的道路使用成本，该成本通常由直接成本和隐性时间成本两部分组成，每部分成本都很难准确计算出来。成本计算的关键之一在于，人们的需求弹性取决于他们的感知而非客观的衡量方法。虽然出行的资金成本包括燃油费和车辆折旧费，但由于该成本属于非经常性成本，因此驾驶人计划出行时往往不考虑这两项成本。另一个关键问题是计算出行时间成本。虽然时间就是金钱，但是每分钟的具体价值尚无定论。目前有多种计算时间价值的方法，但是这些方法对道路收费计算的适用性还有待研究。

表 9-4　最优道路价格的早期估算

研究人员或机构	地点	高峰时段的道路价格（现行价格）
Walter（1961 年）	美国城市高速公路	0.10~0.15 美元/(车·英里)
英国交通部（1963 年）	英国城市区域	0.375 英镑/(车·英里)
大伦敦议会（1974 年）	伦敦中心区	0.60 英镑/(车·天)
Eliott（1975 年）	洛杉矶	0.03~0.15 美元/(车·英里)
Kraus 等人（1976 年）	双子城高速公路	0.03~0.15 美元/(车·英里)
Keller 和 Small（1977 年）	海湾地区高速公路	0.027~0.343 美元/(车·英里)
Dewees（1978 年）	多伦多	0.04~0.38 美元/(车·英里)
Cheslow（1978 年）	伯克利	2.00 美元/(车·次)
Spiellerg（1978 年）	麦迪逊	1.00 美元/(车·次)

续表

研究人员或机构	地点	高峰时段的道路价格（现行价格）
Mohring（1979 年）	双子城	0.66 美元/(车·次)
Comez-Ibanez 和 Fauth（1980 年）	波士顿	0.5~1.0 美元/(车·次)
Viton（1980 年）	海湾大桥	0.154 美元/(车·英里)
Starrs 和 Starkie（1986 年）	阿德莱德主干道	0.025~0.22 美元/(车·公里)
Cameron（1991 年）	洛杉矶高速公路	0.15 美元/(车·英里)

3. 制定一个切实可行的收费方法的困难

城市路网的拥挤程度时时发生变化，而且在任一处单独收费又不切合实际。例如，新加坡早期的区域许可证方法很简单，车辆只需在风窗玻璃处放置一张通行证，表示驾驶人已为在规定时间内进入中心区支付了费用。从经济学角度来讲，这种方法的交易成本低——仅许可证的生产和销售成本，在城市入口处的实施也已成为政策的一部分——而且驾驶人可以提前获知必须支付的潜在成本而自由选择是否进入中心区。但是这与车辆在城市中造成的拥挤并无直接关联，而且在城市中设置过多的出入口收费站不仅困难，成本也是很高的。

斯德哥尔摩的差别收费方案更加精确地反映了拥挤程度，但是深入研究后发现，驾驶人只关心他们各自出行的拥挤成本。斯德哥尔摩的差别收费系统的安装成本和管理费用都很高。虽然智能卡的使用在一定程度上能降低部分成本，但该系统成本仍然过高。

40 多年前英国交通部发表的研究报告中就已经考虑到这种简单收费方式的局限性，并且讨论了各种电子收费方式，但是现今的收费方式仍然是高成本且有局限性。随着交通状况的改变，许多替代收费来缓解拥挤的措施具有一定的可行性，并且在某些地区得到了推行。

中国香港早期曾经进行过设备实验和实际操作。实际操作方面，在 20 世纪 80 年代中期进行的两年实验中，他们为 2 500 辆汽车安装上 AVI 系统，与此同时，在收费区域边界的道路表面安装了电子回路。当车辆跨过车收费区域边界时，就会向车下安装的电子数码盘发送一个信号，电子数码盘就会把车辆的代码和经过的时间这些信息传递到路旁的计算机中。该收费系统的技术可行性和经济有效及可靠性已经达到规定标准的 99%。

然而，中国香港的道路收费系统在实际操作上具有一定的困难。早期关注点在于信息收集的信息保密性，现在这仍然是一个敏感的问题。电子收费系统的实时不可避免地要涉及隐私问题。虽然中国香港的实验表明了技术上的可靠性和实际收费调整的可行性，但焦点是其信息采集会侵犯个人隐私权。斯德哥尔摩、伦敦及其他城市自从实施电子收费系统开始，就通过强有力的法律保护手段尽可能地使其信息被追踪到的可能性最小。

从某种意义上说，这种收费方式比警戒线收费更加有效。虽然这种收费技术可以进行实时收费，而且可以反映车辆所在道路真实的拥挤程度，但是它仍然具有主要经济缺陷。这种经济缺陷是指，消费者应该在购买决策前知道某种商品的价格。人们一直在尝试不同方法来解决这个问题。其中一种方法是提前提供当地路况信息，以便驾驶人可以更加了解他们可能需支付的费用，而且现代技术使提供实时交通网中部分地区的路况信息更加便利。另一种方法已经应用在加利福尼亚1-15号公路实施的方案中。该方案规定费用随交通状况变化而变化，其通过让驾驶人在免费通行道路和收费道路之间自由选择以维持目标交通车速。一天之中各个时段的平均收费信息可以帮助正在行驶的驾驶人选择出行路线。

（四）拥挤收费的经济学评价

拥挤收费涉及价值判断，站在不同的立场和角度会有不同的答案。收费使驾驶人之间的相互影响减少了，城市整体的交通状况改善了，但这种改善又是以收费者的福利减少（尽管作为驾驶人也从拥挤降低得利了）为代价的。因此虽然道路拥挤收费的基本理论比较简单，但人们对实行该理论的社会条件及其后果却一直争论不休。

（1）拥挤收费本质上属于采取经济手段解决交通拥挤问题，这就涉及收费的正当性及收入的使用问题。既然是为了提高社会福利，那么道路拥挤收费的收入必须要合理地进行再分配。对于道路使用者来说，道路收费用于增加道路容量和提高智能交通技术的管理水平；对于公共运输部门来说，道路收费是以资本投入和经营补贴的形式；对公众来说，道路收费用于减少税收和提高公共支持的非运输支出。然而在很多情况下，这是很困难的。各城市基本通过立法程序来赋予市政府收费权力，并明确规定所收费用的用途和相应的监管程序。

（2）大部分关于拥挤收费的分配效应的争论集中在低收入群体是否有购买道路空间的能力，因为低收入者没有能力购买太多东西。因此，该问题是一个收入分配问题而不是价格机制问题，需要尽量消除可能会对分配产生的不良影响。对道路拥挤定价后，道路的使用便取决于潜在使用者的能力，这样可能会对社会福利产生不良的递减效应。比如，政府的工作车辆可以免费，因而不用驾车人自己掏腰包，因此收费政策对公车出行的决策影响微乎其微，政府官员可能由于能够购买不拥挤的道路空间而获益。相反，中等收入阶层可能被迫从私人交通工具转向一种他们认为是低舒适度的公共交通工具，从而导致他们的利益损失。

（3）拥挤收费模式需要因地制宜。伦敦基于特定区域的收费模式考虑了不同群体的利益，有多种优惠、减免等政策，体现了精细化的管理思路，但这种收费模式的实施需要以一定的城市行政管理水平和市民行为意识基础。比如对收费区内的居民实行优惠政策，理论上很简单，但实践中如何有效认定并能防止漏洞和权力寻租问题对有些城市却会是很大的难题。新加坡基于特定路段的收费模式通过动态地调整收费率和收费时段，可以有效地调控道路上的车流量。但电子收费系统建造和维护费用较大，收费闸口也需要精确地布置。

（4）需要给受影响的市民提供可替代的公共交通选择。不管采用何种收费模式，肯定会有一些受影响的驾车出行者选择放弃驾车，否则拥挤收费政策就是无效的。对于这些受影响的市民，政府需要规划设置可替代的公共交通出行方案，以供市民选择。

（5）需要仔细评估收费路段（或区域）对其他路段或区域交通的影响。收费路段或区域的设立，导致人们的出行方式或出行路线发生了改变，会给周边其他路段或区域的交通带来影响，这种影响有些可能是正面的，但大部分情况会带来负面的交通压力。对这种影响需要仔细评估，并融入到相应的管理方案中。

二、停车费政策

很多情况下，停车费政策比道路收费更有利于缓解交通拥挤，如果大部分车流的终点都集中在一个中心区域，且由于停车位不足增加了驾驶人寻找停车位的时间时，停车费政策就更加有效。最优方法是简单地令停车费等于包括寻找停车位的拥挤成本在内的停车边际成本。实际情况中，停车费的具体作用还取决于当地的地理环境。学者认为路边停车收费价格的设置应该使平均泊位占用率达到85%的水平。

停车费政策本身也有局限性，比如它几乎不影响直达交通，反而由于停车限制增加了去往市中心的直达交通流量。此外，它还会影响分配。

三、运输补贴与外部性

为了激励环境友好运输方式的更广泛使用，一直以来存在使用补贴的做法，这种做法具有政治吸引力，因为这种做法是给予补贴而不是收取费用，是鼓励更环保的运输形式的补贴。在实践中，这些补贴不是直接支付给个体以减少额外成本的“庇古式补贴”，而是一种用于鼓励采取新的降低运输的外部性和降低有害经济影响的间接补贴。下面分两种情形进行分析。

图 9-4（a）显示的是小汽车的均衡情形。对公共交通进行补贴，D_C会向左侧移动至$D_{C'}$。没有考虑外部性时，D_C和 MPC_C相交所确定的均衡数量为 Q_C。考虑了外部性后，$D_{C'}$和 MSC_C相交的均衡数量为 Q'_C，显然均衡的数量下降了。图 9-4（b）是公共汽车的均衡情形。补贴会改变公共汽车使用者的福利。当人们转向选择公共交通时，汽车使用者成本的下降会导致公交的需求由原来的 D_{PT}上升为 D'_{PT}。简单地看，补助使得公共交通更便宜，使成本曲线由 MPC_{PT}下降为 MPC'_{PT}。补贴前，D_{PT}和 MPC_{PT}相交所确定的均衡数量是 Q_{PT}，有了补贴以后，D'_{PT}和 MPC'_{PT}相交的均衡数量是 Q_{PT}，显然均衡数量上升了。

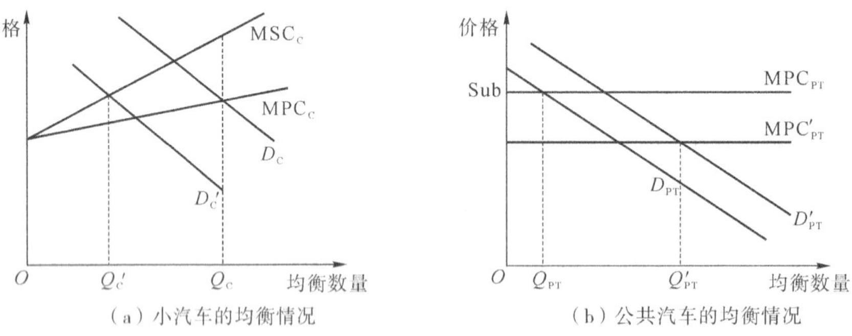

图 9-4　运输补贴后的均衡情形（汽车使用者和公共交通使用者）

第四节　解决运输外部性的市场和政府手段

对于运输成本的治理，经济学家一般主张只要有可能就应尽量采用市场手段，如收费和许可证交易制度，因为它们比较灵活，而且与市场体系可以更加吻合，此外政府通过经济手段还可以获得可观的收入，以补偿那些受外部性损害或因政策影响需要调整自身行为的群体。已经有一些运用市场手段减少运输外部性的成功案例。例如，美国采用许可证交易逐步淘汰了含铅汽油的使用，一些欧洲国家则是采用税收差异的办法取得了类似效果。又如，新加坡为控制城市中心区交通拥挤而采取小汽车通行收费的方式。尽管取得了一些成功，但完全采用市场手段或纯粹内部化方式来遏制运输外部成本还是不常见的。如果在每一起有关交通引起污染或拥挤的事件中，都采用一对一谈判的方式解决问题包括实现必要的交易，那么效率的损失将是无法想象的。当严格的内部化或纯经济手段在现实中难以实行时，政府的直接管制与其他行政命令就成为控制环境损害的必要途径。而在越来越多的情况下，经济手段与行政措施相结合也许更为有效，因为他们既避免了一些靠实行纯内部化无法克服的难点，同时又保留了市场手段为运输使用者所提供的经济激励。

从表 9-5 可以看出，尽管只考虑了对公路运输污染排放和拥挤外部成本的控制，但可以用于减少运输外部性的政策手段也是多种多样的。例如，对于车辆排放，可以采用制定排放标准、强制性推行低污染汽车或强制报废旧汽车等直接或间接的行政命令手段，也可以采用排放收费、可交易的许可证、不同类别的汽车差别税收或补贴新型汽车等直接或间接的市场手段；对于交通拥挤，可以采用汽车禁行区、限定行驶路线或公共汽车专用道和其他优先等直接或间接的行政命令手段，也可以采用拥挤收费、停车收费或者对大众交通方式进行补贴等直接或间接的市场手段。

表 9-5 控制公路运输外部成本的政策选择

控制对象	市场手段		行政命令手段	
	直接手段	间接手段	直接手段	间接手段
车辆排放	排放收费	可交易的许可证	制定排放标准	强制性检查排放系统
	—	汽车差别税收	—	强制性推行低污染汽车
	—	补贴新型汽车	—	强制报废旧汽车
燃油类型	—	燃油的高税收	燃油成分标准	燃油的经济标准
	—	燃油的差别税收	逐步淘汰高污染燃油	限速
交通拥挤	拥挤收费	停车收费	汽车禁行区	汽车使用限制
	—	对大众交通方式实施补贴	限定行驶路线	公共汽车专用道和其他优先

一、科斯式方法——许可证交易

诺贝尔经济学奖获得者科斯重点研究了在完全竞争市场和不完全竞争市场两种情况下与外部性相关的产权的界定问题。在许多实际事例中，解决外部性的方法是确保每个个体享有产权，并且可以通过交易这种产权来达到资源的最有效使用。在实际运用中的例子包括《京都协议书》中关于全球碳排放和减少温室气体排放的措施。协定书规定每个国家碳排放的具体限额，并且允许其交易碳排放的限额。这样，国家和企业可以最有效地使用碳排放限额，并且可以从市场上购买到其他利用率不高的碳排放限额。通过这种方式，碳排放限额得到有效的使用并带来一定的经济收益。

从长期角度来看，哪一方首先被赋予向大气排放的权利是没有影响的，通过交易最终都会实现最优的产出。最终的配额可以通过拍卖的方式分配（政府可以在其中获得大量的收入），可以通过抽签的方式分配，也可以根据现有的使用情况等进行分配。不同的初额分配方式只会导致最初配额获得方（或者拍卖方式中的政府）获得短期的经济利益，但不会实现长期的资源有效利用，所以分配方式的选择更多包含的是政治因素而非经济因素。

虽然从理论上看科斯式方式具有一定学术价值，但该方法本身仍然存在局限性。例如大气排放的产权分配问题中，需要对产权交易所使用的单位进行清晰定义。虽然在温室气体排放中可以使用排放的碳吨数作为单位，但如噪声和视觉干扰等都是难以确定单位的。与此同时，还需要解决确保合同履行的政策性问题及买卖产权时产生的交易成本问题。有效交易的前提是市场运行良好，不存在垄断。

如果不考虑上述这些困难，在处理运输相关的外部性问题和其他如温室气体排放的问题时，均可以采用交易许可证制度或者制定相关的政策。美国通过采用这种方法来移除汽油中的铅。美国认为不应该使用含有铅的汽油添加剂，因此于 1982 年建立了一个与含铅的汽油添加剂使用配额相关的交易程序，并在 1985 年进行修改，允许对配额进行储蓄（在一段时间内持有配额），根据现有铅的使用情况和汽油中铅含量标准来分配铅的使用配额。例如，如果标准是 1.1 g/gal，那么一个产生了 100 gal 含铅汽油的公司会得到 110 g 铅配额，这些配额可用来生产或出售。到了 1987 年，标准与可用配额均下降到 0。

从产权方面看，由于现有的生产与过去的生产是相关联的，因此将现有的分配情况当作最初的分配方式。尽管巨大的交易量（15%的配额）预示着使用铅配额的炼油厂的相对效率得到了提高，但是也很难判断这个过程是否获得了超过标准设立的环境净收益。效率更高的炼油厂更愿意从效率低的炼油厂购买配额。

案例

经济创新：买卖污染许可证

大多数环境管制利用命令—控制法限制个体（如能源制造厂和汽车）对于污染物的排放。这种方法不适合所有的排放，更重要的是，它使得所有的计划都会产生非效率，因为它不满足所有排放量应等于控污的边际成本这个条件。

1990 年，美国政府在他的环境控制计划中宣布了一种用以控制二氧化硫这一有害的环境污染物的全新方法。在 1990 年空气清洁修正法案中，政府发行了一定数量的许可证，控制每年二氧化硫的总排放量。到 20 世纪 90 年代结束，排放量减少到 1990 年的 50%。这一计划的创新之处就在于许可证可以自由交易。电力产业得到污染许可证，该许可证被允许拿去进行买卖。那些能以较低成本降低硫化物排放的厂商或许这样做，卖出他们的许可证；另外一些需要为新工厂争取更多额度许可证的，或没有减少排放余地的厂商会发现，比起安装昂贵的控污设备或是倒闭来说，购买许可证或许更经济一些。

环境经济学家相信，激烈的竞争有助于实现雄心勃勃的目标，而且其成本要比传统的命令—控制型管制要低，缅甸州科尔比学院的经济学家汤姆·蒂滕伯尔的研究表明：传统方法的成本要比有成本效益的管制高出 2~10 倍。

排污许可证市场的运行产生了令人惊奇的结果。最初，政府计划在开始几年将许可证价格定为二氧化硫300美元/t。然而，到了1997年，该数据下降到60~80美元/t。成功的原因之一是这一计划给厂商足够的创新激励，厂商发现使用低硫煤比早先预想的要容易，而且更便宜。这个重要的实验为那些主张环境政策应以市场手段为基础的经济学家们以强有力的支持。

二、污染者付费的原则

这种方式并不是第一次提出，庇古的著作《福利经济学》的出版曾引起许多经济学家研究收取排放费用的优缺点。庇古提出，政府应对环境负责，成为环境产权的拥有者，并对环境使用者适当收取使用费（或税）。图9-5提供了一个怎样把这种收费用于运输的标准的例子。从图中可以看出，使用道路的边际成本不断上升，其背后的经济含义是由于道路使用者仅仅考虑其自身在运输过程中产生的成本，他们将持续进行运输行为直到交通流量达到 F_1。将运输产生的噪声、拥挤带来的燃油成本与运输时间的增加考虑进边际成本，得到总边际成本为MSC。如果考虑到这些成本，那么运输者将会减少其运输行为，交通流量将降至 F_2。对噪声的理想收费是每一交通流量下MSC与MPC之差，即 $P_2-P_1^*$，道路的使用者由于边际成本从 P_1 升至 P_2，原有的运输量无法覆盖成本，因此交通流量会降低至 F_2。

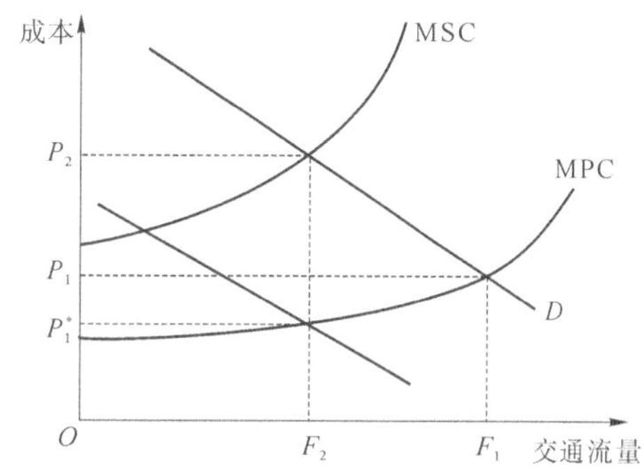

图9-5 庇古环境税

“庇古型”税尽管不是很常见，但在运输领域正逐步被使用。最著名的例子就是继美国20世纪80年代对含铅汽油征税之后，几乎所有的工业国家都开始对含铅汽油征税。一些机场也根据飞机的噪声影响调整飞机的起降费用。

这虽然是一个很容易被理解的基本概念，但在过去70年中，人们一直反复地讨论与改进这个概念，这些争论主要围绕政府是“庇古税”的征收者和受益者展开。庇古税与交易许可证（市场通过定价机制而允许的一种补偿方式）是不同的，庇古税的定价不是自发形成的，因为收益全部流向了政府。

三、运输外部性影响及内部化方法的类别

运输外部性不能完全依靠市场力量去解决，有人认为，欧洲国家靠高燃油税政策并未能真正有效地阻止私人小汽车过度发展。因此，除了需要更多地采用经济手段，行政手段无疑也是必不可少的。此外，还需要更多地唤醒人们的环境意识，借助道德的力量。如果所有的手段都不能有效地解决人类运输活动对地球环境的负面影响，那么前景就十分暗淡，为了说明外部成本内部化的复杂性，我们需要借助图9-6和图9-7来表示运输外部性影响及内部化方法的类别。从图9-6中可以看到，最内部的小圆由许多个人和作为市场主

体的企业组成，紧靠它外面的圆表示市场能够作用的范围，在该范围内的外部影响属于简单外部性；市场外面的圆是公共或准公共物品的范围，在该范围内市场会逐渐失灵，外部成本则由社会群体集体承担；再外面的一个圆是人类对自身行为感受的边缘区，有关的外部成本要由自己所在社会群体以外的其他相邻群体，如其他邻近国家或下一代去承受；最外面的圆是地球的生物圈，有关的外部成本是对全球生态环境的长期影响。

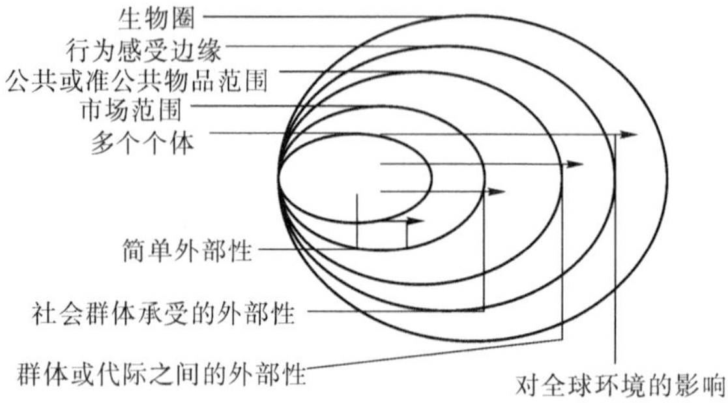

图 9-6　运输外部成本影响的类别

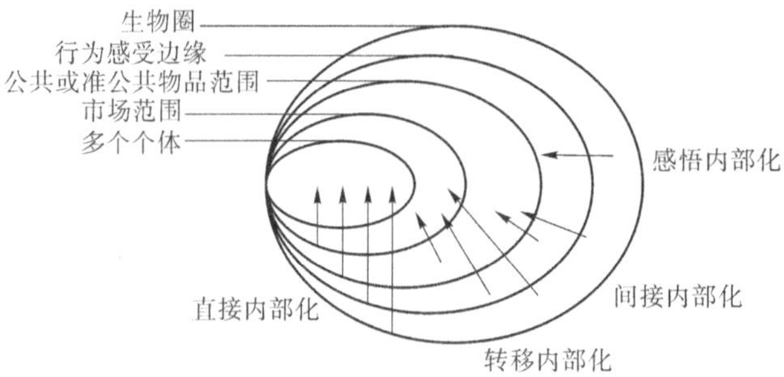

图 9-7　运输外部成本内部化的类别

第二层是所谓的“马歇尔外部性”，是外部性的产生根源，它包含之前所定义的“纯拥挤”的情形，即第一辆货车进入了一个拥挤道路并且阻碍了其他车辆的行进，第三层代表由运输企业产生却由社会团体负担的外部成本。基本上上述这些是对运营和基础设施维护的补贴，并未包含在使用者费用里边。最后，也就是最外面一层，是指受到汽车排放物影响的外界环境的质量，也可以指全球环境的质量。

图 9-7 是运输外部成本内部化方法的分类示意图。从图中可以看出内部化的方法可以分为若干组：最里圈包括四个箭头，表示凡能直接让造成外部成本的个体承担该全部代价的方法，都属于直接内部化方法；第二圈包括三个箭头，表示这类内部化的方法不能直接地而是需要通过市场的转移作用让造成外部成本的有关个体承担部分责任；第三圈包括两个箭头，表示这类内部化的方法只能是通过让有关社会群体集体承担的方式，让造成外部成本的个体间接承担部分责任；第四圈只有一个箭头，表示某些对全球生态环境的长期影响很难找到让有关个体承担责任内部化方法，而只能依靠人类共同的觉悟和道德力量来约束。

第五节 运输与可持续发展

运输是国民经济活动的重要组成部分，它在带来巨大经济利益的同时，也对生态环境造成了日益严重的危害，但由于运输对社会经济发展具有重大的促进作用，常常使人们忽视其造成的直接或间接环境影响。人类在交通运输方面也需要趋利避害，特别是要建立可持续的意识，把自己的交通活动限制在一个合理的水平以内。

在清洁能源汽车研发热潮的背后，正是人类对运输环境影响的反思和可持续发展的重视。运输系统在给人类社会发展带来巨大推动力的同时，其对自然环境和生态系统的干扰、破坏、污染等各种负面影响也在不断加大，而这种影响长期以来被人类社会所忽视。作为人类活动的重要组成部分，运输系统是人类生产生活的基础条件，是经济发展的命脉所在，因此运输在可持续发展中占有重要地位。按照可持续发展的要求，运输应在注重促进经济增长的同时，还要谋求社会文明的同步发展，正确处理和协调人口、资源、环境、生态、经济及社会之间的相互关系。

一、可持续发展的背景

1972 年，联合国在斯德哥尔摩召开 114 个国家参加的第一次“人类环境会议”，会议期间出版了经济学家 B. 沃德和微生物学家 R. 杜博斯为会议准备的背景报告《只有一个地球：对一个小小行星的关怀和维护》，通过了著名的《人类环境宣言》，并提出了“只有一个地球”的口号。

1980 年，国际自然资源保护联合会、联合国环境规划署和世界自然基金会共同发表了《世界自然保护大纲》，指出：“强调人类利用对生物圈的管理，使生物圈既能满足当代人的最大持续利益，又能保持其满足后代人需求与欲望的能力。”

1987 年，世界环境与发展委员会发表了报告《我们共同的未来》，正式提出了“可持续发展”的模式，该报告从理论上阐述了可持续发展是人类解决环境与发展问题的根本原则，并且在实践上提出了比较全面的具体建议，认为：“可持续发展是在满足当代人需求的同时，不损害人类后代满足其自身需求的能力。”至此，可以说形成了一个比较系统的可持续发展观和可持续发展战略。

1992 年，联合国在里约热内卢召开“环境与发展”大会，183 个国家和 70 多个国际组织到会，会议通过了《里约热内卢环境与发展宣言》《二十一世纪议程》等重要文件，一个重要的口号在此次会议中被提出：“人类要生存，地球要拯救，环境与发展必须协调。”这既标志着可持续发展思想已被世界上绝大多数国家和组织所接受，又标志着可持续发展从理论开始走向实践。

运输业在可持续发展中占有重要地位，欧盟在推进可持续发展战略时就将重点放在了工业、能源、农业和旅游业四个部门之上。1996 年世界银行出版了《可持续运输政策变革的关键》明确提出了可持续性这一概念，指出在交通运输上要实现经济与财务的可持续、环境和生态的可持续及社会的可持续。

经济、环境和社会的可持续三者之间应该是互为条件、相辅相成的，但是这三者之间相互促进的理想状态并非总能保持，有时还会发生严重的矛盾冲突。不断提高的交通流量，特别是私人汽车交通，刺激了经济的增长却严重危害了环境；制造业的全球资源共享和物流业的迅猛发展降低了产品的制造成本，但因为很多原料和产品比以前运输距离更长，花费在运输上的费用却又有增加的趋势；这些时间频繁、路途遥远的运输无疑对环境有不利的影响。所有这些现象都说明，交通运输发展的决策者——政府必须经常面对“鱼与熊掌不可兼得”的问题，要产生“双赢”的结果，需要一些适应可持续性各个角度的政策和技术工具，包括对外部性的收费、提高交通安全性、提高交通工具的技术效率、公众管理等，可持续的交通运输发展政策就是利用各种工具，以寻求三者综合效益的最大化。

二、可持续发展的定义与内涵

不同机构和专家对可持续发展作出了不同的定义，被大家广泛接受的主要以下几种。

（1）希克斯·林达尔从经济方面提出了可持续发展的定义：在不损害后代人的利益时，从资产中可能得到的最大利益。

（2）1987 年世界环境与发展委员会在《我们共同的未来》的报告中将可持续发展定义为：既满足当代人的需求，又不危及后代人满足其需求的发展。

（3）世界自然保护同盟、联合国环境署和世界野生生物基金会将可持续发展定义为：在生存不超过维持生态系统涵容能力的情况下，改善人类的生活品质。

（4）普朗克和哈克所作的定义是：为全世界而不是为少数人的特权而提供公平机会的经济增长，不进一步消耗世界自然资源的绝对量和涵容能力。

（5）世界银行的定义为：建立在成本效益比较和审慎的经济分析基础上的发展和环境政策，加强环境保护，从而导致福利的增加和可持续水平的提高。

（6）1992 年联合国环境与发展大会在《里约宣言》中将可持续发展定义为：人类享有以与自然和谐的方式，过健康而富有的生活的权利，并公平地满足今世后代在环境和发展方面的需要，求取发展的权利必须实现。

以上这些定义虽表面不同，但大体方向一致，包含了以下四个基本内涵：其一，可持续发展是一种从环境和资源角度提出的关于人类长期发展的战略和模式；其二，可持续发展在国际公平和国内公平方面是一个综合的概念，它不仅涉及当代的、一国的人口、资源、环境与发展的协调，还涉及与后代的、与其他国家地区之间的人口、资源、环境与发展之间矛盾的冲突；其三，可持续发展是一个涉及经济、社会、文化、技术和自然环境的综合概念，可持续发展主要包括自然资源与生态环境的可持续发展、经济的可持续发展和社会的可持续发展这三个方面，即以自然资源的可持续利用和良好的生态环境为基础，以经济可持续发展为前提，以实现社会全面进步的目标；其四，可持续发展还是一个动态的目标，并非要求某一经济活动永远持续下去，而是要求其不断地进行内部和外部变革，即利用现行经济活动剩余利润的适当部分再投资于其他的生产活动，而不是盲目地被消耗掉。

三、可持续发展的临界值

人类运输活动的总量有一个不应该超越的临界值，该临界值从环境方面决定了人类自身的长期和持续发展不致被破坏。运输活动总量的临界值是由环境容量决定的。随着环境问题的不断涌现，除了考虑自然生态环境对污染物所具有的环境容量，人们还更多地考虑地球上的各种物质资源，特别是那些不可再生资源对人类活动的限制。运输所需要的能源，特别是石油能源和各种金属矿藏都面临着枯竭的危险，可用于修建机场、道路和停车场的土地是有限的，甚至一些天然运输资源也都有自己不可突破的容量极限。这种广义的环境容量概念对人类社会经济和运输活动的长期持续发展具有更加深刻的意义。总之，对人类社会经济系统来说，存在一个总的资源与环境容量的限制，对运输子系统来说，同样也受到这种制约，运输必须在资源与环境容量的制约下协调发展。

运输化过程开始以后，人类的运输活动就开始不断破坏地球环境，不断接近地球环境容量的临界值。至少在那些长期处于交通拥堵状态和空气质量因此严重恶化的大城市，临界值实际上已经被突破，这中间既包括发达国家也包括发展中国家的大城市，后者的情况更让人担心。因为发达国家由于已有的环境意识加上技术和财力上的优势，有可能逐步缓解自己的问题，而发展中国家的城市交通问题在可预见的时间内则只会进一步加剧和恶化。

研究表明，交通运输产生的碳排放量占到全球碳排放量的 25%。20 世纪初，马歇尔和庇古论证了能源消耗和污染排放的外部成本效应，此后，碳排放成为研究热点。在交通领域，有关碳排放的研究主要集中在碳排放测算、碳排放预测、碳排放因素分析等方面。

20 世纪 80 年代起，为推动交通运输可持续发展，欧美发达国家陆续颁布了一系列“公转铁”行动计划及政策。欧盟《2011 年欧盟运输白皮书》提出到 2030 年前将运距超过 300 km 以上中长距离公路运输货物的 30% 调整到铁路或水运等其他运输方式上，在 2050 年之前进一步把调整比例提升到 50%，实现降低公路运输比例，减少对环境的污染。法国 2011 年出台的《交通基础设施发展规划》，日本 2016 年颁布的《土地、基础设施、运输和旅游白皮书》，都明确提出优化运输结构，通过环境经济政策引导各种运输方式合理发展，促进货物运输向更加节能环保的运输方式转移。

国外发达国家重视发挥铁路在运输体系中的重要作用，通过扶持和激励政策鼓励和引导铁路运量持续增长。以加拿大为例，2016 年加拿大各省及地区行政首长联合发布《泛加拿大清洁增长和气候变化框架》，各省与地区政府可以选择实施基于价格的体系或碳排放交易体系。碳排放的控制直接提升了公路的货物运输成本，促进加拿大公路运输向低排放的铁路和水运转移。加拿大铁路货物周转量和公路货物周转量比例自 2004 年的 1.53：1 降至 2016 年的 1.35：1，2018 年上升至 1.68：1。

有人认为技术进步将会最终为人类圆满地解决机动性目标和环境目标这一对矛盾，因此不必过于担心运输极限的到来。但是我们以智能交通为例可以看到技术在应付交通拥挤问题上所能够取得的有限作用。智能交通系统可以提高现有道路的通过能力和已有交通系统的效率，有人估计它可以使交通堵塞减少 20%。然而在彻底解决交通拥挤方面，不应对智能交通系统给予过高的希望，特别是在发展中国家，智能交通系统不应该也不可能作为解决城市交通问题的主要手段。原因在于发达国家当年汽车数量的增加是一个渐进的过程，车辆和道路在增加方面的差距并不是太大，目前那些国家该建的道路都已经建完，小汽车的拥有量基本上达到了饱和点。因此，发达国家现有的道路智能化以后，可以期望那里的交通拥堵得到一定缓解。发展中国家小汽车的增加却是一个骤增的过程，而道路增加要困难得多，考虑到大多数发展中国家普遍的人口压力和财政状况，几乎没有可能在比较短的时间内建立起足够的道路系统。

要达到人类社会机动性目标和环境目标的协调，唯一的出路是走可持续道路，一些学者对此提出了可持续运输和可持续移动的概念。

参 考 文 献

[1] 李祯琪，欧国立．交通对要素价格、人口流动和产业结构的影响分析［J］．经济问题探索，2019（5）：13-21.

[2] 欧国立，王妍．交通运输业技术进步对二氧化碳排放的影响：基于中国省级面板数据的实证研究［J］．生态经济，2018，34（11）：64-71.

[3] 李强，魏建飞，徐斌，等．2000—2018年中国区域经济发展多尺度格局演进及驱动机理［J］．经济地理，2021，41（12）：12-21.

[4] 宗会明，黄言，季欣．2000年以来中国铁路货物运输格局演化特征与影响因素［J］．经济地理，2021，41（7）：128-137.

[5] 刘耀林，陈龙，安子豪，等．基于公交刷卡数据的武汉市职住通勤特征研究［J］．经济地理，2019，39（2）：93-102.

[6] 樊杰，赵浩，郭锐．我国区域发展差距变化的新趋势与应对策略［J］．经济地理，2022，42（1）：1-11.

[7] 汪丽，孙海文，温嘉琪，等．西安市游客公共交通出行满意度的影响因素与路径组合［J］．经济地理，2021，41（7）：231-239.

[8] 戢晓峰，陈肖雨，吴寄石．综合运输通道中公路客运的优势运距测度：以云南省为例［J］．经济地理，2019，39（3）：93-99.

[9] 张学良．中国交通基础设施促进了区域经济增长吗：兼论交通基础设施的空间溢出效应［J］．中国社会科学，2012（3）：60-77.

[10] 姜博，初楠臣，修春亮，等．高速铁路对欠发达地区可达性影响的空间差异：以哈大与郑西高铁为例［J］．人文地理，2017（2）：88-94.

[11] 邓涛涛，赵磊，马木兰．长三角高速铁路网对城市旅游业发展的影响研究［J］．经济管理，2016（1）：137-146.

[12] 张铭洪，张清源，梁若冰．高铁对城市房价的非线性及异质性影响研究［J］．当代财经，2017（9）：4-14.

[13] 田沁雪，朱兵，朱嘉琳．大西高铁的建设对区域经济的影响研究［J］．当代经济，2019（2）：46-50.

[14] 王雨飞，倪鹏飞．高速铁路影响下的经济增长溢出与区域空间优化［J］．中国工业经济，2016（2）：21-36.

[15] 董艳梅，朱英明．高铁建设能否重塑中国的经济空间布局：基于就业、工资和经济增长的区域异质性视角［J］．中国工业经济，2016（10）：92-108.

[16] 卢福财，詹先志．高速铁路对沿线城市工业集聚的影响研究：基于中部城市面板数

据的实证分析 [J]. 当代财经，2017（11）：90-101.

[17] 李雪松，孙博文. 高铁开通促进了地区制造业集聚吗：基于京广高铁的准自然试验研究 [J]. 中国软科学，2017（7）：81-90.

[18] 朱文涛，顾乃华，谭周令. 高铁建设对中间站点城市服务业就业的影响：基于地区和行业异质性视角 [J]. 当代财经，2018，404（7）：5-15.

[19] 鲁万波，贾婧. 高速铁路、城市发展与区域经济发展不平等：来自中国的经验数据 [J]. 华东经济管理，2018，32（2）：5-14.

[20] 贾顺平. 交通运输经济学 [M]. 3 版. 北京：人民交通出版社，2019.

[21] 肯尼斯·巴顿. 运输经济学 [M]. 冯宗宪，译. 北京：商务印书馆，2002.

[22] 秦四平. 运输经济学 [M]. 2 版. 北京：中国铁道出版社，2017.

[23] 荣朝和. 西方运输经济学 [M]. 2 版. 北京：经济科学出版社，2008.

[24] 王庆云. 交通发展理论与实践：上册 [M]. 北京：中国科学技术出版社，2006.

[25] 王庆云. 交通发展理论与实践：下册 [M]. 北京：中国科学技术出版社，2006.

[26] 徐剑华. 运输经济学 [M]. 北京：北京大学出版社，2009.

[27] 许庆斌，荣朝和，马运. 运输经济学导论 [M]. 北京：中国铁道出版社，1995.

[28] 严作人. 运输经济学 [M]. 2 版. 北京：人民交通出版社，2009.

[29] 张文忠. 经济区位论 [M]. 北京：科学出版社，2000.

[30] 爱德华·J. 巴迪，约翰·J. 科伊尔，罗伯特·A. 诺瓦特. 运输管理 [M]. 6 版. 北京：清华大学出版社，2006.

[31] 罗依·桑普森，马丁·法雷斯，戴维·夏克. 运输经济：实践、理论与政策 [M]. 赵传云，荣朝和等，译. 北京：经济管理出版社，1989.

[32] 小艾尔弗雷德·D. 钱德勒. 看得见的手：美国企业的管理革命 [M]. 北京：商务印书馆，2014.

[33] D. P. 洛克林. 运输经济学 [M]. 赵传云，译. 长沙：长沙铁道学院出版社，1985.

[34] 丹尼斯·W. 卡尔顿，杰弗里·M. 佩洛夫. 现代产业组织 [M]. 4 版. 北京：中国人民大学出版社，2009.

[35] KENNETH BUTTON. 运输经济学（原书第 3 版）[M]. 李晶，吕靖，贾晓惠等，译. 北京：机械工业出版社，2013.

[36] 斯蒂格勒. 产业组织和政府管制 [M]. 潘振民，译. 上海：上海三联书店，1989.

[37] 约翰·科伊尔，罗伯特·诺瓦克，布赖恩·吉布森. 运输管理 [M]. 8 版. 北京：清华大学出版社，2019.

[38] COASE R H. The institutional structure of production [J]. American economic review, 1992, 82 (4): 713-719.

[39] DUE J F. Major recent contributions to the literature of transport economics [J]. Quarterly review of economics and business, 1982, 22: 6-28.